教育部高等学校航空航天类专业教学指导委员会推荐教材

U0204154

导弹制导控制原理

王　鹏　编著

北京航空航天大学出版社

内容简介

本书针对弹道导弹和飞航导弹两类对象，分析不同导弹的飞行特点，介绍导弹制导控制的基本概念，建立导弹空间运动方程。弹道导弹部分重点介绍了摄动制导方法、显式制导方法、弹体固有特性与姿态控制方法，飞航导弹部分重点介绍导弹导引方式、导引法、控制方式、姿态稳定回路设计和法向过载控制。

本书适用于高等院校航空航天类专业高年级本科生和研究生教学，也可作为兵器、自动控制等相关专业学生的教学参考书，还可作为从事导弹总体设计、制导控制方法研究及其工程应用的科研人员和工程技术人员的参考书。

图书在版编目(CIP)数据

导弹制导控制原理 / 王鹏编著. -- 北京 ：北京航空航天大学出版社，2020.12

ISBN 978-7-5124-3208-6

Ⅰ. ①导… Ⅱ. ①王… Ⅲ. ①导弹制导—高等学校—教材②导弹控制—高等学校—教材 Ⅳ. ①TJ765

中国版本图书馆 CIP 数据核字(2020)第 263637 号

版权所有，侵权必究。

导弹制导控制原理

王 鹏 编著

策划编辑 龚 雪　　责任编辑 蔡 喆

*

北京航空航天大学出版社出版发行

北京市海淀区学院路 37 号(邮编 100191)　http://www.buaapress.com.cn

发行部电话：(010)82317024　传真：(010)82328026

读者信箱：goodtextbook@126.com　邮购电话：(010)82316936

北京宏伟双华印刷有限公司印装　各地书店经销

*

开本：787×1 092　1/16　印张：10.75　字数：282 千字

2021 年 1 月第 1 版　2021 年 1 月第 1 次印刷　印数：2 000 册

ISBN 978-7-5124-3208-6　定价：39.00 元

若本书有倒页、脱页、缺页等印装质量问题，请与本社发行部联系调换。联系电话：(010)82317024

前　言

20 世纪中叶以来，以美国、苏联为代表的军事大国竞相发展弹道导弹技术，形成了“民兵”“和平卫士”“白杨-M”等多个系列远程弹道导弹。弹道导弹，尤其是远程弹道导弹，由于其射程远、威力大，具有较强的战略威慑力，故受到世界各国的普遍关注，一直是国际科技研究热点。进入 20 世纪 90 年代以后，随着世界格局的重大变化和科学技术的突飞猛进，以“战斧”巡航导弹为代表的飞航式战术导弹得到快速发展，并在局部战争中发挥了越来越重要的作用。近几十年以来，几乎每一场战争都不同程度地使用了导弹武器，而且，随着时代的发展，导弹以其反应快速、全域作战、超视距精确打击等优势，已经成为现代战争武器系统中不可或缺的部分，甚至对战争胜负起着十分重要的关键作用。

导弹的类型很多，也有多种分类方式。在导弹制导控制问题研究中，通常可以按照导弹的飞行方式将导弹分为弹道导弹和飞航导弹。其中，弹道导弹的主要飞行特点是具有一条较为规则的弹道，可以划分为主动段、自由飞行段、再入段。弹道导弹的飞行过程和制导控制方法与运载火箭有类似之处，特别是自由飞行段与航天器飞行的轨道十分相近，因此，弹道导弹的研究内容带有一定的航天器研究背景，在教学中受到大多数航天特色较鲜明的院校的重点关注。相比之下，飞航导弹由于大多用于攻击活动目标，其飞行轨迹必须随着目标的运动而调整，不能按照事先设计好的弹道进行飞行，故这类导弹没有规则的弹道。这一特点决定了飞航导弹必须进行全程制导，而不能采用弹道导弹所用的摄动制导等方法。飞航导弹通常全程飞行于大气层内，与航空器的飞行特点类似，在教学中也受到大多数航空特色较鲜明的院校的关注。

由于弹道导弹与飞航导弹的飞行特点差异较大，故研究方法也不相同。由于历史原因，弹道导弹大多采用俄式坐标系统和研究思路，与航天器的研究方法类似，而飞航导弹大多采用美式坐标系统和研究思路，与航空器的研究方法类似。因此，在实际教学中很难找到一本同时包含弹道导弹和飞航导弹的教材，这也是编写本教材的初衷。编者依托教学团队多年教学和科研成果，紧密结合导弹系统的研究现状和发展趋势，系统总结梳理了弹道导弹和飞航导弹的飞行特点，并在此基础上，针对两类导弹对象，分别介绍不同导弹的制导控制方法。本书共分 7 章，其中，第 1 章是绪论，介绍不同导弹的飞行特点、导弹制导控制的基本概念、制导控制系统组成等基础内容；第 2 章是导弹空间运动方程，介绍导弹的一般空间运动方程及其线性化方法，以及线性化后得到的导弹扰动运动方程；第 3～5 章的研究对象是弹道导弹，第 3 章介绍弹道导弹的摄动制导方法，第 4 章介绍弹道导弹的显式制导方法，第 5 章介绍弹道导弹的固有特性与姿态控制方法；第 6 章和第 7 章的研究对象是飞航导弹，第 6 章介绍飞航导弹的导引方式和导引法等，第 7 章介绍飞航导弹的控制方式、姿态稳定回路设计和法向过载控制等。

本书编写过程中参阅了国内外专家学者的大量研究成果、教材、专著以及论文资料，除书中所列参考文献外，还有很多没有一一列出，在此一并表示衷心感谢和崇高敬意。本书从编写、试用、修改到正式出版，得到了许多同行专家、教授和学生们的热情鼓励、支持以及帮助，他们对本书的贡献也是不可磨灭的，在此一并表示衷心感谢。

由于编者水平有限，书中不当之处在所难免，并将在使用中继续修正和更新，同时，恳请广大读者批评指正。

编　者

2021 年 1 月于长沙

目　录

第1章　绪　论

本书主要介绍弹道导弹（含运载火箭）和飞航导弹的制导与控制的基本原理，以及本书所研究的各类导弹、常用基本概念和GNC系统的基本组成。

1.1　导弹及其飞行特点

1.1.1　导弹的分类

导弹是一种携带战斗部，依靠自身动力装置推进，由制导系统导引控制飞行轨迹，导向目标并摧毁目标的飞行器。可以根据不同的分类方式将导弹分为多种类型。按发射点与目标位置，导弹可以分为地地导弹、地空导弹、空地导弹、空空导弹、空舰导弹、舰地导弹、舰空导弹、岸舰导弹、潜地导弹、潜舰导弹等；按攻击活动目标，导弹可以分为反坦克导弹、反舰导弹、反潜导弹、防空导弹等；按射程的不同，导弹可以分为洲际导弹、远程导弹、中程导弹、近程导弹等；按推进剂类型不同，导弹可以分为液体推进剂导弹和固体推进剂导弹；按飞行弹道形式不同，导弹可以分为弹道导弹和飞航导弹。

本书根据制导控制问题研究的需要，依据射程和飞行弹道形式的不同，主要研究弹道导弹和飞航导弹两类对象。

弹道导弹，特别是远程弹道导弹，其飞行特点与运载火箭十分类似，二者所采用的制导控制方法也是类似的，因此，常将弹道导弹和运载火箭统称为运载器，作为一类对象来研究其制导控制方法。图1-1所示为我国部分东风系列弹道导弹，图1-2所示为我国部分长征系列运载火箭。

DF-11A　　DF-15B

图1-1　我国部分东风系列弹道导弹

飞航导弹亦称有翼导弹，是依靠发动机推力和翼面产生的升力在大气层内飞行，并利用舵面控制其飞行姿态，进而调整其飞行轨迹的导弹。飞航导弹类型较多，包括多数巡航导弹、防空导弹、反舰导弹和反坦克导弹等。图1-3所示是美国“战斧”巡航导弹，图1-4所示是美国“鱼叉”反舰导弹，图1-5所示是美国标准系列防空导弹，图1-6所示是美国“标枪”反坦克导弹。

CZ-2F　CZ-3B　CZ-5　CZ-7

图 1-2　我国部分长征系列运载火箭

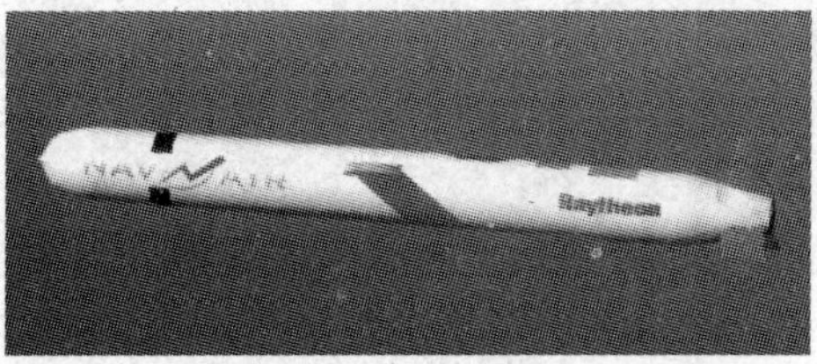

图 1-3　美国“战斧”巡航导弹

图 1-4　美国“鱼叉”反舰导弹

图 1-5　美国标准系列防空导弹

图 1-6　美国“标枪”反坦克导弹

1.1.2　弹道导弹的飞行特点

弹道导弹在飞行过程中通常有一条典型的飞行弹道，如图 1-7 所示。根据飞行环境、受力特性等的不同，弹道导弹的飞行弹道可划分为主动段、自由飞行段和再入段。其中关机点之前的飞行阶段为主动段，该段发动机处于工作状态，从而提供推力，大部分制导控制任务都集中于主动段；关机点之后发动机关机，导弹无推力作用，且通常已飞出稠密大气层，此时仅受到地球引力的作用，运动特性比较简单，与航天器运动特点类似，故将关机点之后一直到弹头重新进入稠密大气层的这一段称为自由飞行段;将弹头重新再入稠密大气层直至落地的这一段称为再入段;再入段导弹同时受到地球引力和气动力的作用,运动特性比较复杂,但由于这一段通常较短,有时为了研究问题方便而忽略气动力的影响,将其近似看作自由飞行段的延续。由于自由飞行段和再入段均可视为无动力的纯惯性飞行,因此这两段也常被合并称为被动段。

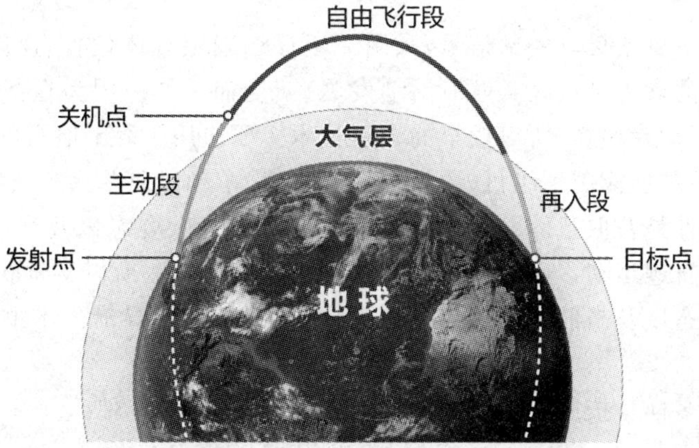

图1-7 弹道导弹的飞行弹道

运载火箭的飞行轨迹主要对应于图1-7所示弹道的主动段,在关机点后,运载火箭将卫星送入预定轨道后即完成任务。

运载器的制导控制任务主要在主动段完成,而主动段穿越了整个稠密大气层。当运载器飞行在稠密大气层内时,将受到地球引力、推力以及气动力的作用,此时质心运动与绕质心运动存在相互影响。由于制导问题主要研究质心运动,控制(这里主要指姿态控制)主要研究绕质心运动,因此,运载器的制导控制之间也存在相互影响。

1.1.3 飞航导弹的飞行特点

飞航导弹与弹道导弹最显著的差别是飞航导弹没有一条典型的弹道,其飞行轨迹如图1-8所示。由于飞航导弹大多用于攻击活动目标,其飞行轨迹需要根据目标的机动而不断调整,因此,其飞行轨迹从外观上看是十分不规则的。从制导控制任务来看,飞航导弹需要全程制导,也就是要根据目标的机动而不断调整和优化制导控制指令,直到命中目标为止。另外,飞航导弹几乎全程飞行于稠密大气层以内,主要依赖气动力完成制导控制任务,即通过气动舵面的偏转产生控制力矩,改变飞行姿态,进而改变气动力和过载,实现对飞行轨迹的控制。由于飞航导弹与弹道导弹的差异较大,二者所采用的制导控制方法也存在较大差别,因此,后续章节中会分别介绍弹道导弹和飞航导弹的制导控制方法。

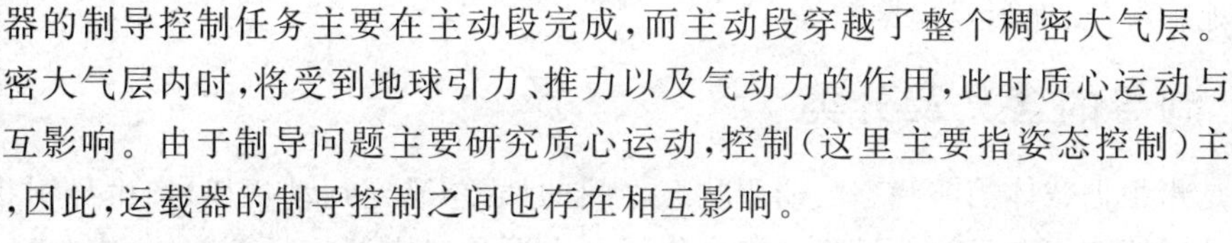

图1-8 飞航导弹的飞行轨迹

1.2 导航、制导以及控制的概念

1.2.1 导航的含义及分类

导航是指通过测量或接收外部信号，采用一定算法确定载体位置、速度、姿态等运动状态信息的技术。导航的概念是从人类航海活动发展、演变而来的。因为在茫茫的海上与在陆地上不同，很难找到运动参照物，所以较早的导航技术主要应用于海上航行的舰船。随着科学技术的发展，导航又被扩展应用到飞机、导弹、卫星、飞船、车辆以及单兵等领域。

导航的前提条件是获取载体在某坐标系中的位置、速度、姿态以及当前时刻等信息，然后引导载体按照预定轨迹运动。由于位置、速度等信息的重要性，所以又将获取载体在某坐标系中的位置、速度、姿态以及当前时刻等信息称为狭义导航，简称导航。本书中的导航均指狭义导航。

导航方式多种多样。按照工作原理的不同，主要分成如下 4 种：

① 天文导航；

② 地基无线电导航；

③ 惯性导航；

④ 卫星导航。

此外还有地磁导航、地形匹配导航等。

1.2.2 制导的含义及分类

制导是指根据载体当前状态与期望状态之间的偏差，确定运动规律，产生导引指令，使载体能够沿预定路线飞向目标的过程。制导的任务主要是确定载体运动规律，产生导引载体飞行的制导指令。制导所用设备主要是制导计算机。

制导主要实现对载体质心运动的控制，主要解决轨迹控制精度问题。以运载器为例，制导任务就是通过控制载体运动轨迹，使其在主动段结束后的自由飞行段弹道能以要求的精度通过目标，为达此目的，需要对主动段质心运动进行导引，并控制发动机关机时间。

对运载器而言，制导方法主要包括摄动制导方法和显式制导方法。对于飞航导弹而言，制导方法也常被称为导引法，主要有基于位置的导引法和基于速度的导引法。基于位置的导引法包括三点法和前置角法等，基于速度的导引法主要包括速度追踪法、平行接近法和比例导引法等。

1.2.3 控制的含义及分类

控制的含义有广义和狭义之分。广义的控制内涵十分丰富，包括的内容很多，如制导可理解为是对质心运动的控制，因此，从广义上来说制导也可以看作是一种控制。而狭义上的控制主要是指姿态控制，即根据制导指令，生成姿态控制指令，并利用执行机构产生控制作用，保证对象姿态运动稳定和响应制导指令的过程。

控制的任务主要体现在两个方面，一是保证姿态运动稳定，这是控制最基本的任务；二是响应制导指令。为了完成控制任务，不但要有控制计算机生成姿态控制指令，还需要姿态控制执行机构来实现对载体的具体操纵。

对于运载器而言，姿态控制主要是控制载体的绕质心运动，使其在主动段飞行期间能稳定地沿预定程序弹道飞行，并响应制导系统发出的制导指令，从而按照制导系统的要求改变推力方向，实现对质心运动的控制。

控制方法的分类有多种方式，常见的分类有：线性控制方法和非线性控制方法、经典控制方法和现代控制方法等。

1.3 GNC 系统

GNC 系统是指导引和控制飞行器按选定的规律调整飞行路线和导向目标所需要的全部装置（包括硬件和软件）的总称。硬件主要包括导航测量设备和执行机构等，软件包括导航算法、制导算法及控制算法等。

1.3.1 导航系统组成

导航系统为了给出载体在某坐标系中的位置、速度、姿态以及当前时刻等导航信息，首先需要进行测量，这就要用到不同的导航测量设备。获得测量信息后，还需要对这些信息进行导航计算，才能确定所需要的导航信息。因此，导航系统主要由导航测量设备和导航计算机组成，系统框图如图 1-9 所示。

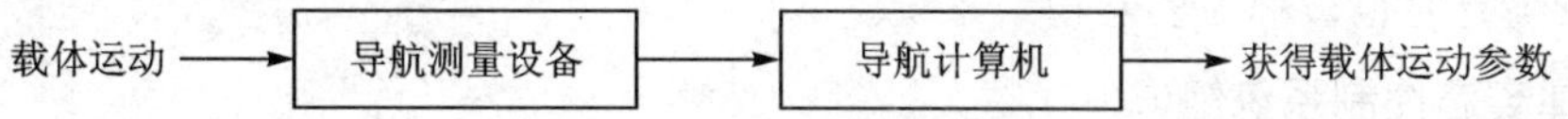

图 1-9 导航系统组成框图

由图 1-9 可知，导航系统的工作过程是开环的，即不需要信息反馈，因此，导航系统可视为开环系统。

1.3.2 制导系统组成

制导系统需要根据载体当前状态与期望状态之间的偏差，产生导引指令，因此，制导系统需要反馈信息（当前状态），是一个闭环系统。制导系统组成框图如图 1-10 所示。

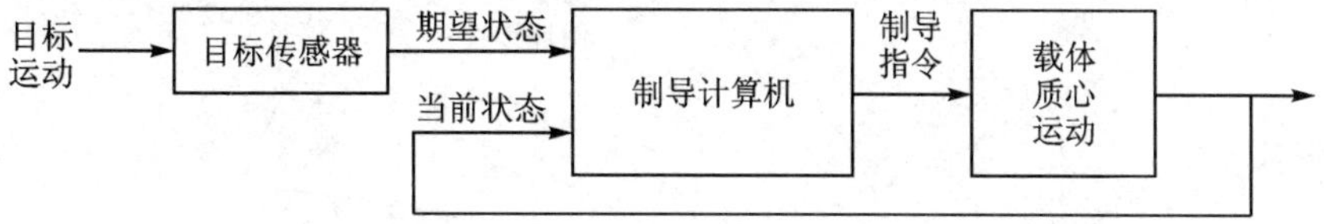

图 1-10 制导系统组成框图

1.3.3 控制系统组成

控制系统通常也是一个闭环系统，主要实现对载体姿态运动的控制，其组成主要包括能够产生控制指令的控制器和提供控制力矩的执行机构。控制系统组成框图如图 1-11 所示。

液体弹道导弹与运载火箭除了有效载荷不同外，二者的技术性能、系统组成等基本相同，所以，对导弹姿态控制系统技术的描述，若无特别指明，均适用于运载火箭。弹道导弹飞行的特点是主动段结束，即推力终止后，导弹沿自由飞行弹道飞向目标，其飞行弹道位于发射点、目标点以及地心三点构成的射面内，且弹道形状主要取决于主动段终点飞行参数。虽然主动段

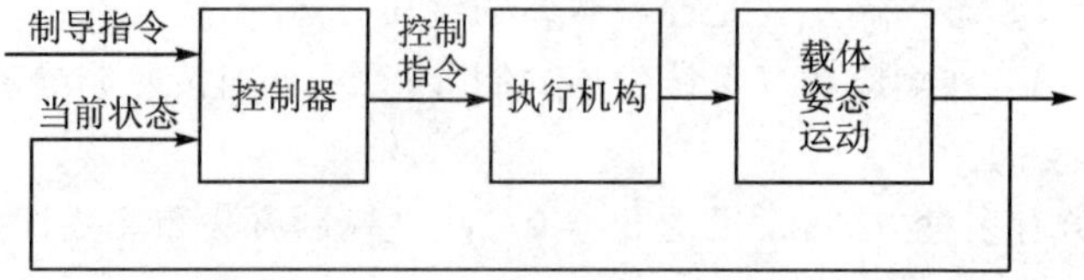

图 1-11 控制系统组成框图

的飞行时间较短，但导弹(运载火箭)却受到内外各种干扰的影响，因而往往偏离预定弹道和预定飞行状态，控制系统的作用就是消除或减小这些干扰的影响，控制导弹飞向目标。

一般而言，控制系统是导航、制导以及姿态控制等各部分的总称。导航的任务是利用测量装置确定导弹在初始条件下和飞行过程中的状态参数；制导的任务是选择导弹从某一飞行状态达到期望状态的机动规律；姿态控制的任务是执行制导所要求的机动和保证飞行姿态稳定。本章主要讨论姿态控制问题，下文中若无特别说明，所提的控制就是指姿态控制。

姿态控制系统是控制和稳定导弹(运载火箭)绕质心运动，实现飞行程序、执行制导导引要求以及克服各种干扰影响，从而保证姿态角稳定在容许范围内的系统。所以，导弹姿态控制的任务体现在两个方面，一是机动控制作用，即按制导系统发出的导引指令准确及时地改变姿态，从而改变质心运动轨迹；二是稳定作用，即克服各种干扰的影响，使导弹姿态偏差控制在容许范围内。姿态稳定是实现导弹稳定飞行的前提，所以稳定作用在姿态控制任务中更重要，故姿态控制系统有时也被称为姿态稳定系统。

1. 导弹姿态控制系统组成

姿态控制系统是导弹飞行控制系统的基本组成部分之一，其任务是稳定和控制导弹绕质心的运动。绕质心运动包括俯仰、偏航和滚动 3 个通道。如图 1-12 所示，滚动通道对应导弹绕弹体 X_1 轴(纵轴)的运动，偏航通道对应于绕弹体 Y_1 轴的运动，而俯仰通道对应于绕弹体 Z_1 轴的运动。

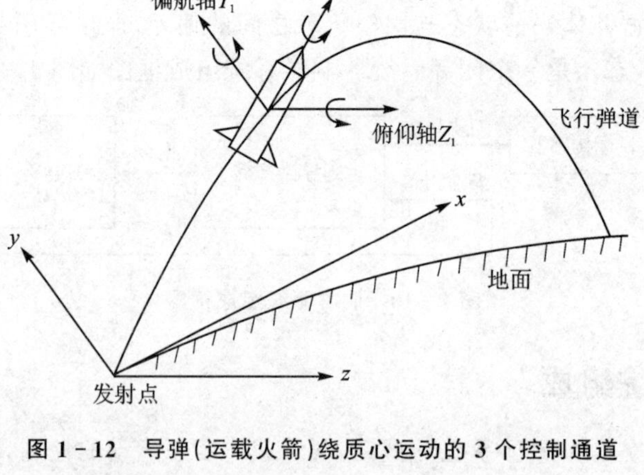

图 1-12 导弹(运载火箭)绕质心运动的 3 个控制通道

与绕质心运动的 3 个通道相对应，姿态控制系统一般也包括 3 个基本控制通道，分别对导弹的俯仰运动、偏航运动以及滚动运动进行稳定和控制。各控制通道由姿态稳定装置和作为控制对象的导弹绕质心运动构成闭合的姿态稳定回路。一般来说，各控制通道之间通过控制机构、敏感器件和弹体外形布置等发生空气动力、惯性及电气方面的交叉耦合。但是对弹道导弹和运载火箭来说，一般是小角度绕质心运动，因此这种交叉耦合在正常飞行条件下并不严重，整个姿态稳定系统可以视为3个单独工作的子系统，即三通道之间是相互独立的，因此分析设计也主要按单个通道进行。

各通道的组成基本相同，每个姿态稳定回路都包含姿态敏感器、控制器（校正装置）、执行机构以及对象模型4个基本部分，如图1-13所示。

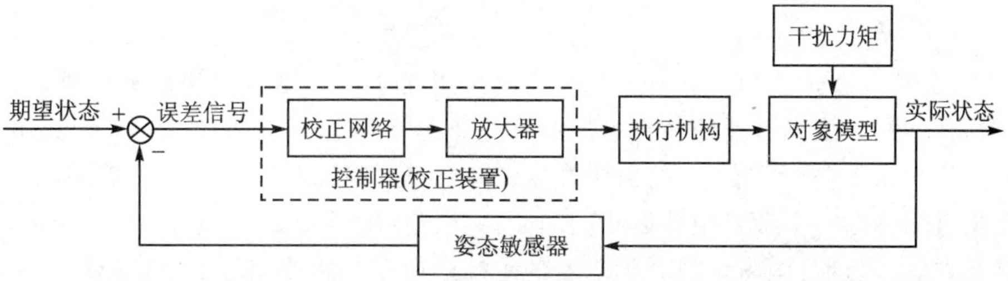

图1-13　姿态稳定回路基本结构图

姿态敏感器是导弹的“感觉器官”，用来测量导弹姿态相对于期望状态的偏差。许多导弹采用定位陀螺仪作为姿态敏感器，利用三自由度陀螺的定轴性提供姿态角测量的基准，通过角度传感器输出与姿态角偏差成比例的电信号。控制器的作用是对姿态敏感器测得的姿态误差信号进行放大和加工，并将形成的控制信号传给执行机构。执行机构包括操纵机构和驱动装置，用以产生与控制信号成比例的操纵导弹飞行的力和力矩。

在稳定回路设计中，对象姿态运动特性和执行机构往往由多方面因素确定，不能轻易改变，只有校正装置可以根据姿态稳定回路性能要求进行设计，而且调整或改变起来也比较容易。所以，可以说稳定回路设计的主要工作就是确定合适的校正装置。

运载器绕质心运动是姿态稳定装置的控制对象。大多数运载火箭没有尾翼，是静不稳定的，如果没有校正装置，姿态角扰动产生的气动力矩将使姿态角偏差逐渐增大，直至将火箭姿态运动完全弄翻。所以，校正装置是保证静不稳定弹体稳定飞行的关键。同时，火箭运动是多种运动形式的复合，诸如壳体的弹性弯曲振动、液体火箭推进剂在贮箱内的晃动，都会影响火箭绕质心运动，使之发生弱阻尼或不衰减的振荡，破坏正常飞行状态。在一定条件下，甚至可能导致箭上仪器损坏、火箭壳体破坏或无法稳定飞行。设计校正装置时必须考虑这些问题。

导弹参数（如转动惯量、质心位置、谐振频率等）都是随时间和飞行状态而变化的，此外，由于生产制造误差，不可能准确地确定这些参数的值，故只能估计它们取值的范围。这些因素使得被控对象的运动特性十分复杂，从而增加了稳定回路设计的复杂性。

2. 常用姿态敏感器

陀螺的功能在于测量载体相对于惯性坐标系的角速度。按照测量物理机制的不同，可以将陀螺分为机械陀螺和光学陀螺两大类。其中，机械陀螺带有转子。按照支撑转子的方式不同，又可以将机械陀螺分为挠性、气浮、液浮、静电陀螺等类型。光学陀螺包括激光、光纤陀螺两类。按照自由度个数的不同，又可以将陀螺分为单自由度、两自由度陀螺。下面简要介绍单自由度机械陀螺、光学陀螺的基本工作原理。

(1) 单自由度机械陀螺

单自由度机械陀螺的原理结构如图 1－14 所示，若载体(外环)相对于惯性坐标系绕 I (Input) 轴以角速度 ω 匀速旋转，则转子绕 O(Output)轴进动，测角仪将测出与 ω 成正比的进动角度。因为转子相对于载体(外环)，除了可以绕 H 轴转动外，还可以绕 O 轴小角度转动，所以叫单自由度。

(2) 光学陀螺

1913 年法国物理学家 M. Sagnac 首次提出采用光学方法测量角速度的原理。在转动的圆环中，沿顺、逆时针反向传播的两束光波将产生干涉条纹，这一现象也被称为 Sagnac 效应。限于当时的技术水平，M. Sagnac 的设想并未用于工程实际，直到 1963 年，美国的 Sperry 公司才研制出世界上第一个激光陀螺。我国国防科学技术大学于 20 世纪 90 年代初研制出国内第一款激光陀螺。目前，国防科技大学研制的陀螺已在多个武器型号上得以应用。

激光陀螺的工作原理如图 1－15 所示。在旋转角速度为零的条件下，光束 1 的行程为 $L_1=\pi r$，所需传播时间为 $\Delta t=\pi r/c$，其中 c 为光速。在旋转角速度为 ω 的条件下，光束 1 的行程将减少 δL_1，即

$$\delta L_1=(\omega r)\cdot(\pi r/c)=\frac{2A}{c}\omega \tag{1.1}$$

其中，A 为半圆面积。于是，在旋转角速度为 ω 的条件下光束 1、2 将存在行程差 δL，即

$$\delta L=\frac{4A}{c}\omega=s\cdot\omega \tag{1.2}$$

采用光学干涉测量的方法测得 δL，即可计算得到旋转角速度 ω。

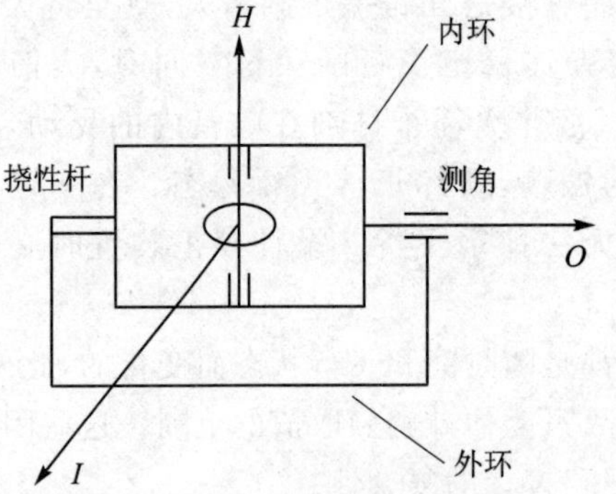

图 1－14　单自由度机械陀螺结构示意图

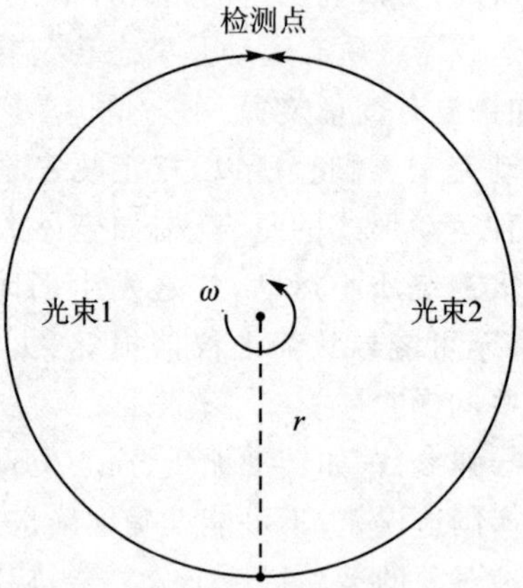

图 1－15　激光陀螺测量原理示意图

光纤陀螺的工作原理与激光陀螺的一致。激光陀螺、光纤陀螺的结构如图 1－16 所示。图 1－17 所示为部分激光、光纤陀螺的实物照片。

3. 常用执行机构及其特点

一般来说，导弹常用的执行机构有空气舵、燃气舵、摇摆发动机等，而对于远程弹道导弹和运载火箭来说，多采用后两种执行机构。

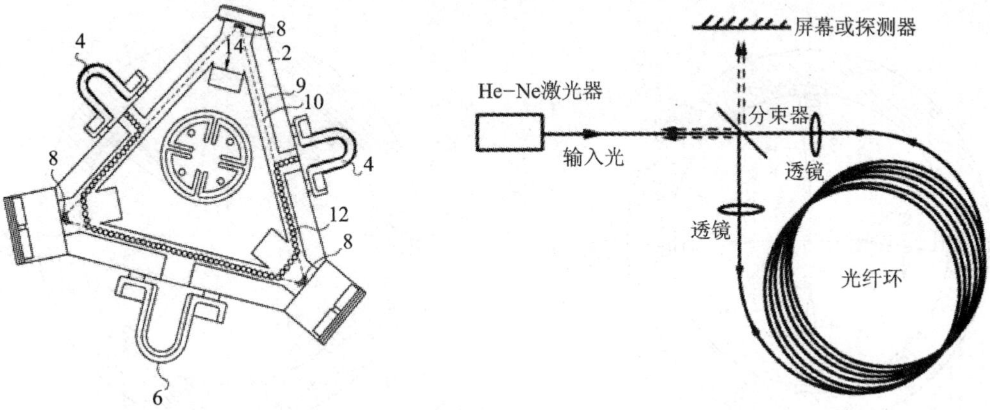

2—晶体块；4—阳极；6—阴极；
8—平面镜；9—谐振腔；10—激光束

(a) 激光陀螺结构　　　　(b) 光纤陀螺结构

图 1-16　光学陀螺结构示意图

(a) 激光陀螺　　　　(b) 光纤陀螺

图 1-17　激光与光纤陀螺

(1) 燃气舵

燃气舵一般由石墨或其他耐高温材料制成，安装在发动机喷口出口处，通常共有 4 片控制舵面。根据控制舵面与火箭箭体主对称面相对安装位置的不同，燃气舵可分为“十”字型布局(见图 1-18)和“X”字型布局(见图 1-19)两种具体形式。

竖立在发射台上时，“十”字型布局燃气舵的舵面的安装位置是两片舵(编号为 1、3)在射面内，另外两片舵(编号为 2、4)垂直于射面，4 个舵面成“十”字型。而“X”字型布局燃气舵的舵面的安装位置是两片舵(编号为 1、3)所在平面与射面成 45°夹角，而另外两片舵(编号为 2、4)所在平面与射面成 -45°夹角，4 个舵面成“X”字型。

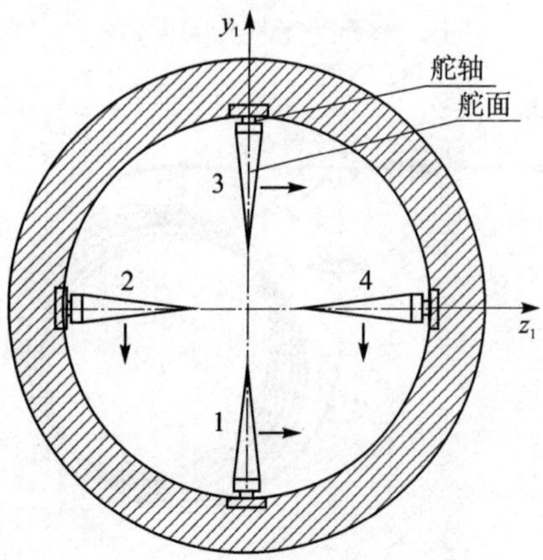

图 1-18 “十”字型布局的燃气舵

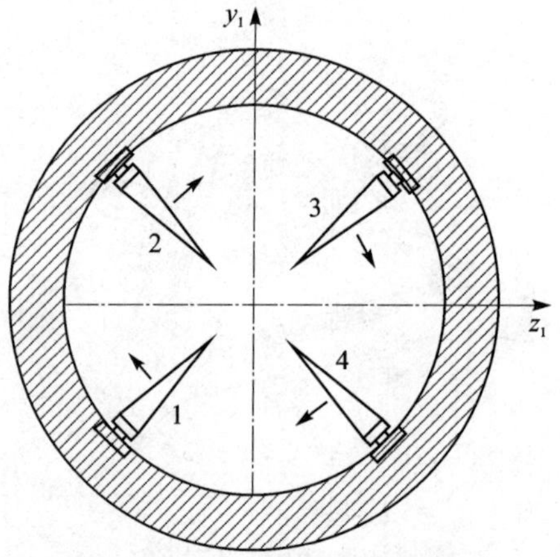

图 1-19 “X”字型布局的燃气舵

发动机燃烧室排出的燃气流作用在燃气舵上，就像空气流作用在飞行器上一样，形成的燃气动力即控制力。显然，控制力的大小与燃气舵的偏转角（舵偏角）有关。考虑到每个舵的形状、大小均相同，因此各舵的气动特性是一样的。为了便于计算控制力和控制力矩，通常引入等效舵偏角的概念，其含义是与实际舵偏角具有相同控制力的平均舵偏角。不难理解，对于“十”字型布局的燃气舵来说，若要产生俯仰控制力矩，则可同时偏转 2、4 舵，其舵偏角分别记为 δ_2,δ_4，则俯仰等效舵偏角记为

$$\delta_\varphi=\frac{1}{2}(\delta_2+\delta_4) \tag{1.3}$$

同理，同时偏转 1、3 舵时可产生偏航控制力矩，与 1、3 舵偏角 δ_1,δ_3 对应的偏航等效舵偏角为

$$\delta_\psi=\frac{1}{2}(\delta_1+\delta_3) \tag{1.4}$$

从控制火箭的俯仰和偏航运动出发，不难理解，对于“十”字型布局的燃气舵而言，1 舵与 3 舵应同向偏转、2 舵与 4 舵应同向偏转，并规定产生负的控制力矩的舵偏角为正。各舵正向规定如图 1-18 所示，箭头方向表示舵面后缘的偏转方向。为了产生滚转控制力矩，必须使 1 舵与 3 舵或 2 舵与 4 舵反向偏转（也称差动）。通常火箭的偏航控制量比俯仰控制量小得多，因此大多采用 1 舵与 3 舵差动来进行滚动通道控制。为了讨论的一般性，认为 2 舵和 4 舵也可差动进行滚动通道控制，与 1 舵、3 舵一起同为滚动通道控制的执行机构。根据各舵偏转角正负向的规定，得出滚动通道等效舵偏角为

$$\delta_\gamma=\frac{1}{4}(\delta_3-\delta_1+\delta_4-\delta_2) \tag{1.5}$$

“X”字型布局燃气舵的各舵正向规定如图 1-19 所示，其等效舵偏角的计算公式要复杂一些，具体表达式为

$$\left.\begin{aligned}\delta_\varphi&=\frac{1}{4}(\delta_3+\delta_4-\delta_1-\delta_2)\\\delta_\psi&=\frac{1}{4}(\delta_2+\delta_3-\delta_1-\delta_4)\\\delta_\gamma&=\frac{1}{4}(\delta_1+\delta_2+\delta_3+\delta_4)\end{aligned}\right\} \tag{1.6}$$

通过对比分析可以发现，“十”字型对应的等效舵偏角的计算公式比较简单，执行机构的控制动作易于操作；而“X”字型布局的优点在于当一台发动机发生故障时，仍可使3个通道完成控制任务，即提高了控制可靠性。当然，“X”字型布局形式使得控制通道比较复杂，交联影响较大，精度较“十”字型布局要低。

(2) 摇摆发动机

通常，火箭发动机的安装位置要使其产生的推力沿着或平行于箭体轴线方向，而摇摆发动机的喷管可以相对于箭体轴线产生一个摆角，从而利用推力在箭体轴线垂直方向的分量形成控制力矩，控制箭体的姿态运动。

与燃气舵类似，摇摆发动机也有“十”字型布局（见图1-20）和“X”字型布局（见图1-21）两种形式。摇摆发动机产生俯仰、偏航和滚动控制力矩的方式与燃气舵类似，也可定义等效摆角（与等效舵偏角类似）的概念。相关公式留给读者自行推导。

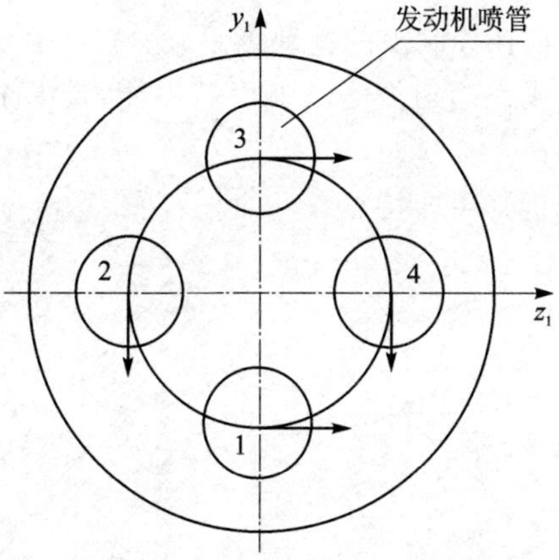

图1-20　“十”字型布局的摇摆发动机

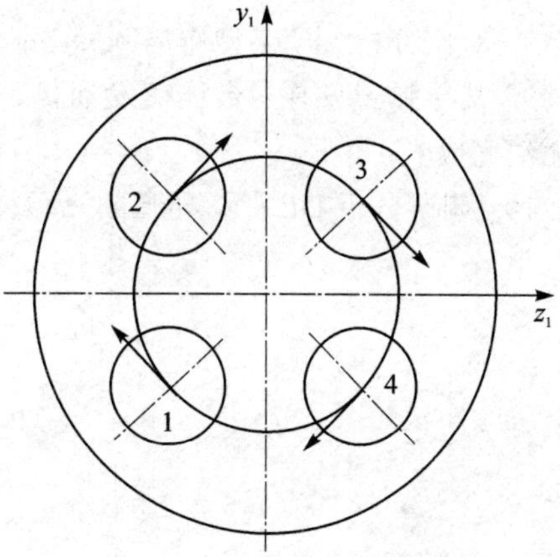

图1-21　“X”字型布局的摇摆发动机

1.3.4　GNC系统组成

综合导航系统、制导系统和控制系统的组成，可得GNC系统的组成框图，如图1-22所示。

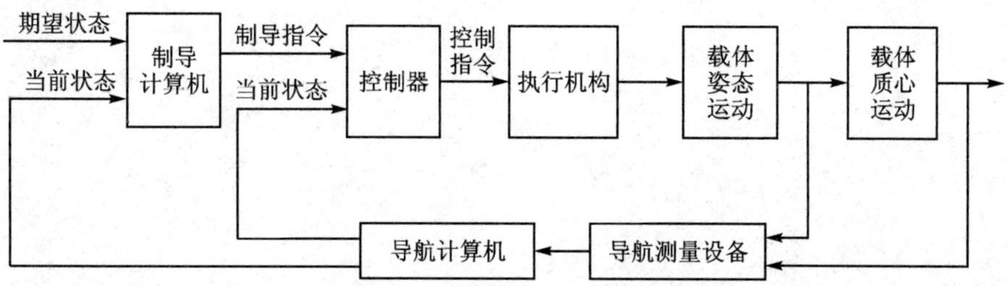

图1-22　GNC系统组成框图

思考题

1. 试对比分析弹道导弹和飞航导弹各自的飞行特点是什么?

2. 试述导航、制导和控制的含义。通过例子谈谈你对导航、制导与控制的含义的理解。

3. 本书中所讲的导航与日常生活中的手机导航或车载导航有何异同?

4. 画出导弹 GNC 系统的组成框图,并简要说明该系统的工作原理。

5. 用图示说明导弹姿态稳定回路的基本组成,解释各部分功能,并写出常用的三类姿态控制执行机构。

6. 结合图 1-14,简述单自由度机械陀螺测角原理。

7. 画出“十”字型布局燃气舵的示意图,并给出三通道等效舵偏角与四个舵面偏角之间的关系式。

8. 对比分析“十”字型布局和“X”字型布局执行机构在控制上的优缺点。

9. 某导弹若只有一台摇摆发动机,分析其能否完成三通道姿态控制?若不能,是哪个通道无法完成?

10. 调研分析 DF-17 导弹的飞行弹道,并总结分析其主要特点。

第2章　导弹空间运动模型

2.1　导弹的空间运动方程

在弹道学里讨论与质心运动有关的一些问题(如椭圆弹道理论)时,常把飞行器看作一个质点。而在弹道主动段,虽然在建立运动方程时把飞行器视为一个刚体,但实际处理问题时又把它当作一个可控制的质点,即认为:

① 飞行器是瞬时平衡的,即在力矩方程中略去惯性力矩和阻尼力矩,认为飞行器的稳定力矩和控制力矩平衡,当有一俯仰舵偏角 δ_φ,飞行器姿态瞬时即可达到一个相应的迎角 α 与之对应,从而保持总力矩为零,忽略了从一个平衡状态过渡到另一个平衡状态的过渡过程;

② 控制系统的响应是理想的,当有一误差信号,舵偏角将马上完成偏转,即 $\delta_\varphi = a_0^\varphi(\varphi - \varphi_{pr})$,其中 φ,φ_{pr} 分别为俯仰角的实际值和期望值,a_0^φ 为静态放大系数;

③ 无任何干扰力和干扰力矩,作用在飞行器上的力和力矩是按给定的规律变化的,或者说是在标准情况下讨论问题。

在上述假设下讨论的主要问题是与弹道有关的一些问题,例如飞行方案的设计、主要参数的选择、质心弹道的计算等。但实际上飞行器不是一个可控制的质点,而是一个刚体,进一步应认为是一个弹性体。飞行器的运动除质心运动外,还有绕质心转动,而且飞行器正是利用绕质心的转动,即飞行器姿态改变来控制质心的运动轨迹——弹道。当有控制信号时,舵偏角并不是马上转到平衡位置,而是有舵偏角 δ_φ,飞行器迎角更不是马上达到所要求的值,而是有一个过渡过程,如果要研究这样一个过渡过程,即更精确地研究飞行器的运动,就需要把飞行器看作一个刚体而不是一个可控制的质点。所以要建立飞行器的一般运动方程——刚体运动方程,就要把飞行器的质心运动和绕质心转动放在一起来研究。

远程火箭弹道学里已经推导出飞行器的一般运动方程,并且分析了在什么样的条件下可以得到简化的运动方程。

一般运动方程中最重要的是动力学方程,运动方程是力的方程,即质心运动方程,动力学方程是力矩方程,即绕质心的转动方程。在弹道学中,通常是将力的方程投影到速度坐标系中,也称在速度坐标系中建立质心动力学方程;而通常将力矩方程投影到弹体坐标系中,也称在弹体坐标系中建立绕质心转动的动力学方程。此外,为解运动方程,还建立了一些补充关系。由此得到一般运动方程如下:

$$\left.\begin{aligned}
&m\dot{v}=P_e\cos\alpha\cos\beta-C_xqS-mg\left(\frac{x}{r}\cos\theta\cos\sigma+\frac{R+y}{r}\sin\theta\cos\sigma-\frac{z}{r}\sin\sigma\right)-\\
&\qquad R'\delta_\varphi\sin\alpha\cos\beta-R'\delta_\psi\sin\beta\\
&mv(\dot{\theta}\cos\sigma\cos\nu-\dot{\sigma}\sin\nu)=P_e\sin\alpha+C_yqS-\\
&\qquad mg\left[\frac{x}{r}(\cos\theta\sin\sigma\sin\nu-\sin\theta\cos\nu)+\right.\\
&\qquad \left.\frac{R+y}{r}(\sin\theta\sin\sigma\sin\nu+\cos\theta\cos\nu)+\frac{z}{r}\cos\sigma\sin\nu\right]+R'\delta_\varphi\cos\alpha\\
&-mv(\dot{\sigma}\cos\nu+\dot{\theta}\cos\sigma\sin\nu)=-P_e\cos\alpha\sin\beta+C_zqS-\\
&\quad mg\left[\frac{x}{r}(\cos\theta\sin\sigma\cos\nu+\sin\theta\sin\nu)+\frac{R+y}{r}(\sin\theta\sin\sigma\cos\nu-\cos\theta\sin\nu)+\right.\\
&\quad \left.\frac{z}{r}\cos\sigma\cos\nu\right]-R'\delta_\psi\cos\beta+R'\delta_\varphi\sin\alpha\sin\beta
\end{aligned}\right\}\tag{2.1}$$

$$\left.\begin{aligned}
&I_{x_1}\dot{\omega}_{x_1}=M_{x_1}+M_{x_1}^{\delta}\delta_\gamma-(I_{z_1}-I_{y_1})\omega_{y_1}\omega_{z_1}\\
&I_{y_1}\dot{\omega}_{y_1}=M_{y_1}+M_{y_1}^{\delta}\delta_\psi-(I_{x_1}-I_{z_1})\omega_{z_1}\omega_{x_1}\\
&I_{z_1}\dot{\omega}_{z_1}=M_{z_1}+M_{z_1}^{\delta}\delta_\varphi-(I_{y_1}-I_{x_1})\omega_{x_1}\omega_{y_1}\\
&\dot{x}=v\cos\theta\cos\sigma\\
&\dot{y}=v\sin\theta\cos\sigma\\
&\dot{z}=-v\sin\sigma\\
&\dot{\varphi}=\frac{1}{\cos\psi}(\omega_{y_1}\sin\gamma+\omega_{z_1}\cos\gamma)\\
&\dot{\psi}=\omega_{y_1}\cos\gamma-\omega_{z_1}\sin\gamma\\
&\dot{\gamma}=\omega_{x_1}+\tan\psi(\omega_{y_1}\sin\gamma+\omega_{z_1}\cos\gamma)\\
&-\sin\alpha\cos\beta=\sin\psi\sin\gamma\cos\sigma\cos(\varphi-\theta)-\cos\gamma\cos\sigma\sin(\varphi-\theta)-\sin\sigma\cos\psi\sin\gamma\\
&\sin\beta=\sin\psi\cos\gamma\cos\sigma\cos(\varphi-\theta)+\sin\gamma\cos\sigma\sin(\varphi-\theta)-\sin\sigma\cos\psi\cos\gamma\\
&\sin\nu\cos\sigma=\cos\alpha\cos\psi\sin\gamma-\sin\alpha\sin\psi\\
&F_1(\delta_\gamma,x,y,z,\dot{x},\dot{y},\dot{z},\gamma,\dot{\gamma},\ddot{\gamma},\cdots)=0\\
&F_2(\delta_\psi,x,y,z,\dot{x},\dot{y},\dot{z},\psi,\dot{\psi},\ddot{\psi},\cdots)=0\\
&F_3(\delta_\varphi,x,y,z,\dot{x},\dot{y},\dot{z},\varphi,\dot{\varphi},\ddot{\varphi},\cdots)=0\\
&h=\sqrt{x^2+(y+R)^2+z^2}-R\\
&m=m_0-\dot{m}t
\end{aligned}\right\}\tag{2.2}$$

式中，v 为飞行速度；α 为迎角；β 为侧滑角；$q=\frac{1}{2}\rho v^2$ 为动压（速度头）；S 为飞行器最大横截面（参考面积）；g 为重力加速度；R 为地球半径；r 为地心距；P_e 为有效推力；m 为飞行器质量；h 为几何高度；t 为飞行时间；$\dot{m}=|\mathrm{d}m/\mathrm{d}t|$ 为质量秒消耗；C_x、C_y、C_z 依次为阻力、升力、侧力系数；M_{x_1}、M_{y_1}、M_{z_1} 依次为滚动力矩、偏航力矩、俯仰力矩；θ、σ、ν 依次为速度倾角、航迹

偏航角、倾侧角；φ、ψ、γ 依次为弹体俯仰角、偏航角、滚动角；x、y、z 依次为质心在发射坐标系中的坐标；δ_φ，δ_ψ，δ_γ 依次为俯仰、偏航、滚动通道的等效舵偏角；ω_{x_1}、ω_{y_1}、ω_{z_1} 依次为飞行器转动角速度在 x_1、y_1、z_1 轴上的投影；I_{x_1}、I_{y_1}、I_{z_1} 依次为飞行器绕 x_1、y_1、z_1 轴的转动惯量。

上述 20 个方程，有 20 个未知量：$v, x, y, z, h, \theta, \sigma, \nu, \varphi, \psi, \gamma, \alpha, \beta, \omega_{x1}, \omega_{y1}, \omega_{z1}, \delta_\gamma, \delta_\psi, \delta_\varphi, m$，说明方程组是封闭的，给出微分方程的初始条件，就可以进行数值积分得到一条弹道。但实际数值积分时，上述方程的第二、第三方程即力在 Oy_v，Oz_v 上的投影方程是不便于积分的，因为它不是微分方程组的标准形式，左端同时含有两个一次导数项 $\dot\theta$，$\dot\sigma$。为了算出弹道，应该把 $\dot\theta$，$\dot\sigma$ 分别解出来，这实际上是要把力的方程投影到半速度坐标系各轴上去，这一点也是后面线性化飞行器运动方程所必需的。

半速度坐标系与速度坐标系的关系仅相差一个倾侧角 ν，半速度坐标系与发射坐标系仅用两个欧拉角 θ，σ 来表示，此时速度坐标系 $O_1-x_v y_v z_v$ 和半速度坐标系 $O_1-x_h y_h z_h$ 之间的转换矩阵为

$$\begin{bmatrix} x_h \\ y_h \\ z_h \end{bmatrix} = \begin{bmatrix} 1 & 0 & 0 \\ 0 & \cos\nu & -\sin\nu \\ 0 & \sin\nu & \cos\nu \end{bmatrix} \begin{bmatrix} x_v \\ y_v \\ z_v \end{bmatrix} \tag{2.3}$$

质心运动学方程在半速度坐标系各轴上的投影为

$$\left.\begin{aligned} m\dot v &= P_e\cos\alpha\cos\beta - C_x qS - mg\sin\theta\cos\sigma \\ mv\dot\theta\cos\sigma &= P_e(\sin\alpha\cos\nu + \cos\alpha\sin\beta\sin\nu) + C_y qS\cos\nu - \\ &\quad C_z qS\sin\nu - mg\cos\theta + R'\delta_\varphi\cos\nu + R'\delta_\psi\sin\nu \\ -mv\dot\sigma &= P_e(\sin\alpha\sin\nu - \cos\alpha\sin\beta\cos\nu) + C_y qS\sin\nu + C_z qS\cos\nu - \\ &\quad mg\sin\theta\sin\sigma + R'\delta_\varphi\sin\nu - R'\delta_\psi\cos\nu \end{aligned}\right\} \tag{2.4}$$

式(2.4)便是力的方程投影在半速度坐标系的表达式，方程左侧的形式较为简洁。

2.2　导弹运动方程的线性化

2.2.1　微分方程组线性化的一般方法

导弹运动微分方程组的一般形式可以表示为

$$g_1\frac{dx_1}{dt} = f_1,\quad g_2\frac{dx_2}{dt} = f_2,\quad \cdots,\quad g_i\frac{dx_i}{dt} = f_i,\quad \cdots,\quad g_n\frac{dx_n}{dt} = f_n \tag{2.5}$$

式中，g_i，f_i 是 $x_1, x_2, \cdots, x_i, \cdots, x_n$ 的非线性函数，即

$$g_i = g_i(x_1, x_2, \cdots, x_n),\quad f_i = f_i(x_1, x_2, \cdots, x_n),\qquad i = 1, 2, \cdots, n$$

方程组的特解之一

$$x_1 = x_{10}(t),\quad x_2 = x_{20}(t), \cdots, x_n = x_{n0}(t) \tag{2.6}$$

对应于一个未扰动运动。如果将该特解代入方程式(2.5)，则得到如下等式：

$$g_{10}\frac{dx_{10}}{dt} = f_{10},\quad g_{20}\frac{dx_{20}}{dt} = f_{20},\quad \cdots,\quad g_{i0}\frac{dx_{i0}}{dt} = f_{i0},\quad \cdots,\quad g_{n0}\frac{dx_{n0}}{dt} = f_{n0} \tag{2.7}$$

式中，$g_{i0} = g_i(x_{10}, x_{20}, \cdots, x_{n0})$，$f_{i0} = f_i(x_{10}, x_{20}, \cdots x_{n0})$，$i = 1, 2, \cdots, n$。

对于方程组中的任一方程，如第 i 个方程，为书写方便，将脚标“i”去掉，则

$$g\frac{\mathrm{d}x}{\mathrm{d}t}=f$$

为了完成这一方程的线性化，首先需要从该方程中减去其相对应的未扰动运动方程，则得到偏差量形式的运动方程为

$$g\frac{\mathrm{d}x}{\mathrm{d}t}-g_0\frac{\mathrm{d}x_0}{\mathrm{d}t}=f-f_0 \tag{2.8}$$

式中，$f-f_0=\Delta f$ 为函数 f 的偏差量，即函数在扰动弹道与未扰动弹道上的差值。

在式(2.8)左侧先加上再减去 $g\frac{\mathrm{d}x_0}{\mathrm{d}t}$ 得

$$g\frac{\mathrm{d}x}{\mathrm{d}t}+g\frac{\mathrm{d}x_0}{\mathrm{d}t}-g\frac{\mathrm{d}x_0}{\mathrm{d}t}-g_0\frac{\mathrm{d}x_0}{\mathrm{d}t}=(g_0+\Delta g)\frac{\mathrm{d}\Delta x}{\mathrm{d}t}+\Delta g\frac{\mathrm{d}x_0}{\mathrm{d}t} \tag{2.9}$$

式中，Δx，Δg 均表示偏差量，即 $\Delta x=x-x_0$，$\Delta g=g-g_0$。

下面求 f 的偏差量 Δf。根据泰勒展开公式将变量 $x_1,x_2,\cdots,x_n$ 的非线性函数在数值为 $x_{10},x_{20},\cdots,x_{n0}$ 附近邻域内展成偏差量 $\Delta x_1=x_1-x_{10},\cdots,\Delta x_n=x_n-x_{n0}$ 的幂级数。如果只取到展开式的一阶项，则得到

$$f(x_1,x_2,\cdots,x_n)=f(x_{10},x_{20},\cdots,x_{n0})+\left(\frac{\partial f}{\partial x_1}\right)_0\Delta x_1+\left(\frac{\partial f}{\partial x_2}\right)_0\Delta x_2+\cdots+\left(\frac{\partial f}{\partial x_n}\right)_0\Delta x_n+O(f)$$

式中，$O(f)$为展开式中含有二阶及更高阶小量的余项；$\left(\frac{\partial f}{\partial x_1}\right)_0,\left(\frac{\partial f}{\partial x_2}\right)_0,\cdots,\left(\frac{\partial f}{\partial x_n}\right)_0$ 是未扰动弹道的偏导数$\frac{\partial f}{\partial x_1},\frac{\partial f}{\partial x_2},\cdots,\frac{\partial f}{\partial x_n}$之值。

函数 $f(x_1,x_2,\cdots,x_n)$的偏差量为

$$\begin{aligned}\Delta f&=f(x_1,x_2,\cdots,x_n)-f(x_{10},x_{20},\cdots,x_{n0})\\&=\left(\frac{\partial f}{\partial x_1}\right)_0\Delta x_1+\left(\frac{\partial f}{\partial x_2}\right)_0\Delta x_2+\cdots+\left(\frac{\partial f}{\partial x_n}\right)_0\Delta x_n+O(f)\end{aligned} \tag{2.10}$$

偏差量 Δg 的类似表达式为

$$\Delta g=\left(\frac{\partial g}{\partial x_1}\right)_0\Delta x_1+\left(\frac{\partial g}{\partial x_2}\right)_0\Delta x_2+\cdots+\left(\frac{\partial g}{\partial x_n}\right)_0\Delta x_n+O(g) \tag{2.11}$$

将式(2.9)、(2.10)和式(2.11)均代入式(2.8)，并略去高于一阶的小量 $\Delta g\frac{\mathrm{d}\Delta x}{\mathrm{d}t}$，$O(g)$，$O(f)$，则得到未知数为偏差量 $\Delta x_1,\Delta x_2,\cdots,\Delta x_n$ 的扰动运动方程为

$$g_0\frac{\mathrm{d}\Delta x}{\mathrm{d}t}+\frac{\mathrm{d}x_0}{\mathrm{d}t}\left[\left(\frac{\partial g}{\partial x_1}\right)_0\Delta x_1+\left(\frac{\partial g}{\partial x_2}\right)_0\Delta x_2+\cdots+\left(\frac{\partial g}{\partial x_n}\right)_0\Delta x_n\right]=\left(\frac{\partial f}{\partial x_1}\right)_0\Delta x_1+\left(\frac{\partial f}{\partial x_2}\right)_0\Delta x_2+\cdots+\left(\frac{\partial f}{\partial x_n}\right)_0\Delta x_n$$

对方程组(2.5)中每个方程都进行这样的变换后，得到扰动运动方程组为

$$g_{i0}\frac{\mathrm{d}\Delta x_i}{\mathrm{d}t}=\left[\left(\frac{\partial f_i}{\partial x_1}\right)_0-\frac{\mathrm{d}x_{i0}}{\mathrm{d}t}\left(\frac{\partial g_i}{\partial x_1}\right)_0\right]\Delta x_1+\cdots+\left[\left(\frac{\partial f_i}{\partial x_n}\right)_0-\frac{\mathrm{d}x_{i0}}{\mathrm{d}t}\left(\frac{\partial g_i}{\partial x_n}\right)_0\right]\Delta x_n \tag{2.12}$$

式中，$i=1,2,\cdots,n$。通常称该方程组为扰动运动方程组，它是一组线性微分方程，因为包含

在方程中的新变量(偏差量 $\Delta x_1,\Delta x_2,\cdots,\Delta x_n$)只是一阶的,并且没有这些变量的乘积。通常假定未扰动运动是已知的,则方程组中方括号内的各项及所有 g_{i0} 都是时间 t 的已知函数。

2.2.2　气动力和力矩的线性化

导弹运动方程中包含有空气动力、重力、推力、控制力及相应的力矩。为了线性化导弹的一般运动方程,需要求雅可比矩阵

$$\begin{bmatrix} \dfrac{\partial f_1}{\partial x_1} & \dfrac{\partial f_1}{\partial x_2} & \cdots & \dfrac{\partial f_1}{\partial x_n} \\ \dfrac{\partial f_2}{\partial x_1} & \dfrac{\partial f_2}{\partial x_2} & \cdots & \dfrac{\partial f_2}{\partial x_n} \\ \vdots & \vdots & & \vdots \\ \dfrac{\partial f_n}{\partial x_1} & \dfrac{\partial f_n}{\partial x_2} & \cdots & \dfrac{\partial f_n}{\partial x_n} \end{bmatrix}$$

中的各元素。为此,首先要研究哪些运动参数与上述力和力矩有关,然后求出其偏导数,其中对与稳定性和操纵性有密切关系的空气动力和空气动力矩更应该进行较详细地研究,以便了解空气动力和空气动力矩与哪些主要因素有关,而哪些因素可以忽略。

根据空气动力学的知识,在一般情况下,作用在导弹上的空气动力和空气动力矩与下列参数有关,即 $v,h,\alpha,\beta,\dot{\alpha},\beta,\omega_{x1},\omega_{y1},\omega_{z1},\delta_{\varphi},\delta_{\psi},\delta_{\gamma}$,但在研究稳定性和操纵性时,并不是将上面的参数都加以考虑,一般忽略阻力、升力、侧力与旋转角速度 $\omega_{x1},\omega_{y1},\omega_{z1}$ 的关系,因为导弹的旋转对这些力的数值影响很小。又由于导弹相对于 Ox_1y_1 面总是对称的,并且人们总希望侧向力 Z 和侧向力矩 M_{x1},M_{y1} 不与纵向参数 α 等有关系、纵向力矩 M_{z1} 不与侧向运动参数 β 有关系、δ_{γ} 不与 M_{z1} 有关系、M_{x1} 不与 δ_{φ} 有关系等,故实际上空气动力和力矩仅与某些运动参数有关。

设

$$\left.\begin{aligned} X &= C_x\frac{\rho v^2}{2}S = X(v,h,\alpha,\beta) \\ Y &= C_y\frac{\rho v^2}{2}S = Y(v,h,\alpha,\delta_{\varphi}) \\ Z &= C_z\frac{\rho v^2}{2}S = Z(v,h,\beta,\delta_{\psi}) \end{aligned}\right\} \tag{2.13}$$

$$\left.\begin{aligned} M_{x1} &= m_{x1}\frac{\rho v^2}{2}Sl = M_{x1}(v,h,\alpha,\beta,\omega_{x1},\omega_{y1},\omega_{z1},\delta_{\gamma}) \\ M_{y1} &= m_{y1}\frac{\rho v^2}{2}Sl = M_{y1}(v,h,\beta,\omega_{x1},\omega_{y1},\dot{\beta},\delta_{\psi}) \\ M_{z1} &= m_{z1}\frac{\rho v^2}{2}Sl = M_{z1}(v,h,\alpha,\omega_{x1},\omega_{z1},\dot{\alpha},\delta_{\varphi}) \end{aligned}\right\} \tag{2.14}$$

式中,S 表示导弹的特征面积;l 表示导弹的特征长度。假设未干扰运动参数为 $v_0,h_0,\alpha_0,\beta_0,\dot{\alpha}_0,\dot{\beta}_0,\omega_{x10},\omega_{y10},\omega_{z10},\delta_{\varphi 0},\delta_{\psi 0},\delta_{\gamma 0}$,干扰运动参数为 $v,h,\alpha,\beta,\dot{\alpha},\dot{\beta},\omega_{x1},\omega_{y1},\omega_{z1},\delta_{\varphi},\delta_{\psi},\delta_{\gamma}$,则各运动参数的增量为

$$\Delta v = v - v_0,\quad \Delta h = h - h_0,\quad \Delta\alpha = \alpha - \alpha_0$$

$$\Delta\beta = \beta - \beta_0,\quad \Delta\dot{\alpha} = \dot{\alpha} - \dot{\alpha}_0,\quad \Delta\dot{\beta} = \dot{\beta} - \dot{\beta}_0$$

$$\Delta\omega_{x1} = \omega_{x1} - \omega_{x10},\quad \Delta\omega_{y1} = \omega_{y1} - \omega_{y10},\quad \Delta\omega_{z1} = \omega_{z1} - \omega_{z10}$$

$$\Delta\delta_\gamma = \delta_\gamma - \delta_{\gamma0},\quad \Delta\delta_\psi = \delta_\psi - \delta_{\psi0},\quad \Delta\delta_\varphi = \delta_\varphi - \delta_{\varphi0}$$

如果把式(2.13)、(2.14)在未扰动运动的近旁展开，忽略一阶以上的项，可得

$$\Delta X = X^v \Delta v + X^\alpha \Delta\alpha + X^\beta \Delta\beta + X^h \Delta h$$

$$\Delta Y = Y^v \Delta v + Y^\alpha \Delta\alpha + Y^h \Delta h + Y^{\delta_\varphi} \Delta\delta_\varphi$$

$$\Delta Z = Z^v \Delta v + Z^\beta \Delta\beta + Z^h \Delta h + Z^{\delta_\psi} \Delta\delta_\psi$$

$$\Delta M_{x1} = M_{x1}^v \Delta v + M_{x1}^\alpha \Delta\alpha + M_{x1}^\beta \Delta\beta + M_{x1}^{\omega_x} \Delta\omega_{x1} + M_{x1}^{\omega_y} \Delta\omega_{y1} + M_{x1}^{\omega_z} \Delta\omega_{z1} + M_{x1}^h \Delta h + M_{x1}^\delta \Delta\delta_\gamma$$

$$\Delta M_{y1} = M_{y1}^v \Delta v + M_{y1}^\beta \Delta\beta + M_{y1}^{\omega_x} \Delta\omega_{x1} + M_{y1}^{\omega_y} \Delta\omega_{y1} + M_{y1}^{\dot{\beta}} \Delta\dot{\beta} + M_{y1}^h \Delta h + M_{y1}^\delta \Delta\delta_\psi$$

$$\Delta M_{z1} = M_{z1}^v \Delta v + M_{z1}^\alpha \Delta\alpha + M_{z1}^{\omega_x} \Delta\omega_{x1} + M_{z1}^{\omega_z} \Delta\omega_{z1} + M_{z1}^{\dot{\alpha}} \Delta\dot{\alpha} + M_{z1}^h \Delta h + M_{z1}^\delta \Delta\delta_\varphi$$

其中，$Y^\alpha = \dfrac{\partial Y}{\partial\alpha}$，$M_{z1}^\alpha = \dfrac{\partial M_{z1}}{\partial\alpha}$，$M_{z1}^{\omega_z} = \dfrac{\partial M_{z1}}{\partial\omega_z}$等被称为空气动力偏导数，它可以通过计算和实验求得。

下面讨论各空气动力和空气动力矩偏导数的表达式，一般在研究稳定性时不考虑扰动运动中高度的变化对空气动力的影响，因为它很小，可以认为该项等于零。

(1) 阻力导数 X^v，X^α，X^β

因 $X = C_x \dfrac{\rho v^2}{2} S$，而 C_x 是马赫数 Ma、迎角 α 以及侧滑角 β 的函数，即 $C_x = C_x(\alpha, \beta, Ma)$，因此

$$X^\alpha = \frac{\partial X}{\partial\alpha} = \frac{X}{C_x}\frac{\partial C_x}{\partial\alpha} = \frac{X}{C_x} C_x^\alpha \tag{2.15}$$

$$X^\beta = \frac{\partial X}{\partial\beta} = \frac{X}{C_x}\frac{\partial C_x}{\partial\beta} = \frac{X}{C_x} C_x^\beta \tag{2.16}$$

$$X^v = \frac{\partial X}{\partial v} = \frac{X}{v}\left(2 + \frac{v}{C_x} C_x^v\right) \tag{2.17}$$

而 $C_x^v = \dfrac{Ma}{v} C_x^{Ma}$，故

$$X^v = \frac{\partial X}{\partial v} = \frac{X}{v}\left(2 + \frac{Ma}{C_x} C_x^{Ma}\right) \tag{2.18}$$

(2) 升力导数 Y^v，Y^α

已知 $Y = C_y \dfrac{\rho v^2}{2} S$，而

$$C_y = C_y(Ma, \alpha) \tag{2.19}$$

则

$$Y^v = \frac{\partial Y}{\partial v} = \frac{Y}{v}\left(2 + \frac{Ma}{C_y} C_y^{Ma}\right) \tag{2.20}$$

$$Y^\alpha = \frac{\partial Y}{\partial\alpha} = \frac{Y}{C_y} C_y^\alpha \tag{2.21}$$

(3) 侧力导数 Z^v,Z^β

已知 $Z=C_z\dfrac{\rho v^2}{2}S$,而 $C_z=C_z(Ma,\beta)$,则

$$Z^v=\frac{Z}{v}\left(2+\frac{Ma}{C_z}C_z^{Ma}\right) \tag{2.22}$$

$$Z^\beta=\frac{Z}{C_z}C_z^\beta,\quad C_z^\beta=-C_y^\alpha \tag{2.23}$$

如果采用空气舵,则升力和侧力增量中的 $Y^{\delta_\varphi}\Delta\delta_\varphi$ 和 $Z^{\delta_\psi}\Delta\delta_\psi$ 存在;如果采用燃气舵和摇摆发动机,则可认为该两项等于零。

(4) 力矩导数

已知

$$\left.\begin{aligned}M_{x1}&=m_{x1}\frac{\rho v^2}{2}Sl\\M_{y1}&=m_{y1}\frac{\rho v^2}{2}Sl\\M_{z1}&=m_{z1}\frac{\rho v^2}{2}Sl\end{aligned}\right\} \tag{2.24}$$

式中

$$\left.\begin{aligned}m_{x1}&=m_{x1}(Ma,\alpha,\beta,\omega_{x1},\omega_{y1},\omega_{z1})\\m_{y1}&=m_{y1}(Ma,\beta,\dot\beta,\omega_{x1},\omega_{y1})\\m_{z1}&=m_{z1}(Ma,\alpha,\dot\alpha,\omega_{x1},\omega_{z1})\end{aligned}\right\} \tag{2.25}$$

当采用空气舵时,上述 3 个力矩系数还应是舵偏角的函数;当采用燃气舵和摇摆发动机时,力矩系数就与舵偏角无关。

类似前面的推导,可以得力矩导数如下:

$$\left.\begin{aligned}M_{x1}^v&=\frac{M_{x1}}{v}\left(2+\frac{Ma}{m_{x1}}\frac{\partial m_{x1}}{\partial Ma}\right)\\M_{y1}^v&=\frac{M_{y1}}{v}\left(2+\frac{Ma}{m_{y1}}\frac{\partial m_{y1}}{\partial Ma}\right)\\M_{z1}^v&=\frac{M_{z1}}{v}\left(2+\frac{Ma}{m_{z1}}\frac{\partial m_{z1}}{\partial Ma}\right)\end{aligned}\right\} \tag{2.26}$$

$$\left.\begin{aligned}M_{x1}^\alpha&=\frac{M_{x1}}{m_{x1}}m_{x1}^\alpha,\quad M_{x1}^\beta=\frac{M_{x1}}{m_{x1}}m_{x1}^\beta\\M_{y1}^\beta&=\frac{M_{y1}}{m_{y1}}m_{y1}^\beta,\quad M_{z1}^\alpha=\frac{M_{z1}}{m_{z1}}m_{z1}^\alpha\end{aligned}\right\} \tag{2.27}$$

$$\left.\begin{aligned}M_{x1}^{\omega_x}&=\frac{M_{x1}}{m_{x1}}m_{x1}^{\omega_x},\quad M_{x1}^{\omega_y}=\frac{M_{x1}}{m_{x1}}m_{x1}^{\omega_y},\quad M_{x1}^{\omega_z}=\frac{M_{x1}}{m_{x1}}m_{x1}^{\omega_z}\\M_{y1}^{\omega_y}&=\frac{M_{y1}}{m_{y1}}m_{y1}^{\omega_y},\quad M_{y1}^{\omega_x}=\frac{M_{y1}}{m_{y1}}m_{y1}^{\omega_x},\quad M_{y1}^{\dot\beta}=\frac{M_{y1}}{m_{y1}}m_{y1}^{\dot\beta}\\M_{z1}^{\omega_z}&=\frac{M_{z1}}{m_{z1}}m_{z1}^{\omega_z},\quad M_{z1}^{\omega_x}=\frac{M_{z1}}{m_{z1}}m_{z1}^{\omega_x},\quad M_{z1}^{\dot\alpha}=\frac{M_{z1}}{m_{z1}}m_{z1}^{\dot\alpha}\end{aligned}\right\} \tag{2.28}$$

应该指出，式(2.28)中阻尼导数都是有因次形式，有时为了方便也使用无因次形式，无因次空气动力系数的导数定义如下：

无因次的角速度：

$$\bar{\omega}_{x1}=\frac{\omega_{x1}l}{v},\quad \bar{\omega}_{y1}=\frac{\omega_{y1}l}{v},\quad \bar{\omega}_{z1}=\frac{\omega_{z1}l}{v},\quad \bar{\dot{\beta}}=\frac{\dot{\beta}l}{v},\quad \bar{\dot{\alpha}}=\frac{\dot{\alpha}l}{v}$$

无因次空气动力系数的偏导数：

$$\begin{cases} m_{x1}^{\bar{\omega}_x}=\dfrac{\partial m_{x1}}{\partial\bar{\omega}_{x1}},\quad m_{x1}^{\bar{\omega}_y}=\dfrac{\partial m_{x1}}{\partial\bar{\omega}_{y1}},\quad m_{x1}^{\bar{\omega}_z}=\dfrac{\partial m_{x1}}{\partial\bar{\omega}_{z1}} \\ m_{y1}^{\bar{\omega}_y}=\dfrac{\partial m_{y1}}{\partial\bar{\omega}_{y1}},\quad m_{y1}^{\bar{\omega}_x}=\dfrac{\partial m_{y1}}{\partial\bar{\omega}_{x1}},\quad m_{y1}^{\bar{\dot{\beta}}}=\dfrac{\partial m_{y1}}{\partial\bar{\dot{\beta}}} \\ m_{z1}^{\bar{\omega}_z}=\dfrac{\partial m_{z1}}{\partial\bar{\omega}_{z1}},\quad m_{z1}^{\bar{\omega}_x}=\dfrac{\partial m_{z1}}{\partial\bar{\omega}_{x1}},\quad m_{z1}^{\bar{\dot{\alpha}}}=\dfrac{\partial m_{z1}}{\partial\bar{\dot{\alpha}}} \end{cases}$$

在上述的阻尼导数中，m_{z1}^{α}，m_{y1}^{β}，m_{x1}^{α}，m_{x1}^{β} 为静导数；$m_{x1}^{\omega_x}$，$m_{y1}^{\omega_y}$，$m_{z1}^{\omega_z}$ 为动导数；$m_{x1}^{\bar{\omega}_y}$，$m_{x1}^{\bar{\omega}_z}$，$m_{y1}^{\bar{\omega}_x}$，$m_{z1}^{\bar{\omega}_x}$ 为旋转导数；$m_{z1}^{\bar{\dot{\alpha}}}$，$m_{y1}^{\bar{\dot{\beta}}}$ 为洗流延迟产生的动导数。

2.2.3　运动方程的线性化

因为实际弹道导弹的运动轨迹基本上是一个平面运动，所以人们把对称面 x_1Oy_1 与射面完全重合的运动称为纵向运动，通常把运动参数 $v,\theta,x,y,h,\alpha,\varphi,\omega_{z1},\delta_\varphi$ 称为纵向运动参数，要实现在纵向运动中只有这些参数变化，则要求导弹有一个对称面，而且当纵向参数变化时，不产生侧向力和侧向力矩。当然严格地讲，上述条件是不存在的，例如导弹上转动部分会产生陀螺效应，如果是有翼飞行器，则会产生滚动力矩 $M_{x1}^{\omega_z}\omega_{z1}$，但作为一个简化处理，还是允许的。在纵向运动中为零的那些参数如 $\sigma,\nu,z,\beta,\psi,\gamma,\omega_{x1},\omega_{y1},\delta_\gamma,\delta_\psi$，通常将其称为侧向运动参数，把侧向运动参数变化的运动称为侧向运动，侧向运动反映了导弹在 x_1Oz_1 面内的移动，包括绕 Oy_1 轴的偏航运动和绕 Ox_1 轴的滚动运动。

从线性化的定义来看，要把导弹运动方程线性化只需要一个假设，即各运动参数的增量为一阶微量，而二阶以上的增量可以略去，这样就可以得到线性化的微分方程组。但这样一个微分方程组是非常复杂的，同时从控制的角度看，因为纵向运动参数的变化是通过俯仰舵偏角 δ_φ 来控制的，侧平面运动参数的变化是通过偏航舵偏角 δ_ψ 来控制的，滚动运动的变化是通过滚动舵偏角 δ_γ 来控制的，所以希望线性化的微分方程组最好能分成与上述关系对应的几组。正因为如此，一般总是把微分方程组线性化，并把扰动运动分成纵向扰动运动和侧向扰动运动。同时飞行器(飞机或导弹)在客观上也存在着这种简化的可能性，例如飞机和导弹有一个对称面 x_1Oy_1，虽然有时存在着一定程度的非对称性，但影响是很小的。又如导弹的未扰动运动，侧向运动参数是很小的，甚至为零。为了简化所研究的问题，在线性化时作如下假设：

① 在稳定性和操纵性分析中，一般认为地球是一个不旋转的平面，所以方程中不出现由地球旋转及考虑地球曲率而引起的项。

② 由外界干扰而引起的运动参数的增量是微量，因而在微分方程线性化时，这些运动参数的增量的高次项及相互之间的乘积可以略去，这个假设又被简称为小扰动。

③ 在研究扰动运动时，人们感兴趣的是运动参数对舵偏角的反应和运动参数对干扰的反

应，所以对一些次要因素不加以讨论，这里主要包括两个方面：一方面是不考虑结构参数的偏差 $\Delta m, \Delta I_{x1}, \Delta I_{y1}, \Delta I_{z1}$ 对干扰运动的影响，认为这些参数在扰动运动和未扰动运动中是一样的，是已知的时间函数；另一方面是略去高度增量 Δh 对空气动力、空气动力矩以及推力的影响，当高度发生变化时，空气动力和推力是要发生变化的，但其影响小，所以可以忽略。

④ 假设未扰动运动的侧向运动参数 $\sigma, \psi, \gamma, \nu, \beta, \omega_{y1}, \omega_{x1}$，侧向运动的舵偏角 $\delta_\gamma, \delta_\psi$，纵向运动的参数 $\dot{\theta}, \omega_{z1}, \dot{\alpha}$ 均是微量，可以在线性化时忽略其乘积及这些参数和其他微量的乘积。

⑤ 飞行器有一个对称面 x_1Oy_1，这一条件是将扰动运动分解成纵向扰动运动和侧向扰动运动所必需的。这一条件再加上未扰动运动的侧向参数是一阶微量，就可以略去所有空气动力的耦合项，即认为当出现空气动力增量 $\Delta X, \Delta Y$ 时，不会引起附加的 $\Delta Z, \Delta M_{x1}, \Delta M_{y1}$，也就是不考虑 $m_{x_1}^v$、$m_{y_1}^v$、$m_{x_1}^{\omega_z}$…，反之当出现 ΔZ 时，也不能引起任何对称面内力和力矩的变化，即不存在 $m_{z1}^{\omega_x}$，X^β 等项。因为有对称性，作用于对称面 x_1Oy_1 内的力和力矩对任何一个侧向参数的导数都等于零，例如 X^β。可以想象，无论正侧滑角还是负侧滑角，对 X 的影响是一样的，所以 X 与 β 之间的关系如图 2-1 所示。当侧向参数很小时 $X^\beta=0$，同理其他运动参数的导数也等于零。这一条件就保证了纵向扰动运动中无侧向运动参数。由于侧向运动参数很小，故可以保证侧向扰动运动中不出现纵向运动参数。以空气动力线性化时出现的 $M_{x1}^v\Delta v$ 为例，如果这一项出现在侧向扰动运动中，则说明它和纵向扰动运动发生了关系，但因为侧向运动参数很小，也为一阶微量，所以这一项便可以忽略了。因为

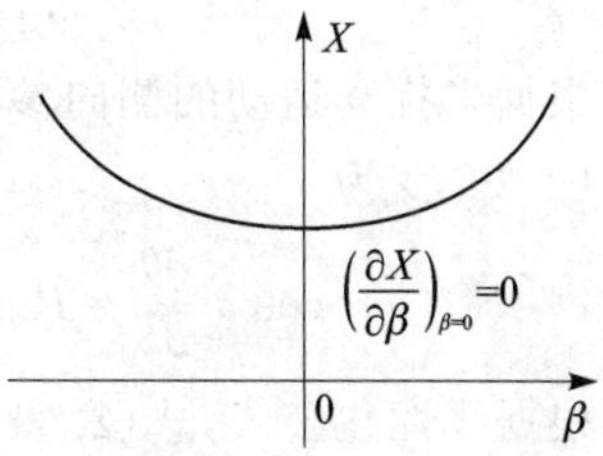

图 2-1　由侧滑角引起的阻力

$$M_{x1} = M_{x1}^\beta \beta + M_{x1}^{\omega_x}\omega_{x1} + M_{x1}^{\omega_y}\omega_{y1} + M_{x1}^\delta \delta_\gamma$$

于是得

$$(M_{x1}^v)_0 \Delta v = \left(\frac{\partial M_{x1}^\beta}{\partial v}\right)_0 \beta_0 \Delta v + \left(\frac{\partial M_{x1}^{\omega_x}}{\partial v}\right)_0 \omega_{x10}\Delta v + \left(\frac{\partial M_{x1}^{\omega_y}}{\partial v}\right)_0 \omega_{y10}\Delta v + \left(\frac{\partial M_{x1}^\delta}{\partial v}\right)_0 \delta_{\gamma 0}\Delta v$$

当 $\beta_0, \omega_{x10}, \omega_{y10}, \delta_{\gamma 0}$ 很小时，$M_{x1}^v\Delta v$ 为二阶微量可以忽略。但当 $\beta_0, \omega_{x10}, \omega_{y10}, \delta_{\gamma 0}$ 很大时，$M_{x1}^v\Delta v$ 不能忽略，侧向扰动方程就包括了 Δv 项，因此扰动运动就不能分解为纵向扰动运动和侧向扰动运动了。

根据上述假设，利用非标准形式微分方程组线性化的公式及空气动力和空气动力矩线性表示的结果，可以将一般运动方程式(2.1)、(2.2)线性化。但导弹一般运动方程中的质心运动方程式(2.1)在线性化时是不方便的，应改用方程组(2.4)。

列方程时把干扰力和干扰力矩也加上，这样线性化的方程也适用于经常有干扰的情况。先研究式(2.4)的第一个方程：

$$m\dot{v} = P_e\cos\alpha\cos\beta - X - mg\sin\theta\cos\sigma + T_B \tag{2.29}$$

根据线性化原理，式(2.29)可线性化为

$$\begin{aligned} m\frac{\mathrm{d}\Delta v}{\mathrm{d}t} = &(P_e^v\cos\alpha\cos\beta - X^v)_0\Delta v + (-P_e\sin\alpha\cos\beta - X^\alpha)_0\Delta\alpha + \\ &(-P_e\cos\alpha\sin\beta - X^\beta)_0\Delta\beta - (mg\cos\theta\cos\sigma)_0\Delta\theta + \\ &(mg\sin\theta\sin\sigma)_0\Delta\sigma + T_B \end{aligned} \tag{2.30}$$

为了书写方便，将运动参数增量前面系数的下标 0 去掉，但偏导数仍然是在未扰动运动上

取值，T_B 为在 x_v 方向上的干扰力。因为假设未扰动运动侧向运动参数很小，可以认为侧向未扰动参数为一阶微量，略去式(2.30)中二阶以上的微量，可得

$$m\frac{\mathrm{d}\Delta v}{\mathrm{d}t}=(P_e^v\cos\alpha\cos\beta-X^v)\Delta v+(-P_e\sin\alpha\cos\beta-X^\alpha)\Delta\alpha-mg\cos\theta\cos\sigma\Delta\theta+T_B \tag{2.31}$$

更进一步可以令 $\cos\beta\approx 1,\cos\sigma\approx 1$，则式(2.31)变为

$$m\frac{\mathrm{d}\Delta v}{\mathrm{d}t}=(P_e^v\cos\alpha-X^v)\Delta v+(-P_e\sin\alpha-X^\alpha)\Delta\alpha-mg\cos\theta\Delta\theta+T_B \tag{2.32}$$

式(2.4)的第二个方程为

$$mv\cos\sigma\frac{\mathrm{d}\theta}{\mathrm{d}t}=P_e(\sin\alpha\cos\nu+\cos\alpha\sin\beta\sin\nu)+Y\cos\nu-Z\sin\nu-mg\cos\theta+R'\delta_\varphi\cos\nu+R'\delta_\psi\sin\nu+N_B \tag{2.33}$$

根据未扰动运动的侧向参数是微量的假设，$\cos\alpha\sin\beta\sin\nu$，$R'\delta_\psi\sin\nu$ 是二阶微量可略去，则式(2.33)变为

$$mv\cos\sigma\frac{\mathrm{d}\theta}{\mathrm{d}t}=P_e\sin\alpha\cos\nu+Y\cos\nu-mg\cos\theta+R'\delta_\varphi\cos\nu+N_B \tag{2.34}$$

根据线性化公式，式(2.34)可线性化为

$$\begin{aligned}mv\cos\sigma\frac{\mathrm{d}\Delta\theta}{\mathrm{d}t}=&\left(P_e^v\sin\alpha\cos\nu+Y^v\cos\nu-m\cos\sigma\frac{\mathrm{d}\theta}{\mathrm{d}t}\right)\Delta v+\\&(P_e\cos\alpha\cos\nu+Y^\alpha\cos\nu)\Delta\alpha+mg\sin\theta\Delta\theta+\\&m\nu\sin\sigma\frac{\mathrm{d}\theta}{\mathrm{d}t}\Delta\sigma+(-P_e\sin\alpha\sin\nu-Y\sin\nu-R'\delta_\varphi\sin\nu)\Delta\nu+\\&R'\cos\nu\Delta\delta_\varphi+N_B\end{aligned} \tag{2.35}$$

略去二阶以上的项得

$$\begin{aligned}mv\cos\sigma\frac{\mathrm{d}\Delta\theta}{\mathrm{d}t}=&\left(P_e^v\sin\alpha\cos\nu+Y^v\cos\nu-m\cos\sigma\frac{\mathrm{d}\theta}{\mathrm{d}t}\right)\Delta v+\\&(P_e\cos\alpha\cos\nu+Y^\alpha\cos\nu)\Delta\alpha+mg\sin\theta\Delta\theta+R'\cos\nu\Delta\delta_\varphi+N_B\end{aligned} \tag{2.36}$$

进一步可以令 $\cos\nu\approx 1,\cos\sigma\approx 1$，则式(2.36)变为

$$\begin{aligned}mv\frac{\mathrm{d}\Delta\theta}{\mathrm{d}t}=&\left(P_e^v\sin\alpha+Y^v-m\cos\sigma\frac{\mathrm{d}\theta}{\mathrm{d}t}\right)\Delta v+\\&(P_e\cos\alpha+Y^\alpha)\Delta\alpha+mg\sin\theta\Delta\theta+R'\Delta\delta_\varphi+N_B\end{aligned} \tag{2.37}$$

式(2.4)的第三个方程

$$-mv\frac{\mathrm{d}\sigma}{\mathrm{d}t}=P_e(\sin\alpha\sin\nu-\cos\alpha\sin\beta\cos\nu)+Y\sin\nu+Z\cos\nu-mg\sin\theta\sin\sigma+R'\delta_\varphi\sin\nu-R'\delta_\psi\cos\nu+F_B \tag{2.38}$$

根据假设，ν 为一阶微量，$R'\delta_\varphi$ 与 Y 相比也为微量，故 $Y\sin\nu$ 与 $R'\delta_\varphi\sin\nu$ 相比，可忽略 $R'\delta_\varphi\sin\nu$ 项，则式(2.38)变为

$$-mv\dot{\sigma}=P_e(\sin\alpha\sin\nu-\cos\alpha\sin\beta\cos\nu)+Y\sin\nu+Z\cos\nu-mg\sin\theta\sin\sigma-R'\delta_\psi\cos\nu+F_B \tag{2.39}$$

把式(2.39)用线性化公式展开得

$$-mv\frac{\mathrm{d}\Delta\sigma}{\mathrm{d}t}=\left[P_e^v(\sin\alpha\sin\nu-\cos\alpha\sin\beta\cos\nu)+Y^v\sin\nu+Z^v\cos\nu+m\frac{\mathrm{d}\sigma}{\mathrm{d}t}\right]\Delta v+$$
$$[P_e(\cos\alpha\sin\nu+\sin\alpha\sin\beta\cos\nu)+Y^\alpha\sin\nu]\Delta\alpha-mg\cos\theta\sin\sigma\Delta\theta+$$
$$(-P_e\cos\alpha\cos\nu\cos\beta+Z^\beta\cos\nu)\Delta\beta-mg\sin\theta\cos\sigma\Delta\sigma+$$
$$[P_e(\sin\alpha\cos\nu+\cos\alpha\sin\beta\sin\nu)+Y\cos\nu-Z\sin\nu+R'\delta_\psi\sin\nu]\Delta\nu-$$
$$R'\cos\nu\Delta\delta_\psi+F_B \tag{2.40}$$

略去二阶以上的项，式(2.40)变为

$$-mv\frac{\mathrm{d}\Delta\sigma}{\mathrm{d}t}=(-P_e\cos\alpha\cos\nu\cos\beta+Z^\beta\cos\nu)\Delta\beta-mg\sin\theta\cos\sigma\Delta\sigma+$$
$$(P_e\sin\alpha\cos\nu+Y\cos\nu)\Delta\nu-R'\cos\nu\Delta\delta_\psi+F_B \tag{2.41}$$

进一步简化，令 $\cos\nu\approx1$，$\cos\sigma\approx1$，则式(2.41)变为

$$-mv\frac{\mathrm{d}\Delta\sigma}{\mathrm{d}t}=(-P_e\cos\alpha+Z^\beta)\Delta\beta-mg\sin\theta\Delta\sigma+(P_e\sin\alpha+Y)\Delta\nu-R'\Delta\delta_\psi+F_B \tag{2.42}$$

式(2.32)、(2.37)和式(2.42)即为质心运动方程线性化后的结果，它是讨论质心扰动运动的基本方程。

下面讨论绕质心转动方程的线性化。这里要说明一下，推导绕质心转动方程时，已认为弹体坐标系 $Ox_1y_1z_1$ 与弹体的主惯性轴相接近，认为惯性积为 0，即 $I_{xy}=I_{yz}=I_{xz}=0$。考虑干扰力矩的影响时，转动方程如下：

$$\left.\begin{aligned}I_{x1}\dot{\omega}_{x1}&=M_{x1}+M_{x1}^{\delta}\delta_\gamma+(I_{y1}-I_{z1})\omega_{y1}\omega_{z1}+M_{XB}\\I_{y1}\dot{\omega}_{y1}&=M_{y1}+M_{y1}^{\delta}\delta_\psi+(I_{z1}-I_{x1})\omega_{x1}\omega_{z1}+M_{YB}\\I_{z1}\dot{\omega}_{z1}&=M_{z1}+M_{z1}^{\delta}\delta_\varphi+(I_{x1}-I_{y1})\omega_{x1}\omega_{y1}+M_{ZB}\end{aligned}\right\} \tag{2.43}$$

式中，M_{XB}，M_{YB}，M_{ZB} 为干扰力矩。

因为飞行器 $I_{y_1}\approx I_{z_1}$，所以可以忽略式(2.43)的第 1 个式子右边的第二项。又因为假设 ω_{x1}，ω_{y1}，ω_{z1} 都是很小的，所以式(2.43)的第 2 个式子和第 3 个式子中右边的第二项也是可以忽略的。但应该指出，当导弹在大干扰中运动，导弹的实际转动角速度往往并不是很小，特别是由于导弹绕 x_1 轴的转动惯量远比绕 y_1 轴、z_1 轴的小，故 ω_{x1} 更大一些，这样式(2.43)的第 2 个式子和第 3 个式子中的 $(I_{z1}-I_{x1})\omega_{x1}\omega_{z1}$ 和 $(I_{x1}-I_{y1})\omega_{x1}\omega_{y1}$ 就不能忽略。当考虑这两项对导弹扰动运动的影响时，由于它们使纵向运动和侧向运动联系在一起，故称这种现象为惯性交感。

下面线性化式(2.43)的第 1 个式子。根据假设有

$$I_{x1}\dot{\omega}_{x1}=M_{x1}+M_{x1}^{\delta}\delta_\gamma+M_{XB} \tag{2.44}$$

而 $M_{x1}=M_{x1}(v,\alpha,\beta,\omega_{x1},\omega_{y1},\omega_{z1})$，故

$$I_{x1}\frac{\mathrm{d}\Delta\omega_{x1}}{\mathrm{d}t}=M_{x1}^{v}\Delta v+M_{x1}^{\alpha}\Delta\alpha+M_{x1}^{\beta}\Delta\beta+M_{x1}^{\omega_x}\Delta\omega_{x1}+$$
$$M_{x1}^{\omega_y}\Delta\omega_{y1}+M_{x1}^{\omega_z}\Delta\omega_{z1}+M_{x1}^{\delta}\Delta\delta_\gamma+M_{XB} \tag{2.45}$$

因为侧向运动参数很小，所以可近似地认为 $M_{x1}^{v}\Delta v$，$M_{x1}^{\alpha}\Delta\alpha$，$M_{x1}^{\omega_z}\Delta\omega_{z1}$ 等于零，则式(2.43)的第 1 个式子可化简为

$$I_{x1}\frac{\mathrm{d}\Delta\omega_{x1}}{\mathrm{d}t}=M_{x1}^{\beta}\Delta\beta+M_{x1}^{\omega_x}\Delta\omega_{x1}+M_{x1}^{\omega_y}\Delta\omega_{y1}+M_{x1}^{\delta}\Delta\delta_\gamma+M_{XB} \tag{2.46}$$

同理式(2.43)的第 2 个式子可线性化为

$$I_{y1}\frac{\mathrm{d}\Delta\omega_{y1}}{\mathrm{d}t}=M_{y1}^{\beta}\Delta\beta+M_{y1}^{\dot\beta}\Delta\dot\beta+M_{y1}^{\omega_x}\Delta\omega_{x1}+M_{y1}^{\omega_y}\Delta\omega_{y1}+M_{y1}^{\delta}\Delta\delta_{\psi}+M_{YB} \tag{2.47}$$

下面线性化式(2.43)的第 3 个式子。根据假设有

$$I_{z1}\frac{\mathrm{d}\omega_{z1}}{\mathrm{d}t}=M_{z1}+M_{z1}^{\delta}\delta_{\varphi}+M_{ZB}$$

因 $M_{z1}=M_{z1}(v,\alpha,\dot\alpha,\omega_{x1},\omega_{z1})$,故

$$I_{z1}\frac{\mathrm{d}\Delta\omega_{z1}}{\mathrm{d}t}=M_{z1}^{v}\Delta v+M_{z1}^{\alpha}\Delta\alpha+M_{z1}^{\dot\alpha}\Delta\dot\alpha+M_{z1}^{\omega_x}\Delta\omega_{x1}+M_{z1}^{\omega_z}\Delta\omega_{z1}+M_{z1}^{\delta}\Delta\delta_{\varphi}+M_{ZB} \tag{2.48}$$

根据线性化假设,在侧向参数很小时 $M_{z1}^{\omega_x}\Delta\omega_{x1}$ 应等于零,则

$$I_{z1}\frac{\mathrm{d}\Delta\omega_{z1}}{\mathrm{d}t}=M_{z1}^{v}\Delta v+M_{z1}^{\alpha}\Delta\alpha+M_{z1}^{\dot\alpha}\Delta\dot\alpha+M_{z1}^{\omega_z}\Delta\omega_{z1}+M_{z1}^{\delta}\Delta\delta_{\varphi}+M_{ZB} \tag{2.49}$$

下面对运动学方程进行线性化,因 $\dot x=v\cos\theta\cos\sigma$,则

$$\Delta\dot x=\cos\theta\cos\sigma\Delta v-v\sin\theta\cos\sigma\Delta\theta-v\sin\theta\sin\sigma\Delta\sigma$$

因 σ 为微量,可取 $\cos\sigma\approx1$,则

$$\Delta\dot x=\cos\theta\Delta v-v\sin\theta\Delta\theta \tag{2.50}$$

因 $\dot y=v\sin\theta\cos\sigma$,则

$$\begin{aligned}\Delta\dot y&=\sin\theta\cos\sigma\Delta v+v\cos\sigma\cos\theta\Delta\theta-v\sin\theta\sin\sigma\Delta\sigma\\&\approx\sin\theta\Delta v+v\cos\theta\Delta\theta\end{aligned} \tag{2.51}$$

因 $\dot z=-v\sin\sigma$,则

$$\Delta\dot z=-\sin\sigma\Delta v-v\cos\sigma\Delta\sigma\approx-v\Delta\sigma \tag{2.52}$$

根据线性化假设,未扰动运动侧向参数是微量,则方程

$$\left.\begin{aligned}\omega_{x1}&=\dot\gamma-\dot\varphi\sin\psi\\\omega_{y1}&=\dot\psi\cos\gamma+\dot\varphi\cos\psi\sin\gamma\\\omega_{z1}&=\dot\varphi\cos\psi\cos\gamma-\dot\psi\sin\gamma\end{aligned}\right\} \tag{2.53}$$

可化为

$$\left.\begin{aligned}\Delta\omega_{x1}&=\Delta\dot\gamma-\dot\varphi\Delta\psi\\\Delta\omega_{y1}&=\Delta\dot\psi+\dot\varphi\Delta\gamma\\\Delta\omega_{z1}&=\Delta\dot\varphi\end{aligned}\right\} \tag{2.54}$$

因

$$\begin{cases}-\sin\alpha\cos\beta=\sin\psi\sin\gamma\cos\sigma\cos(\varphi-\theta)-\cos\gamma\cos\sigma\sin(\varphi-\theta)-\sin\sigma\cos\psi\sin\gamma\\\sin\beta=\sin\psi\cos\gamma\cos\sigma\cos(\varphi-\theta)+\sin\gamma\cos\sigma\sin(\varphi-\theta)-\sin\sigma\cos\psi\cos\gamma\\\sin\nu\cos\sigma=\cos\alpha\cos\psi\sin\gamma-\sin\alpha\sin\psi\end{cases}$$

若认为侧向参数 $\beta,\psi,\sigma,\gamma,\nu$ 为一阶微量,并且在几何关系中可取 $\cos x\approx1,\sin x\approx x$,则几何关系可线性化为

$$\left.\begin{aligned}\Delta\alpha&=\Delta\varphi-\Delta\theta\\\Delta\beta&=\Delta\psi\cos\alpha+\Delta\gamma\sin\alpha-\Delta\sigma\\\Delta\nu&=\cos\alpha\Delta\gamma-\sin\alpha\Delta\psi\end{aligned}\right\} \tag{2.55}$$

一般还要对式(2.55)进行简化,因为弹道导弹的飞行迎角较小,可以认为是微量,则

$$\left.\begin{aligned}\Delta\theta &= \Delta\varphi - \Delta\alpha \\ \Delta\sigma &= \Delta\psi - \Delta\beta \\ \Delta\nu &= \Delta\gamma\end{aligned}\right\} \tag{2.56}$$

显然式(2.56)中第 1 个式子在侧向参数为零时自然成立,意义也很清楚,式(2.56)中第 2 个式子在纵向参数为零时,意义也是清楚的。

到此就把导弹的运动方程全部线性化了,其中凡是带有增量符号 Δ 的参数是需求的未知函数,而这些增量的系数是由未扰动运动的参数 $v_0, \alpha_0, \beta_0 \cdots$ 来确定的。很明显,除非未扰动运动参数不变化,否则这些系数都是变系数,故上面得到的线性微分方程是一组变系数线性微分方程。

2.3 导弹扰动运动方程

根据线性化假设,上述微分方程很自然地分成两组,其中,第 1 组方程如下:

$$\left.\begin{aligned}
&m\frac{\mathrm{d}\Delta v}{\mathrm{d}t} = (P_e^v\cos\alpha - X^v)\Delta v + (-P_e\sin\alpha - X^\alpha)\Delta\alpha - mg\cos\theta\Delta\theta + T_B \\
&mv\frac{\mathrm{d}\Delta\theta}{\mathrm{d}t} = \left(P_e^v\sin\alpha + Y^v - m\frac{\mathrm{d}\theta}{\mathrm{d}t}\right)\Delta v + (P_e\cos\alpha + Y^\alpha)\Delta\alpha + \\
&\quad mg\sin\theta\Delta\theta + R'\Delta\delta_\varphi + N_B \\
&I_{z1}\frac{\mathrm{d}\Delta\omega_{z1}}{\mathrm{d}t} = M_{z1}^v\Delta v + M_{z1}^\alpha\Delta\alpha + M_{z1}^{\dot\alpha}\Delta\dot\alpha + M_{z1}^{\omega_z}\Delta\omega_{z1} + M_{z1}^\delta\Delta\delta_\varphi + M_{ZB} \\
&\Delta\varphi = \Delta\theta + \Delta\alpha \\
&\Delta\omega_{z1} = \Delta\dot\varphi \\
&\Delta x = \cos\theta\Delta v - v\sin\theta\Delta\theta \\
&\Delta y = \sin\theta\Delta v + v\cos\theta\Delta\theta
\end{aligned}\right\} \tag{2.57}$$

在这组方程里,未知量是纵向扰动运动参数 $\Delta v, \Delta\alpha, \Delta\theta, \Delta\varphi, \Delta\omega_{z1}, \Delta\delta_\varphi, \Delta x, \Delta y$。

第二组方程如下:

$$\left.\begin{aligned}
&mv\frac{\mathrm{d}\Delta\sigma}{\mathrm{d}t} = (P_e\cos\alpha\cos\beta - Z^\beta)\Delta\beta + mg\sin\theta\Delta\sigma - (P_e\sin\alpha + Y)\Delta\nu + R'\Delta\delta_\psi - F_B \\
&I_{x1}\frac{\mathrm{d}\Delta\omega_{x1}}{\mathrm{d}t} = M_{x_1}^\beta\Delta\beta + M_{x_1}^{\omega_x}\Delta\omega_{x1} + M_{x_1}^{\omega_y}\Delta\omega_{y1} + M_{x_1}^\delta\Delta\delta_\gamma + M_{XB} \\
&I_{y_1}\frac{\mathrm{d}\Delta\omega_{y_1}}{\mathrm{d}t} = M_{y_1}^\beta\Delta\beta + M_{y_1}^{\dot\beta}\Delta\dot\beta + M_{y_1}^{\omega_y}\Delta\omega_{y_1} + M_{y_1}^{\omega_x}\Delta\omega_{x1} + M_{y_1}^\delta\Delta\delta_\psi + M_{YB} \\
&\Delta\omega_{x1} = \Delta\dot\gamma - \dot\varphi\Delta\psi \\
&\Delta\omega_{y1} = \Delta\psi + \varphi\Delta\gamma \\
&\Delta\sigma = \Delta\psi - \Delta\beta \\
&\Delta\gamma = \Delta\nu \\
&\Delta\dot z = -v\Delta\sigma
\end{aligned}\right\} \tag{2.58}$$

这组方程里包括了侧向运动参数 $\Delta\sigma, \Delta\psi, \Delta\beta, \Delta\gamma, \Delta\nu, \Delta\omega_{x1}, \Delta\omega_{y1}, \Delta\delta_\gamma, \Delta\delta_\psi, \Delta z$。

在线性化假设下，扰动运动被分解成两组独立的方程组，如果一干扰作用仅使纵向运动参数变化，而侧向运动参数同未扰动运动一样，则称这种扰动运动为纵向扰动运动，其运动过程由方程组(2.57)表示，方程组(2.57)也被称为纵向扰动运动方程组；反之，如果干扰作用使纵向运动参数和未扰动运动一样，仅有侧向运动参数变化，则称这种扰动运动为侧向扰动运动，其运动过程由方程组(2.58)表示，方程组(2.58)也被称为侧向扰动运动方程组。

但是必须注意，上述方法只有在线性化假设条件成立时才是正确的，如果不满足线性化假设条件，例如侧向运动参数不是很小，那么侧向运动中就包括了 Δv，这样纵向扰动运动和侧向扰动运动就要一起考虑了。在飞行器的设计分析中，把扰动运动分解成纵向和侧向扰动运动的方法得到了广泛应用。

前面得到的扰动运动方程并非标准形式，为了分析方便，将其化成标准形式，即方程组中每个方程均为一阶方程，且导数项的系数为1，即

$$
\left.\begin{aligned}
&\frac{\mathrm{d}\Delta v}{\mathrm{d}t}=\frac{P_{\mathrm{e}}^{v}\cos\alpha-X^{v}}{m}\Delta v+\frac{-P_{\mathrm{e}}\sin\alpha-X^{\alpha}}{m}\Delta\alpha-g\cos\theta\Delta\theta+\frac{T_{B}}{m}\\
&\frac{\mathrm{d}\Delta\theta}{\mathrm{d}t}=\frac{P_{\mathrm{e}}^{v}\sin\alpha+Y^{v}-m\dfrac{\mathrm{d}\theta}{\mathrm{d}t}}{mv}\Delta v+\frac{P_{\mathrm{e}}\cos\alpha+Y^{\alpha}}{mv}\Delta\alpha+\frac{g\sin\theta}{v}\Delta\theta+\frac{mv}{}\Delta\delta_{\varphi}+\frac{N_{B}}{mv}\\
&\frac{\mathrm{d}\Delta\varphi}{\mathrm{d}t}=\Delta\omega_{z1}\\
&\frac{\mathrm{d}\Delta\omega_{z1}}{\mathrm{d}t}=\frac{M_{z_1}^{v}}{I_{z1}}\Delta v+\frac{M_{z_1}^{\alpha}}{I_{z1}}\Delta\alpha+\frac{M_{z_1}^{\dot{\alpha}}}{I_{z1}}\Delta\dot{\alpha}+\frac{M_{z_1}^{\omega_z}}{I_{z1}}\Delta\omega_{z1}+\frac{M_{z_1}^{\delta}}{I_{z1}}\Delta\delta_{\varphi}+\frac{M_{ZB}}{I_{z1}}\\
&\Delta\varphi=\Delta\theta+\Delta\alpha\\
&\Delta\dot{x}=\cos\theta\Delta v-v\sin\theta\Delta\theta\\
&\Delta\dot{y}=\sin\theta\Delta v+v\cos\theta\Delta\theta
\end{aligned}\right\}
\tag{2.59}
$$

因为增量 Δx、Δy 不包括在其他方程之中，不影响其他方程的求解，所以式(2.59)中最后两个方程可以单独求解出来，即先积分前面几个方程，再单独求解后面两个方程。有时把要联立一起解的方程称为耦合方程，把不需要联立求解的方程称为非耦合方程。上述方程的实质是质心运动的位置增量 Δx、Δy 对作用在弹上的力和力矩无影响，当考虑高度变化对质心运动的扰动运动有影响时，式(2.59)的最后两式就变成耦合方程了。

为了方便，规定按如下规律对运动参数编号：

Δv	$\Delta\theta$	$\Delta\alpha$	$\Delta\omega_{z1}$
1	2	3	4

对方程组的每一个方程也给予编号，而方程的系数用两个下标表示，第一个下标表示所在方程的编号，第二个下标表示对应的运动参数的编号，例如 a_{12} 表示第一个方程第二个参数 $\Delta\theta$ 所对应的系数，按规定的顺序可以得到如下方程：

$$
\left.\begin{aligned}
&\frac{\mathrm{d}\Delta v}{\mathrm{d}t}=\frac{P_{\mathrm{e}}^{v}\cos\alpha-X^{v}}{m}\Delta v-g\cos\theta\Delta\theta+\frac{-P_{\mathrm{e}}\sin\alpha-X^{\alpha}}{m}\Delta\alpha+\frac{T_{B}}{m}\\
&\frac{\mathrm{d}\Delta\theta}{\mathrm{d}t}=\frac{P_{\mathrm{e}}^{v}\sin\alpha+Y^{v}-m\dfrac{\mathrm{d}\theta}{\mathrm{d}t}}{mv}\Delta v+\frac{g\sin\theta}{v}\Delta\theta+\frac{P_{\mathrm{e}}\cos\alpha+Y^{\alpha}}{mv}\Delta\alpha+\frac{R'}{mv}\Delta\delta_{\varphi}+\frac{N_{B}}{mv}\\
&\frac{\mathrm{d}\Delta\alpha}{\mathrm{d}t}=-\frac{P_{\mathrm{e}}^{v}\sin\alpha+Y^{v}-m\dfrac{\mathrm{d}\theta}{\mathrm{d}t}}{mv}\Delta v-\frac{g\sin\theta}{v}\Delta\theta-\\
&\quad\frac{P_{\mathrm{e}}\cos\alpha+Y^{\alpha}}{mv}\Delta\alpha+\Delta\omega_{z1}-\frac{R'}{mv}\Delta\delta_{\varphi}-\frac{N_{B}}{mv}\\
&\frac{\mathrm{d}\Delta\omega_{z1}}{\mathrm{d}t}=\left(\frac{M_{z_1}^{v}}{I_{z1}}-\frac{M_{z_1}^{\dot\alpha}}{I_{z1}}\frac{P_{\mathrm{e}}^{v}\sin\alpha+Y^{v}-m\dfrac{\mathrm{d}\theta}{\mathrm{d}t}}{mv}\right)\Delta v-\frac{M_{z_1}^{\dot\alpha}}{I_{z1}}\frac{g\sin\theta}{v}\Delta\theta+\\
&\quad\left(\frac{M_{z_1}^{\alpha}}{I_{z1}}-\frac{M_{z_1}^{\dot\alpha}}{I_{z1}}\frac{P_{\mathrm{e}}\cos\alpha+Y^{\alpha}}{mv}\right)\Delta\alpha+\left(\frac{M_{z_1}^{\omega_z}}{I_{z1}}+\frac{M_{z_1}^{\dot\alpha}}{I_{z1}}\right)\Delta\omega_{z1}+\\
&\left(\frac{M_{z_1}^{\delta}}{I_{z1}}-\frac{M_{z_1}^{\dot\alpha}}{I_{z1}}\frac{R'}{mv}\right)\Delta\delta_{\varphi}+\frac{M_{ZB}}{I_{z1}}-\frac{M_{z_1}^{\dot\alpha}}{I_{z1}}\frac{N_{B}}{mv}
\end{aligned}\right\}
\tag{2.60}
$$

令

$$
\left.\begin{aligned}
&X_{c}=-P_{\mathrm{e}}\cos\alpha+X,\quad X_{c}^{v}=-P_{\mathrm{e}}^{v}\cos\alpha+X^{v},\quad X_{c}^{\alpha}=P_{\mathrm{e}}\sin\alpha+X^{\alpha}\\
&Y_{c}=P_{\mathrm{e}}\sin\alpha+Y-mv\frac{\mathrm{d}\theta}{\mathrm{d}t},\quad Y_{c}^{\alpha}=P_{\mathrm{e}}\cos\alpha+Y^{\alpha},\quad Y_{c}^{v}=P_{\mathrm{e}}^{v}\sin\alpha+Y^{v}-m\frac{\mathrm{d}\theta}{\mathrm{d}t}
\end{aligned}\right\}
\tag{2.61}
$$

则

$$
a_{11}=\frac{P_{\mathrm{e}}^{v}\cos\alpha-X^{v}}{m}=\frac{-X_{c}^{v}}{m},\qquad a_{12}=-g\cos\theta
$$

$$
a_{13}=\frac{-P_{\mathrm{e}}\sin\alpha-X^{\alpha}}{m}=\frac{-X_{c}^{\alpha}}{m},\qquad a_{14}=0
$$

$$
a_{21}=\frac{P_{\mathrm{e}}^{v}\sin\alpha+Y^{v}-m\dfrac{\mathrm{d}\theta}{\mathrm{d}t}}{mv}=\frac{Y_{c}^{v}}{mv},\qquad a_{22}=\frac{g\sin\theta}{v}
$$

$$
a_{23}=\frac{P_{\mathrm{e}}\cos\alpha+Y^{\alpha}}{mv}=\frac{Y_{c}^{\alpha}}{mv},\qquad a_{24}=0
$$

$$
a_{31}=-a_{21}=-\frac{Y_{c}^{v}}{mv},\qquad a_{32}=-\alpha_{22}=-\frac{g\sin\theta}{v}
$$

$$
a_{33}=-a_{23}=-\frac{Y_{c}^{\alpha}}{mv},\qquad a_{34}=1
$$

$$
a_{41}=\frac{M_{z_1}^{v}}{I_{z_1}}-\frac{M_{z_1}^{\dot\alpha}}{I_{z_1}}\left(\frac{P_{\mathrm{e}}^{v}\sin\alpha+Y^{v}-m\dfrac{\mathrm{d}\theta}{\mathrm{d}t}}{mv}\right),\qquad a_{42}=-\frac{M_{z_1}^{\dot\alpha}}{I_{z_1}}\frac{g\sin\theta}{v}
$$

$$
a_{43}=\frac{M_{z_1}^{\alpha}}{I_{z_1}}-\frac{M_{z_1}^{\dot\alpha}}{I_{z_1}}\left(\frac{P_{\mathrm{e}}\cos\alpha+Y^{\alpha}}{mv}\right),\qquad a_{44}=\frac{M_{z_1}^{\omega_z}}{I_{z_1}}+\frac{M_{z_1}^{\dot\alpha}}{I_{z_1}}
$$

在短促干扰作用下的稳定性分析中，$T_B = N_B = M_{ZB} = 0$，在弹体的稳定性讨论中假设俯仰舵偏角 $\Delta\delta_\varphi = 1$，则可以得到纵向扰动运动的标准形式：

$$\left.\begin{aligned}\Delta\dot{v} &= a_{11}\Delta v + a_{12}\Delta\theta + a_{13}\Delta\alpha \\ \Delta\dot{\theta} &= a_{21}\Delta v + a_{22}\Delta\theta + a_{23}\Delta\alpha \\ \Delta\dot{\alpha} &= a_{31}\Delta v + a_{32}\Delta\theta + a_{33}\Delta\alpha + a_{34}\Delta\omega_{z1} \\ \Delta\dot{\omega}_{z1} &= a_{41}\Delta v + a_{42}\Delta\theta + a_{43}\Delta\alpha + a_{44}\Delta\omega_{z1}\end{aligned}\right\} \tag{2.62}$$

写成矩阵形式为

$$\begin{bmatrix}\Delta\dot{v} \\ \Delta\dot{\theta} \\ \Delta\dot{\alpha} \\ \Delta\dot{\omega}_{z1}\end{bmatrix} = \begin{bmatrix}a_{11} & a_{12} & a_{13} & a_{14} \\ a_{21} & a_{22} & a_{23} & a_{24} \\ a_{31} & a_{32} & a_{33} & a_{34} \\ a_{41} & a_{42} & a_{43} & a_{44}\end{bmatrix}\begin{bmatrix}\Delta v \\ \Delta\theta \\ \Delta\alpha \\ \Delta\omega_{z1}\end{bmatrix} \tag{2.63}$$

令 $\boldsymbol{x} = [\Delta v, \Delta\theta, \Delta\alpha, \Delta\omega_{z1}]^{\mathrm{T}}$，$\boldsymbol{A} = \begin{bmatrix}a_{11} & a_{12} & a_{13} & a_{14} \\ a_{21} & a_{22} & a_{23} & a_{24} \\ a_{31} & a_{32} & a_{33} & a_{34} \\ a_{41} & a_{42} & a_{43} & a_{44}\end{bmatrix}$，则式(2.63)可写为

$$\dot{\boldsymbol{x}} = \boldsymbol{A}\boldsymbol{x}$$

常称上述的 $a_{11}, a_{12}, \cdots, a_{43}, a_{44}$ 为动力系数，它们都取决于未扰动运动参数的参数值，由于未扰动运动的参数是随时间变化的，故这些系数也是随时间变化的，因此方程组是变系数线性微分方程组。对变系数线性微分方程只有在极简单的情况下可以求得解析解，所以一般采用固化系数法求解。固化系数法又称系数冻结法，该方法的实质是在系统整个工作时间 $[0, T]$ 内，取一些代表性的时刻，如 $0 \leqslant t_1 < t_2 < t_3 < \cdots \leqslant T$，在每一时刻 t_i，令方程中的系数等于 t_i 时刻的值，然后把方程当作常系数线性微分方程组来研究其零解的稳定性，如果常系数线性微分方程的零解是稳定的，则认为变系数系统在该时刻附近也是稳定的，并把代表性的时刻称为特征点，如果在每个特征点常系数线性微分方程的零解是稳定的，则认为整个未干扰运动是稳定的。固化系数法在实际问题中常常很有效，很少出现结果矛盾的现象。虽然如此，该方法的应用也不是没有限制的，因为很容易举例反证，用固化系数法研究变系数线性微分方程时，对每一个时刻，其特征方程的根均具有负实部，即零解是稳定的，但变系数微分方程的零解却是不稳定的。

具体对导弹的运动，固化系数法可阐述如下：在研究导弹的动态特性时，如果未扰动运动已经给出，则在该弹道上的任意点上的运动参数都是已知值，可以近似地认为方程或各运动参数增量前面的系数在所研究的弹道点的附近固化不变，这样变系数线性微分方程组就变成了常系数线性微分方程组，而对常系数线性微分方程组是不难求解的。

在飞行动力学的书刊中，对固化系数法的应用条件有一个说法，认为如果在过渡过程的时间内系数的相对变化范围为 10%～20%，即 $[a_{ij}(t) - a_{ij}(t_k)]/a_{ij}(t_k)$ 的值为 10%～20%，t_k 为固化的时刻，则固化系数法不会带来太大的误差，但这点并没有严格的证明。所以目前研究导弹运动稳定性的方法是在弹道上取若干个特征点，采用固化系数法将变系数线性微分方程变成常系数线性微分方程组来研究，但要利用计算机对所得到的结论进行验算。

同样可以把侧向扰动运动方程标准化，并用固化系数法得到常系数线性微分方程组。这

里不再赘述，有兴趣的读者可以自己推导。值得注意的是，式(2.58)是偏航运动与滚转运动相互交联在一起的完整的侧向扰动运动方程组，当导弹有气动对称外形，重力影响可忽略不计，且导弹控制系统可很快地消除滚转，则导弹滚转所产生的侧向力对偏航运动的影响不大，此时就可以把侧向运动分成偏航运动和滚转运动，即使不能完全做到这一点，在初步控制系统设计时，也可把偏航运动和滚转运动分开研究。这时偏航扰动运动方程如下：

$$\left.\begin{aligned}&mv\frac{\mathrm{d}\Delta\sigma}{\mathrm{d}t}=(P_{\mathrm{e}}\cos\alpha\cos\beta-Z^{\beta})\Delta\beta+R'\Delta\delta_{\psi}-F_{B}\\&I_{y_1}\frac{\mathrm{d}\Delta\omega_{y_1}}{\mathrm{d}t}=M_{y_1}^{\beta}\Delta\beta+M_{y_1}^{\omega_y}\Delta\omega_{y_1}+M_{y_1}^{\delta}\Delta\delta_{\psi}+M_{YB}\\&\Delta\omega_{y1}=\Delta\dot{\psi}\\&\Delta\psi=\Delta\sigma+\Delta\beta\end{aligned}\right\}\tag{2.64}$$

如果只考虑短促干扰，只研究弹体的稳定性，可以令 $F_B=M_{YB}=0$，$\Delta\delta_{\psi}=0$，则式(2.64)可简化为

$$\left.\begin{aligned}&mv\frac{\mathrm{d}\Delta\sigma}{\mathrm{d}t}=(P_{\mathrm{e}}\cos\alpha\cos\beta-Z^{\beta})\Delta\beta\\&I_{y_1}\frac{\mathrm{d}\Delta\omega_{y_1}}{\mathrm{d}t}=M_{y_1}^{\beta}\Delta\beta+M_{y_1}^{\omega_y}\Delta\omega_{y_1}\\&\Delta\omega_{y1}=\Delta\dot{\psi}\\&\Delta\psi=\Delta\sigma+\Delta\beta\end{aligned}\right\}\tag{2.65}$$

此时，滚转扰动运动方程可以单独写为

$$I_{x1}\frac{\mathrm{d}\Delta\omega_{x1}}{\mathrm{d}t}-M_{x1}^{\omega_x}\Delta\omega_{x1}=M_{x1}^{\beta}\Delta\beta+M_{x1}^{\delta}\Delta\delta_{\gamma}+M_{XB}\tag{2.66}$$

如果只考虑短促干扰，只研究弹体的稳定性，可以令 $M_{XB}=0$，$\Delta\delta_{\gamma}=0$，把 $M_{x1}^{\beta}\Delta\beta$ 当成干扰力矩，则滚转扰动运动的稳定性方程变为

$$I_{x1}\frac{\mathrm{d}\Delta\omega_{x1}}{\mathrm{d}t}-M_{x1}^{\omega_x}\Delta\omega_{x1}=0\tag{2.67}$$

只有满足上述的假设条件时，才可以将侧向扰动运动分解为偏航扰动运动和滚转扰动运动，对于航天飞机、飞航导弹等对象，侧向扰动运动就不能被这样分解，否则会带来较大的误差，而应同时讨论绕 Ox_1 和绕 Oy_1 轴的转动。

思考题

1. 简述微分方程线性化的一般方法。

2. 分析影响阻力、升力、侧力的主要因素，写出各力的线性化表达式。

3. 通常而言，导弹的升力系数对迎角的偏导数与侧力系数对侧滑角的偏导数大小相等、符号相反，即满足 $C_z^{\beta}=-C_y^{\alpha}$，试解释其原因。

4. 分析影响俯仰力矩、偏航力矩、滚动力矩的主要因素，写出各力矩的线性化表达式。

5. 简述纵向运动和侧向运动的含义，并写出主要的纵向运动参数和侧向运动参数。

6. 在一定简化条件下，三通道欧拉角联系方程可简化为

$$\begin{cases}\Delta\theta = \Delta\varphi - \Delta\alpha \\ \Delta\sigma = \Delta\psi - \Delta\beta \\ \Delta\nu = \Delta\gamma\end{cases}$$

试解释该式表示的物理含义,并分析该式成立的假设条件。

7. 写出标准形式的纵向扰动运动方程,并解释主要符号的含义。

8. 简述小扰动法的基本思想。

9. 结合弹道导弹的飞行弹道,解释固化系数法的基本思想。

第 3 章　弹道导弹摄动制导

3.1　摄动法的基本思想

根据飞行力学的知识可知，从理论上来说，如果知道了发射条件，也就是给定了运动方程的一组起始条件，则可以唯一确定一条弹道。实际上，影响导弹运动的因素是很多的，诸如导弹运动时的环境条件、弹体本身的特征参数、发动机和控制系统的特性，都会影响导弹的运动特性，所以即使在相同的起始条件下，如果运动时的环境条件（气温、气压、风速等）和导弹本身的特征参数（几何尺寸、质量、外形等的微小偏差）以及发动机和控制系统参数不同，则导弹的运动弹道也不相同，原因有以下几点：

① 环境气象条件在不断地发生变化，且无法预先确定。

② 由于制造原因，各发弹的弹体特性参数都是不完全相同的，故在允许的公差范围内，都有一定的偏差。

③ 在进行弹道设计时，空气动力系数是采用模型吹风试验和理论计算的结果，与实际值存在一定的偏差，这些偏差也是无法预知的。

④ 发动机推力曲线是实验和理论计算的结果，与实际值有偏差，而且在安装发动机时，还会产生安装偏差。

⑤ 控制系统、程序装置等相关参数都会偏离设计值。

⑥ 在建立弹道计算方程时，不可避免地要做某些近似假设。

由于这些原因，即使给定了发射条件，也无法预先准确地确定导弹的实际运动弹道，只能事先给出运动的某些平均规律，设法使实际运动规律与这些平均运动规律的偏差为小量，那么就可以在平均运动规律的基础上，利用小偏差理论来研究这些偏差对导弹的运动特性的影响，在炮兵中称这种方法为弹道修正理论，有时也称之为弹道摄动理论。

为了能反映出导弹质心运动的“平均”运动情况，需要作出标准条件和标准弹道方程的假设，利用标准弹道方程在标准条件下计算出来的弹道叫标准弹道。标准条件和标准弹道方程随着研究问题的内容和性质不同而有所不同。不同的研究内容，可以有不同的标准条件和标准弹道方程，目的在于保证实际运动弹道与标准弹道保持小偏差。例如，对于近程导弹的标准弹道计算，通常可以不考虑地球旋转和扁率的影响，而对于远程导弹来说，则必须加以考虑。

标准条件可以概括为以下 3 个方面：

(1) 地理条件

- 地球形状：可以认为地球是半径为 R 的圆球或均质椭球体；
- 地球旋转：可以认为地球不旋转，或认为以常角速度 $\omega_e = 7.292\ 1\times10^{-5}$ rad/s 旋转；
- 重力加速度：可以简化为有心力场，其大小与到地心距离的平方成反比，或将引力势看成是正常引力势函数，考虑到 J_2 或高于 J_2 的某些项。

(2) 气象条件

- 认为大气相对地球是静止的，即认为风速为零；

- 地面气温(取平均气温,或取为 15 ℃);
- 地面大气压力 $p_0=10\ 200\ \mathrm{kg/m^2}$;
- 地面空气密度 $\rho_0=1.225\ \mathrm{kg/m^3}$。

(3) 弹道条件

- 弹的几何尺寸、空气动力系数、重量、发动机系统的推力和秒流量、控制系统的放大系数都取实验平均值;
- 落点和发射点同位于海平面上。

规定了标准条件之后,还需要根据研究问题的内容和性质,选择某些方程组作为标准弹道方程。例如对近程导弹来说,标准弹道方程中可以不包括地球旋转项,而对于远程导弹,则必须考虑地球旋转的影响。

在标准条件下,把利用标准弹道方程解出的弹道称为标准弹道,它反映了导弹飞行的平均运动规律。对于有些问题,例如在导弹初步设计时,只要计算出标准弹道,就能提供选择弹体结构参数和控制系统结构参数所需要的运动参量。但对于另一些问题,不仅要知道标准弹道,还要比较准确地掌握导弹的实际运动规律。例如,对目标进行射击时,对每发导弹而言,实际飞行条件与标准飞行条件之间总存在着偏差,在这些偏差中,有些在发射之前是已知的,如果标准条件和标准弹道方程选择得比较恰当,往往可以使这些偏差是比较小的量,如果落点偏差大于战斗部杀伤半径,则达不到摧毁目标的目的,为此需要研究由这些偏差所引起的射程偏差,并设法在发射之前加以修正或消除,这就是弹道摄动理论需要研究的问题。

把实际弹道飞行条件和标准弹道飞行条件的偏差叫作摄动或扰动。这里所谓的扰动,与弹在实际飞行中作用在弹上的干扰不同,这里既包含一些事先无法预知的量,也包含发射条件与规定的标准条件的偏差。对某一发弹来说,后者是已知的系统偏差。

下文中的“实际弹道”是指在实际的飞行条件下,利用所选择的标准弹道方程进行积分所确定的弹道。由于运动方程的建立不可避免地有所简化,故确定的弹道与弹的实际飞行弹道还是有偏差的。

可以用多种方法来研究扰动与弹道偏差的关系。第一种方法是求差法,即建立两组微分方程,一组在实际条件下建立,另一组则在标准条件下建立,然后分别对两组方程求解,就可获得实际弹道参数和标准弹道参数,最后用前者减去后者就得到弹道偏差。此法的优点是不论干扰大小,都可以这样做,并且没有运动稳定性问题,缺点是:

① 计算工作量大;

② 当扰动比较小时,用求差法计算,往往是两个相近的大数相减,因而会带来较大的计算误差,要求计算机有较长的字长;

③ 不便于分析干扰与弹道偏差之间的关系,在制导问题上不便于应用。

另一种方法是摄动法,也称微分法,因为在一般情况下,如果标准条件选择适当,扰动都比较小,可以将实际弹道在标准弹道附近展开,取到一阶项来进行研究。摄动法实际上就是线性化法。

3.2 基于摄动思想的落点偏差预测

如上所述,在给定发射条件下的标准弹道应通过目标,但是在实际情况下,由于各种扰动因素的影响，实际弹道将偏离标准弹道而产生落点偏差。

如图 3-1 所示，O 为发射点，C 为目标点，OKC 为标准弹道，$OK'C'$ 为实际弹道，其落点为 C'，截痕 $\widehat{CC'}$ 则为实际弹道的落点偏差。如果近似认为地球是大圆球，过实际落点 C' 作垂直于标准弹道截痕 OC 的大圆弧 $C'C_1$ 交 OC 于 C_1，则定义：

射程偏差 $\Delta L = \widehat{CC_1}$

横程偏差 $\Delta H = \widehat{C_1C'}$

可以看出射程偏差 ΔL 和横程偏差 ΔH 都是等高偏差。

在导弹飞行过程中，引起落点偏差的扰动因素很多，总的来说可分为两类。

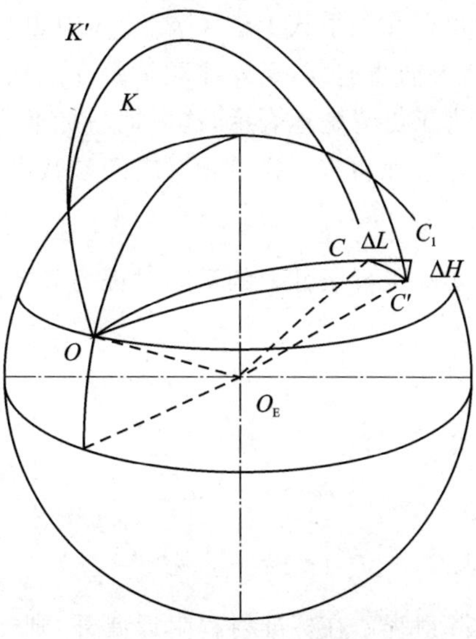

图 3-1　落点偏差示意图

(1) 随机扰动

这一类扰动是由于在飞行过程中飞行条件的随机变化引起的，在发射之前是无法预先确定的，由此而引起落点对目标的散布。

(2) 系统扰动

这一类扰动是非随机的，理论上来讲，在每发导弹发射之前，应该是可以预先确定的，但受各种条件的限制，有时不能确切地掌握扰动的精确值。例如，起飞质量对标准值的偏差从理论上讲是可以预知的，但由于在野战条件下不可能有庞大的称量装置，故在发射时无法测量。又例如，从发动机启动到导弹飞离发射台这一段时间内要消耗燃料，消耗燃料的数量与发动机在非额定工作状态时的工作过程有关，目前也还不能精确地确定在这一段过程中所消耗燃料的质量。虽然有些系统扰动在发射前无法精确地确定，但是应创造条件，尽量在发射之前在某一允许的精度范围之内来确定它。例如，在发射之前进行必要的气象测量，测出每发导弹主动段实际飞行时可能的气温、气压、风等气象条件，从而确定它们与标准条件的偏差及由这些扰动因素引起的落点偏差，并设法加以补偿和修正，其补偿不足的部分可作为随机误差来处理。

随机扰动是随机量或随机函数，如果能掌握其统计规律，则可以用数理统计的方法来研究其散布特性，本书不进行研究。

系统扰动的大小与选择的标准条件有关，在适当选择标准条件时，扰动为小量，可以用摄动法来研究。

实际射程（包含射程偏差 ΔL 和横程偏差 ΔH）是实际飞行条件的函数，即发射时的实际气温、气压、重力加速度、发动机推力、空气动力系数等一系列参数的函数，如果用 λ_i $(i=1,2,3,\cdots,n)$ 来表示这些参数，用 ℓ 来表示全射程，则

$$\ell = \ell(\lambda_1, \lambda_2, \cdots, \lambda_n) \tag{3.1}$$

要特别强调的是 λ_i 必须是互相独立的，例如，气温 T、气压 p、大气密度 ρ 这三个参数中存在着关系式 $p=\rho gRT$，其中只有两个参数是独立的，因此在 λ_i 中只能包含这三个参数中的任意两个，否则就把影响射程的因素考虑重复了。又例如，推力 P_0、比推力 p_{sp0} 和秒消耗量 $\dot{G}$

之间也存在关系式 $P_0=\dot{G}p_{sp0}$，其中也只有两个参数是独立的，因此在考虑参数时要特别小心，既要防止遗漏，又要注意是否互相独立，否则将会出现错误结果。

为了更清楚地表示，这里把与标准飞行条件和标准弹道相对应的参数上面加"～"，而与实际飞行条件和实际弹道相对应的参数则不加，则在标准条件下的标准射程为

$$\tilde{\ell}=\tilde{\ell}(\tilde{\lambda}_1,\tilde{\lambda}_2,\cdots,\tilde{\lambda}_n) \tag{3.2}$$

而在实际飞行条件下的实际射程为 $\ell=\ell(\lambda_1,\lambda_2,\cdots,\lambda_n)$，如果令

$$\begin{aligned}\Delta\ell&=\ell-\tilde{\ell}\\ \Delta\lambda_1&=\lambda_1-\tilde{\lambda}_1\\ \Delta\lambda_2&=\lambda_2-\tilde{\lambda}_2\\ &\vdots\\ \Delta\lambda_n&=\lambda_n-\tilde{\lambda}_n\end{aligned} \tag{3.3}$$

将实际射程 ℓ 在标准射程附近展开，则

$$\begin{aligned}\ell&=\ell(\tilde{\lambda}_1+\Delta\lambda_1,\tilde{\lambda}_2+\Delta\lambda_2,\cdots,\tilde{\lambda}_n+\Delta\lambda_n)\\ &=\tilde{\ell}(\tilde{\lambda}_1,\tilde{\lambda}_2,\cdots,\tilde{\lambda}_n)+\sum_{i=1}^{n}\frac{\partial\ell}{\partial\lambda_i}\Delta\lambda_1+\frac{1}{2}\sum_{i,j=1}^{n}\frac{\partial^2\ell}{\partial\lambda_i\partial\lambda_j}\Delta\lambda_i\Delta\lambda_j+\cdots\end{aligned} \tag{3.4}$$

故

$$\Delta\ell=\sum_{i=1}^{n}\frac{\partial\ell}{\partial\lambda_i}\Delta\lambda_i+\frac{1}{2}\sum_{i,j=1}^{n}\frac{\partial^2\ell}{\partial\lambda_i\partial\lambda_j}\Delta\lambda_i\Delta\lambda_j+\cdots \tag{3.5}$$

如果标准条件选择恰当，则 $\Delta\lambda_i$ 是一阶微量，如果将二阶以上的项略去，则得

$$\Delta\ell=\sum_{i=1}^{n}\frac{\partial\ell}{\partial\lambda_i}\Delta\lambda_i \tag{3.6}$$

用这样的方法来研究由扰动 $\Delta\lambda_i$ 引起的射程偏差 $\Delta\ell$ 的方法就是摄动法。所以摄动法的实质就是用线性函数来逼近非线性函数，或者用线性微分方程来逼近非线性微分方程。

将非线性问题线性化以后，有关线性关系的叠加性、放大性就可以得到充分的应用，给计算带来很大的方便。

摄动法只适用于小干扰的情况，因此通常要将标准条件和标准弹道方程选择得接近于实际飞行情况，使扰动量总是保持为微小量，这样获得的结果才比较精确。

误差系数$\partial\ell/\partial\lambda_i$ 表示当参数 λ_i 变化时所引起的射程变化。在不同弹道段，弹的运动情况不同，扰动因素也不同，对于弹道导弹可将射程写为

$$\begin{aligned}\ell=&\ell_{主}(G_0,\dot{G},p_{sp0},\frac{1}{2}\rho s,i,\sigma_a p,\varphi_{pr},h_0\cdots)+\\ &\ell_{自}(x_k,y_k,z_k,v_{xk},v_{yk},v_{zk},t_k)+\\ &\ell_{再}\left(x_\lambda,y_\lambda,z_\lambda,v_{x\lambda},v_{y\lambda},v_{z\lambda},\frac{1}{2}\rho s,i\cdots\right)\end{aligned} \tag{3.7}$$

式中，G_0 为起飞重力；$\dot{G}$ 为秒消耗量；p_{sp0} 为真空比推力；ρ 为大气密度；p 为大气压力；s 为弹的特征面积；i 为弹形系数；σ_a 为发动机喷管出口端面面积；φ_{pr} 为程序角；h_0 为发射点高度；$x_k,y_k,z_k,x_\lambda,y_\lambda,z_\lambda$ 为关机点和再入点的坐标分量；$v_{xk},v_{yk},v_{zk},v_{x\lambda},v_{y\lambda},v_{z\lambda}$ 为关机点和再入点的速度分量；t_k 为关机时间。

由于各弹道段是相互连接的，故各段中扰动因素所引起的射程偏差并不是简单的叠加

关系。

飞行力学中介绍了自由飞行段误差系数及其计算方法。由于自由飞行段弹在飞行中只受重力影响，故其射程只与主动段终点运动参数有关，即

$$\ell_{自}=\ell_{自}(v_{xk},v_{yk},v_{zk},x_k,y_k,z_k) \tag{3.8}$$

再入段除受重力作用外，还受空气动力的影响，因此其射程不仅与起始条件有关，而且是空气动力系数(主要是阻力系数)、气象条件以及弹头特征参数的函数。但是考虑到再入段起始速度很大，再入弹道为零迎角弹道，且再入段的落程在整个被动段的射程中所占比例很小，故可近似地将再入段弹道看成是自由飞行段弹道的延续，其射程偏导数可统一起来计算。

主动段情况比较复杂，影响弹道的因素很多，而且运动方程也比较复杂，其误差系数不能写成解析形式，只可利用摄动理论或求差法计算。主动段各扰动因素影响的结果是引起主动段终点坐标和速度的偏差，在进行摄动制导方法的研究时，我们感兴趣的在于主动段终点弹道参数的偏差会引起多大的射程偏差。在考虑地球旋转影响时，可将全射程 ℓ 写为

$$\ell=\ell(v_{xk},v_{yk},v_{zk},x_k,y_k,z_k,t_k) \tag{3.9}$$

将 ℓ 在标准射程 $\tilde{\ell}$ 附近展开，并取第一项，则

$$\Delta\ell=\frac{\partial\ell}{\partial v_{xk}}\Delta v_{xk}+\frac{\partial\ell}{\partial v_{yk}}\Delta v_{yk}+\frac{\partial\ell}{\partial v_{zk}}\Delta v_{zk}+\frac{\partial\ell}{\partial x_k}\Delta x_k+\frac{\partial\ell}{\partial y_k}\Delta y_k+\frac{\partial\ell}{\partial z_k}\Delta z_k+\frac{\partial\ell}{\partial t_k}\Delta t_k \tag{3.10}$$

这里的偏导数是全射程偏导数，包含扰动引起的主动段射程偏差。

如果将落点偏差分解成射程偏差 ΔL 和横程偏差 ΔH，则

$$\left.\begin{aligned}\Delta L&=\frac{\partial L}{\partial v_{xk}}\Delta v_{xk}+\frac{\partial L}{\partial v_{yk}}\Delta v_{yk}+\frac{\partial L}{\partial v_{zk}}\Delta v_{zk}+\frac{\partial L}{\partial x_k}\Delta x_k+\frac{\partial L}{\partial y_k}\Delta y_k+\frac{\partial L}{\partial z_k}\Delta z_k+\frac{\partial L}{\partial t_k}\Delta t_k\\ \Delta H&=\frac{\partial H}{\partial v_{xk}}\Delta v_{xk}+\frac{\partial H}{\partial v_{yk}}\Delta v_{yk}+\frac{\partial H}{\partial v_{zk}}\Delta v_{zk}+\frac{\partial H}{\partial x_k}\Delta x_k+\frac{\partial H}{\partial y_k}\Delta y_k+\frac{\partial H}{\partial z_k}\Delta z_k+\frac{\partial H}{\partial t_k}\Delta t_k\end{aligned}\right\} \tag{3.11}$$

注意，这里的 L 指的是在标准弹道射击平面内的射程，而 ℓ 则表示实际全射程。

3.3　弹头落点偏差的控制方法

弹道式地对地导弹应能以所要求的精度命中在其射程范围之内的目标。如图 3-2 所示，当在发射点对目标进行射击时，为了能命中目标，在发射之前必须给出导弹的射击方位角 A_0 和全射程 l。射击方位角 A_0 在射击瞄准时给定，而全射程 l 则是由射程控制器控制。

射程控制器利用发射前装定的参数，根据所选定的制导方法进行射程控制，以保证导弹射程与发射点到目标之间的距离相等。

已知导弹的射程可以由发动机关机时刻 t_k 时弹的运动参量来确定。设在 t_k 瞬间弹相对于发射坐标系 $Oxyz$(随地球旋转的相对坐标系)的运动参量为

$$\left.\begin{aligned}\boldsymbol{r}_k&=\boldsymbol{r}(t_k)=(x_k,y_k,z_k)^{\mathrm{T}}\\ \dot{\boldsymbol{r}}_k&=\dot{\boldsymbol{r}}(t_k)=(v_{x_k},v_{y_k},v_{z_k})^{\mathrm{T}}\end{aligned}\right\} \tag{3.12}$$

则

$$l=l(\boldsymbol{r}_k,\dot{\boldsymbol{r}}_k) \tag{3.13}$$

如果用 $Ox_ay_az_a$ 表示发射惯性坐标系，在 t_k 瞬间其运动参数为

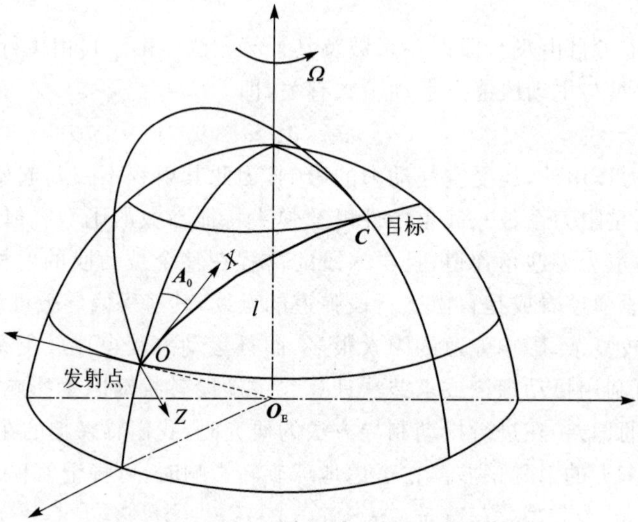

图 3-2 射击方位角 A_0 和射程 $L_全$ 示意图

$$\left.\begin{aligned} \boldsymbol{r}_{ak} &= \boldsymbol{r}_a(t_k) = (x_{ak}, y_{ak}, z_{ak})^{\mathrm{T}} \\ \dot{\boldsymbol{r}}_{ak} &= \dot{\boldsymbol{r}}_a(t_k) = (\dot{x}_{ak}, \dot{y}_{ak}, \dot{z}_{ak})^{\mathrm{T}} = (v_{ax_k}, v_{ay_k}, v_{az_k})^{\mathrm{T}} \end{aligned}\right\} \tag{3.14}$$

由于目标随地球旋转，故在地球上的全射程 l 不仅与绝对参数 $\boldsymbol{r}_{ak}$、$\dot{\boldsymbol{r}}_{ak}$ 有关，还与主动段关机时间 t_k 有关，故

$$l = l(\boldsymbol{r}_{ak}, \dot{\boldsymbol{r}}_{ak}, t_k) \tag{3.15}$$

如果在发射坐标系内进行标准弹道计算，设发动机关机时间为 $\tilde{t}_k$，其运动参量为 $\boldsymbol{r}_k$、$\tilde{\dot{\boldsymbol{r}}}_k$，则由此确定的标准弹道的射程为

$$\tilde{l} = \tilde{l}(\tilde{\boldsymbol{r}}_k, \tilde{\dot{\boldsymbol{r}}}_k) \tag{3.16}$$

在发射惯性坐标系内可表示为

$$\tilde{l} = \tilde{l}(\tilde{\boldsymbol{r}}_{ak}, \tilde{\dot{\boldsymbol{r}}}_{ak}, \tilde{t}_k) \tag{3.17}$$

标准弹道射程 $\tilde{l}$ 即是对目标进行射击时所要求的射程。

射程控制问题即是使

$$l(\boldsymbol{r}_k, \dot{\boldsymbol{r}}_k) = \tilde{l}(\tilde{\boldsymbol{r}}_k, \tilde{\dot{\boldsymbol{r}}}_k)$$

或

$$l(\boldsymbol{r}_{ak}, \dot{\boldsymbol{r}}_{ak}, t_k) = \tilde{l}(\tilde{\boldsymbol{r}}_{ak}, \tilde{\dot{\boldsymbol{r}}}_{ak}, \tilde{t}_k) \tag{3.18}$$

成立。

简单而容易想到的射程控制方法是使发动机关机时刻 t_k 和标准弹道的关机时刻相等，即

$$t_k = \tilde{t}_k$$

这样是否会实现 $l=\tilde{l}$ 呢？已知在弹的实际飞行中，由于各种扰动因素的影响，当 $t_k=\tilde{t}_k$ 时，各运动参量都将对标准值有微小的偏离。故在此情况下的实际射程 l 将不等于 $\tilde{l}$，产生的等时偏差为

$$l - \tilde{l} = \delta l$$

如果将 l 在标准弹道附近展开成泰勒级数，则

$$l(\boldsymbol{r}_k,\dot{\boldsymbol{r}}_k)=l[(\dot{\boldsymbol{r}}_k+\delta\boldsymbol{r}_k),(\tilde{\dot{\boldsymbol{r}}}_k+\delta\dot{\boldsymbol{r}}_k)]=\tilde{l}(\tilde{\boldsymbol{r}}_k,\tilde{\dot{\boldsymbol{r}}}_k)+\left.\frac{\partial l}{\partial \boldsymbol{r}_k}\right|_{\sim}\delta\boldsymbol{r}_k+\left.\frac{\partial l}{\partial \dot{\boldsymbol{r}}_k}\right|_{\sim}\delta\dot{\boldsymbol{r}}_k+\cdots \tag{3.19}$$

如果略去二阶以上各项，则

$$\delta l\approx\frac{\partial l}{\partial \boldsymbol{r}_k}\delta\boldsymbol{r}_k+\frac{\partial l}{\partial \dot{\boldsymbol{r}}_k}\delta\dot{\boldsymbol{r}}_k \tag{3.20}$$

对于发射惯性坐标系

$$\delta l\approx\frac{\partial l}{\partial \boldsymbol{r}_{ak}}\partial\boldsymbol{r}_{ak}+\frac{\partial l}{\partial \dot{\boldsymbol{r}}_{ak}}\partial\dot{\boldsymbol{r}}_{ak}+\frac{\partial l}{\partial t_k}\Delta t_k \tag{3.21}$$

因为是在标准弹道上展开的，所以式(3.21)中偏导数都是对标准弹道的偏导数，即各偏导数中的运动参量均是标准弹道的运动参量。

δx_k、δy_k、$\delta\dot{x}_k$、$\delta\dot{y}_k$(δx_{ak}、δy_{ak}、$\delta\dot{x}_{ak}$、$\delta\dot{y}_{ak}$)表示关机点相对(绝对)弹道纵平面运动参量的等时偏差对射程等时偏差的影响。而 δz_k、$\delta\dot{z}_k$(δz_{ak}、$\delta\dot{z}_{ak}$)表示关机点相对(绝对)弹道侧平面运动参量的等时偏差对射程等时偏差的影响。计算表明，可以将导弹的运动分解为纵平面运动和侧平面运动两个互相独立的运动。以绝对弹道为例，对于射程为 1×10^4 km 的导弹来说 $\frac{\partial l}{\partial x_{ak}}=1\sim2$，$\frac{\partial l}{\partial y_{ak}}=2\sim10$，$\frac{\partial l}{\partial z_{ak}}=0.1\sim0.5$，$\frac{\partial l}{\partial \dot{x}_{ak}}=5\ 000\sim6\ 000$ s，$\frac{\partial l}{\partial \dot{y}_{ak}}=1\ 500\sim2\ 500$ s，$\frac{\partial l}{\partial \dot{z}_{ak}}=100\sim200$ s。

当弹上法向和横向稳定系统正常工作时，可以将弹头落点偏差分为射程偏差 ΔL(纵向)和横程偏差 ΔH(侧向)，则

$$\left.\begin{aligned}\Delta l&=l(x_k,y_k,v_k,\theta_k)-\tilde{l}(\tilde{x}_k,\tilde{y}_k,\tilde{v}_k,\tilde{\theta}_k)\\ \Delta H&=H(x_k,z_k,v_k,\sigma_k)-\tilde{H}(\tilde{x}_k,\tilde{z}_k,\tilde{v}_k,\tilde{\sigma}_k)\end{aligned}\right\} \tag{3.22}$$

对于发射惯性坐标系，可以写出相似的式子。

射程控制系统的任务在于正确选择关机点参数，使 $\Delta l\to0$，$\Delta H\to0$。按时间关机的射程控制方案显然不能完成这个任务，此时射程偏差为

$$\delta l=\frac{\partial l}{\partial x_k}\delta x_k+\frac{\partial l}{\partial y_k}\delta y_k+\frac{\partial l}{\partial v_{xk}}\delta v_{xk}+\frac{\partial l}{\partial v_{yk}}\delta v_{yk} \tag{3.23}$$

或写成

$$\delta l=\frac{\partial l}{\partial x_k}\delta x_k+\frac{\partial l}{\partial y_k}\delta y_k+\frac{\partial l}{\partial v_k}\delta v_k+\frac{\partial l}{\partial \theta_k}\delta\theta_k \tag{3.24}$$

式中前两项是由于关机点坐标偏差而引起的射程偏差，后两项是由于速度偏差而引起的射程偏差。它们前面的偏导数被称为误差传递系数。

在不考虑地球旋转影响的情况下，对椭圆弹道偏导数进行了计算，通常情况下射程对坐标的偏导数 $\partial l/\partial r_k$ 比较小，为 m/m 的量级，而射程对速度的偏导数 $\partial l/\partial v_k$ 则很大，为 kg/m · s^{-1} 的量级，且 v_k 越大，$\partial l/\partial v_k$ 越大，而射程对速度方向的偏导数 $\partial l/\partial\theta_k$ 则与主动段飞行程序的选择有关，如果飞行程序是保证最大射程，则 $\partial l/\partial\theta_k=0$，而在最佳射角 $\theta_{k,\mathrm{opt}}$ 附近的变化则与 v_k 的大小有关，当 v_k 较大时，$\partial l/\partial\theta_k$ 变化比较平缓，当 v_k 较小时，$\partial l/\partial\theta_k$ 变化比较大，$\partial l/\partial\theta_k$ 的量级为 km/10^{-3} rad。

对于近程导弹来说，v_k 比较小，在最佳射角附近，$\partial l/\partial\theta_k$ 不大，且主动段飞行程序保证了 $\delta\theta_k$ 的值比较小，故射程偏差的主要原因是 $(\partial l/\partial v_k)\delta v_k$。这是近程导弹射程偏差的主要矛盾，这就启发了我们思考是否能采用速度关机的方案，即当实际弹道的飞行速度 v_k 与标准弹道飞行速度 $\tilde{v}_k$ 相等时关机，这样是否比按时间关机能缩小射程偏差呢？下面就来讨论这个问题。

3.4 射程控制方案

3.4.1 按速度关机的射程控制方案

1. 速度关机方程

设弹上有某种测量装置，能测出实际飞行速度的大小 v_k，然后将其与标准弹道关机速度 $\tilde{v}_k$ 进行比较，当两者数值相等时，令发动机关机，则此方案的关机方程为

$$v_k=\tilde{v}_k \tag{3.25}$$

按此方程控制的示意图如图 3-3 所示。此时主动段终点的速度偏差为

$$\Delta v_k=v_k-\tilde{v}_k=0 \tag{3.26}$$

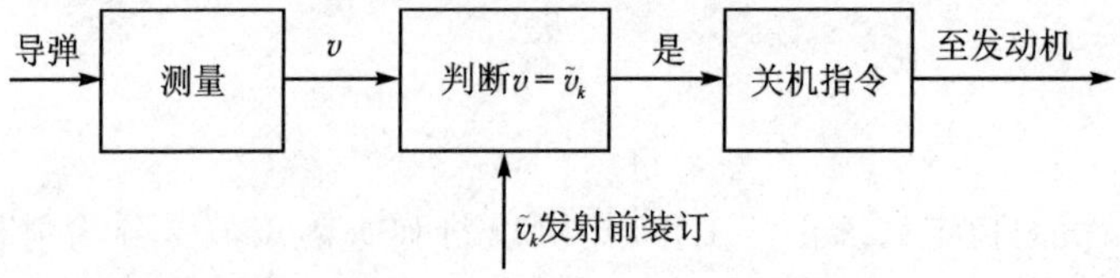

图 3-3 按速度关机方框图

由于是按速度关机，故关机时刻 t_k 和标准弹道关机时刻 $\tilde{t}_k$ 不等，有一时间偏差 Δt_k，即

$$\Delta t_k=t_k-\tilde{t}_k \tag{3.27}$$

由于在主动段干扰的作用不大，Δt_k 是小偏差，因此实际弹道飞行速度 v_k 可在 $\tilde{t}_k$ 附近展成台劳级数，只取到一阶项，则

$$v_k=v(t_k)=v(\tilde{t}_k+\Delta t_k)=v(\tilde{t}_k)+\dot{v}(\tilde{t}_k)\Delta t_k \tag{3.28}$$

式中，$v(\tilde{t}_k)$是在 $\tilde{t}_k$ 时刻实际弹道的飞行速度，它与标准弹道在 $\tilde{t}_k$ 时刻的标准弹道飞行速度 $\tilde{v}_k=\tilde{v}(\tilde{t}_k)$不同，两者之差，即是速度的等时偏差：

$$\delta v_k=v(\tilde{t}_k)-\tilde{v}(\tilde{t}_k)$$

则

$$\Delta v_k=v_k-\tilde{v}_k=v(\tilde{t}_k)+\dot{v}(\tilde{t}_k)\Delta t_k-\tilde{v}(\tilde{t}_k)=\delta v_k+\dot{v}_k\Delta t_k \tag{3.29}$$

因为按速度关机时 $\Delta v_k=0$，故

$$\Delta t_k=-\frac{\delta v_k}{\dot{v}_k}\approx-\frac{\delta v_k}{\dot{\tilde{v}}_k} \tag{3.30}$$

正是由于有了这一时间偏差 Δt_k，故对等时关机的射程偏差起到了补偿作用，使按速度关机的射程偏差小于按时间关机的射程偏差。这将在下面加以说明。

如图 3-4 所示，设在主动段干扰作用下，实际弹道 v 比标准弹道 $\tilde{v}$ 大，若按时间关机，当

$t=\tilde{t}_k$ 时产生速度偏差 $\delta v_k>0$，而 $\delta l>0$，即干扰作用使射程增大。若按速度关机，当 $v=\tilde{v}_k$ 时关机，此时关机时间为 t_k，将标准关机时刻 $\tilde{t}_k$ 提前了 Δt_k，射程偏差减小，但是射程偏差 Δl 是否确实小于 δl，则需要进一步研究。为此首先要导出按速度关机时的射程偏差公式，然后再与按时间关机的射程偏差公式进行比较。

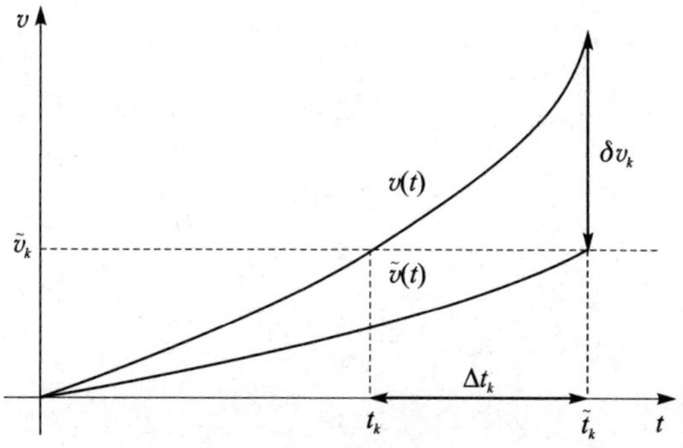

图 3-4　按速度关机与按时间关机的比较

2. 按速度关机时射程偏差的计算公式

在按速度关机的条件下，主动段终点的运动参数对标准弹道主动段终点运动参数的偏差为

$$\left.\begin{aligned}\Delta v_k&=v_k-\tilde{v}_k=v(t_k)-\tilde{v}(\tilde{t}_k)=0\\ \Delta\theta_k&=\theta_k-\tilde{\theta}_k=\theta(t_k)-\tilde{\theta}(\tilde{t}_k)\\ \Delta x_k&=x_k-\tilde{x}_k=x(t_k)-\tilde{x}(\tilde{t}_k)\\ \Delta y_k&=y_k-\tilde{y}_k=y(t_k)-\tilde{y}(\tilde{t}_k)\end{aligned}\right\}\tag{3.31}$$

$$\Delta L=L(x_k,y_k,v_k,\theta_k)-\tilde{L}(\tilde{x}_k,\tilde{y}_k,\tilde{v}_k,\tilde{\theta}_k)\tag{3.32}$$

考虑到由干扰而引起的运动参量的偏差不大，将按速度关机的实际射程在标准弹道附近展开，并取到一阶项，则

$$L(v_k,\theta_k,x_k,y_k)=\tilde{L}(\tilde{v}_k,\tilde{\theta}_k,\tilde{x}_k,\tilde{y}_k)+\frac{\partial L}{\partial\theta_k}\Delta\theta_k+\frac{\partial L}{\partial x_k}\Delta x_k+\frac{\partial L}{\partial y_k}\Delta y_k$$

即

$$\Delta L=\frac{\partial L}{\partial\theta_k}\Delta\theta_k+\frac{\partial L}{\partial x_k}\Delta x_k+\frac{\partial L}{\partial y_k}\Delta y_k\tag{3.33}$$

式中，$\partial L/\partial\theta_k$、$\partial L/\partial x_k$、$\partial L/\partial y_k$ 为标准弹道 $\tilde{t}_k$ 处的射程偏导数，$\Delta\theta_k$、Δx_k、Δy_k 为按速度关机的实际弹道关机时刻运动参数与标准弹道关机时刻运动参数的偏差。

3. ΔL 与 δL 的比较

因为按速度关机时

$$\Delta t_k=-\frac{\delta v_k}{\dot{v}_k}\approx-\frac{\delta v_k}{\dot{\tilde{v}}_k}$$

故

$$\left.\begin{aligned}
\Delta\theta_k &= \theta(t_k) - \tilde{\theta}(\tilde{t}_k) = \theta(\tilde{t}_k) + \dot{\theta}(\tilde{t}_k)\Delta t_k - \tilde{\theta}(\tilde{t}_k) = \delta\theta_k - \frac{\dot{\theta}_k}{\dot{v}_k}\delta v_k \\
\Delta x_k &= x(t_k) - \tilde{x}(\tilde{t}_k) = x(\tilde{t}_k) + \dot{x}(\tilde{t}_k)\Delta t_k - \tilde{x}(\tilde{t}_k) = \delta x_k - \frac{\dot{x}_k}{\dot{v}_k}\delta v_k \\
\Delta y_k &= y(t_k) - \tilde{y}(\tilde{t}_k) = y(\tilde{t}_k) + \dot{y}(\tilde{t}_k)\Delta t_k - \tilde{y}(\tilde{t}_k) = \delta y_k - \frac{\dot{y}_k}{\dot{v}_k}\delta v_k
\end{aligned}\right\} \tag{3.34}$$

将其代入式(3.33)，则得

$$\begin{aligned}
\Delta L &= -\frac{1}{\dot{v}_k}\left(\frac{\partial L}{\partial\theta_k}\dot{\theta}_k + \frac{\partial L}{\partial x_k}\dot{x}_k + \frac{\partial L}{\partial y_k}\dot{y}_k\right)\delta v_k + \frac{\partial L}{\partial\theta_k}\delta\theta_k + \frac{\partial L}{\partial x_k}\delta x_k + \frac{\partial L}{\partial y_k}\delta y_k \\
&\approx -\frac{1}{\tilde{\dot{v}}_k}\left(\frac{\partial L}{\partial\theta_k}\tilde{\dot{\theta}}_k + \frac{\partial L}{\partial x_k}\tilde{\dot{x}}_k + \frac{\partial L}{\partial y_k}\tilde{\dot{y}}_k\right)\delta v_k + \frac{\partial L}{\partial\theta_k}\delta\theta_k + \frac{\partial L}{\partial x_k}\delta x_k + \frac{\partial L}{\partial y_k}\delta y_k
\end{aligned} \tag{3.35}$$

令

$$\left(\frac{\partial L}{\partial v_k}\right)^* \equiv -\frac{1}{\tilde{\dot{v}}_k}\left(\frac{\partial L}{\partial\theta_k}\tilde{\dot{\theta}}_k + \frac{\partial L}{\partial x_k}\tilde{\dot{x}}_k + \frac{\partial L}{\partial y_k}\tilde{\dot{y}}_k\right) \tag{3.36}$$

则

$$\Delta L = \left(\frac{\partial L}{\partial v_k}\right)^* \delta v_k + \frac{\partial L}{\partial\theta_k}\delta\theta_k + \frac{\partial L}{\partial x_k}\delta x_k + \frac{\partial L}{\partial y_k}\delta y_k \tag{3.37}$$

将式(3.37)与式(3.24)比较，两者只相差第一项。

举例如下，设某导弹$\frac{\partial L}{\partial v_k}=9\ 040$ s，$\frac{\partial L}{\partial\theta_k}=26\ 400$ m/(°)，$\frac{\partial L}{\partial x_k}=1.29$，$\frac{\partial L}{\partial y_k}=9.59$，$\tilde{\dot{\theta}}_k=-0.043\ 322\ 8$(°)/s，$\tilde{\dot{v}}_k=81.130$ m/s^2，$\tilde{\dot{x}}_k=6\ 527.2$ m/s，$\tilde{\dot{y}}_k=1\ 056.2$ m/s。且知 $\delta v_k=1$ m/s，$\delta\theta_k=0.01°$，$\delta x_k=1\ 000$ m，$\delta y_k=1\ 000$ m，$\Delta t_k=-0.012\ 326$ s，则$\left(\frac{\partial L}{\partial v_k}\right)^*=-214.536\ 23$ s，$\Delta L=10\ 929.45$ m，$\delta L=20\ 184.0$ m。计算表明$\left|\left(\frac{\partial L}{\partial v_k}\right)^*\right| \ll \left(\frac{\partial L}{\partial v_k}\right)$，故按速度关机方案所产生的射程偏差 ΔL 小于按时间关机方案所产生的射程偏差 δL。亦可用以下形式来说明两者的关系，即

$$\begin{aligned}
\Delta L = &-\frac{1}{\tilde{\dot{v}}_k}\left(\frac{\partial L}{\partial v_k}\tilde{\dot{v}}_k + \frac{\partial L}{\partial\theta_k}\tilde{\dot{\theta}}_k + \frac{\partial L}{\partial x_k}\tilde{\dot{x}}_k + \frac{\partial L}{\partial y_k}\tilde{\dot{y}}_k\right)\delta v_k + \frac{\partial L}{\partial v_k}\delta v_k + \frac{\partial L}{\partial\theta_k}\delta\theta_k + \\
&\frac{\partial L}{\partial x_k}\delta x_k + \frac{\partial L}{\partial y_k}\delta y_k = -\frac{\tilde{\dot{L}}}{\tilde{\dot{v}}_k}\delta v_k + \delta L
\end{aligned} \tag{3.38}$$

$$\Delta L = \delta L + \tilde{\dot{L}}\Delta t_k \tag{3.39}$$

当 $\delta v_k>0$ 时，$\delta L>0$ 而 $\Delta t_k<0$，则 $\Delta L<\delta L$，故按速度关机的方案减小了射程偏差。

这种方案可以减小射程偏差，但是需要对导弹的飞行速度进行测量，导弹上要有测量速度的设备，因此在结构上比按时间关机方案要复杂。

在射程控制方法中，始终存在着结构的简易性与控制的精确性之间的矛盾，这一矛盾促进了射程控制技术的发展，而控制的精确性是主要矛盾方面，应在保证精度的条件下，尽可能使结构简单。

3.4.2　按射程关机的射程控制方案

当只考虑纵向运动参数时，射程偏差 ΔL 可表示为

$$\Delta L = \frac{\partial L}{\partial v_k}\Delta v_k + \frac{\partial L}{\partial v_k}\Delta\theta_k + \frac{\partial L}{\partial x_k}\Delta x_k + \frac{\partial L}{\partial y_k}\Delta y_k \tag{3.40}$$

将式(3.31)代入式(3.40)，则可得到

$$\Delta L = \frac{\partial L}{\partial v_k}(v_k - \tilde{v}_k) + \frac{\partial L}{\partial v_k}(\theta_k - \tilde{\theta}_k) + \frac{\partial L}{\partial x_k}(x_k - \tilde{x}_k) + \frac{\partial L}{\partial y_k}(y_k - \tilde{y}_k) \tag{3.41}$$

进一步，可将式(3.41)中所有标准弹道参数的项记为

$$\tilde{J}_k = \frac{\partial L}{\partial v_k}\tilde{v}_k + \frac{\partial L}{\partial v_k}\tilde{\theta}_k + \frac{\partial L}{\partial x_k}\tilde{x}_k + \frac{\partial L}{\partial y_k}\tilde{y}_k \tag{3.42}$$

而将式(3.41)中所有实际弹道参数的项记为

$$J_k = \frac{\partial L}{\partial v_k}v_k + \frac{\partial L}{\partial v_k}\theta_k + \frac{\partial L}{\partial x_k}x_k + \frac{\partial L}{\partial y_k}y_k \tag{3.43}$$

其中，$\tilde{J}_k$ 为关机特征量，J_k 为特征函数。至此，射程偏差 ΔL 可改写为

$$\Delta L = J_k - \tilde{J}_k \tag{3.44}$$

若想最大限度地减小射程偏差，可构造如下形式的关机方程：

$$J_k = \tilde{J}_k \tag{3.45}$$

此时，可以保证射程偏差：

$$\Delta L = 0 \tag{3.46}$$

即射程偏差被完全消除掉了，从制导方法上获得了最高的制导精度。式(3.45)即为按射程关机的射程控制方案对应的关机方程。

由式(3.39)可知，当 $\Delta L = 0$ 时，按射程关机的射程控制方案对应的关机时间修正量为

$$\Delta t_k = -\frac{\delta L}{\dot{\tilde{L}}} \tag{3.47}$$

如图 3-5 所示，将关机时间调整了 Δt_k 后，可消除射程等时偏差，使射程偏差为零。

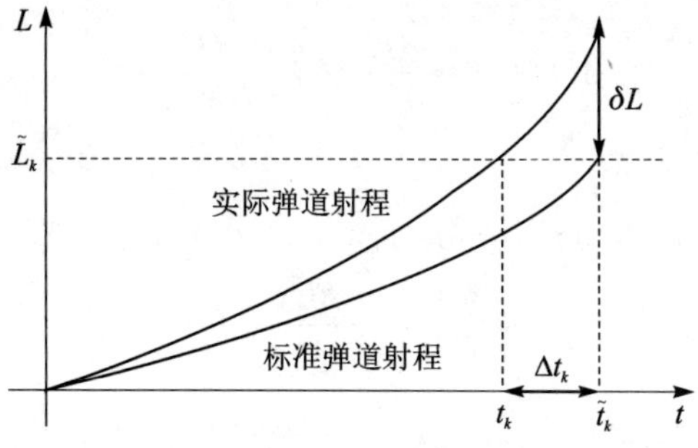

图 3-5　按射程关机的时间修正量示意图

由式(3.46)可知，按射程关机的射程控制方案的制导方法误差为零，其制导精度很高，是较为理想的一种射程控制方案。但实际上这种方案在实现上是存在较大困难的，因为在实现这种方案时，不仅要先计算得到关机特征量 $\tilde{J}_k$，而且还要实时不断计算特征函数 J_k，而由式(3.43)可知，为了计算特征函数就需要知道导弹的位置、速度等完整的运动状态信息，这就需要较为复杂的导航计算。因此，系统结构较为复杂，实现较为困难。

3.5 导引控制方案

3.5.1 横向导引

弹道导弹制导的任务在于使射程偏差 ΔL 和横程偏差 ΔH 都为零。横程偏差可表示为

$$\Delta H=\frac{\partial H}{\partial \dot{\boldsymbol{r}}_k}\Delta \dot{\boldsymbol{r}}_k+\frac{\partial H}{\partial \boldsymbol{r}_k}\Delta \boldsymbol{r}_k$$

或

$$\Delta H=\frac{\partial H}{\partial \dot{\boldsymbol{r}}_{ak}}\Delta \dot{\boldsymbol{r}}_{ak}+\frac{\partial H}{\partial \boldsymbol{r}_{ak}}\Delta \boldsymbol{r}_{ak}+\frac{\partial H}{\partial t_k}\Delta t_k \tag{3.48}$$

横程控制即是要求在关机时刻 t_k 满足

$$\Delta H(t_k)=0$$

但是关机时刻 t_k 是由射程控制来确定的，由于干扰的随机性，不可能同时满足射程和横程的关机条件，为此往往采用先横程后射程的原则，即在标准弹道关机时刻 $\tilde{t}_k$ 之前，某一时刻 $\tilde{t}_k-T$ 开始，直到 t_k 时，一直保持

$$\Delta H(t)=0,\quad \tilde{t}_k-T\leqslant t<t_k \tag{3.49}$$

这就是说，先满足横程控制要求，并加以保持，再按射程控制要求来关机。因为横向只能控制 z 和 v_z，为了满足式(3.48)，必须在 $\tilde{t}_k-T$ 之前足够长时间对弹的质心的横向运动进行控制，故称横向控制为横向引导。式(3.48)中的偏差为全偏差，将其换成等时偏差，则

$$\Delta H(t_k)=\delta H(t_k)+\dot{H}(\tilde{t}_k)\Delta t_k \tag{3.50}$$

式中

$$\delta H(t_k)=\frac{\partial H}{\partial \dot{\boldsymbol{r}}_k}\delta \dot{\boldsymbol{r}}_k+\frac{\partial H}{\partial \boldsymbol{r}_k}\Delta \boldsymbol{r}_k$$

或

$$\delta H(t_k)=\frac{\partial H}{\partial \dot{\boldsymbol{r}}_{ak}}\delta \dot{\boldsymbol{r}}_{ak}+\frac{\partial H}{\partial \boldsymbol{r}_{ak}}\delta \boldsymbol{r}_{ak} \tag{3.51}$$

由于 t_k 是按射程关机的时间，故

$$\Delta L(t_k)=\delta L(t_k)+\dot{L}(\tilde{t}_k)\Delta t_k=0$$

$$\Delta t_k=-\frac{\delta L(t_k)}{\dot{L}(\tilde{t}_k)} \tag{3.52}$$

代入式(3.50)，则得

$$\Delta H(t_k)=\delta H(t_k)-\frac{\dot{H}(\tilde{t}_k)}{\dot{L}(\tilde{t}_k)}\delta L(t_k) \tag{3.53}$$

式中

$$\delta L(t_k)=\frac{\partial L}{\partial \dot{\boldsymbol{r}}_k}\delta \dot{\boldsymbol{r}}_k+\frac{\partial L}{\partial \boldsymbol{r}_k}\delta \boldsymbol{r}_k$$

或

$$\delta L(t_k)=\frac{\partial L}{\partial \dot{\boldsymbol{r}}_{ak}}\delta \dot{\boldsymbol{r}}_{ak}+\frac{\partial L}{\partial \boldsymbol{r}_{ak}}\delta \boldsymbol{r}_{ak}$$

故

$$\Delta H(t_k)=\left(\frac{\partial H}{\partial \dot{\boldsymbol{r}}_k}-\frac{\dot{H}}{\dot{L}}\frac{\partial L}{\partial \boldsymbol{r}_k}\right)_{\tilde{t}_k}\delta \dot{\boldsymbol{r}}_k+\left(\frac{\partial H}{\partial \bar{r}_k}-\frac{\dot{H}}{\dot{L}}\frac{\partial L}{\partial \bar{r}_k}\right)_{\tilde{t}_k}\delta \boldsymbol{r}_k=k_1(\tilde{t}_k)\delta \dot{\boldsymbol{r}}_k+k_2(\tilde{t}_k)\delta \boldsymbol{r}_k$$

或

$$\Delta H(t_k)=\left(\frac{\partial H}{\partial \dot{\boldsymbol{r}}_{ak}}-\frac{\dot{H}}{\dot{L}}\frac{\partial L}{\partial \boldsymbol{r}_{ak}}\right)_{\widetilde{t}_k}\delta\dot{\boldsymbol{r}}_{ak}+\left(\frac{\partial H}{\partial \bar{r}_{ak}}-\frac{\dot{H}}{\dot{L}}\frac{\partial L}{\partial \boldsymbol{r}_{ak}}\right)_{\widetilde{t}_k}\delta\boldsymbol{r}_{ak}$$

$$=k_{1a}(\widetilde{t}_k)\delta\dot{\boldsymbol{r}}_k+k_{2a}(\widetilde{t}_k)\delta\boldsymbol{r}_{ak} \tag{3.54}$$

由标准弹道确定。

如果令横向控制函数为

$$W_H(t)=k_1(\widetilde{t}_k)\delta\dot{\boldsymbol{r}}(t)+k_2(\widetilde{t}_k)\delta\boldsymbol{r}(t)$$

或

$$W_H(t)=k_{1a}(\widetilde{t}_k)\delta\dot{\boldsymbol{r}}_a(t)+k_{2a}(\widetilde{t}_k)\delta\boldsymbol{r}_a(t) \tag{3.55}$$

则当 $t\to t_k$ 时，$W_H(t)=\Delta W_H(t_k)$。因此按 $W_H(t)=0$ 控制横向质心运动与按 $\Delta H(t)\to 0$ 控制是等价的。

横向导引系统利用和射程控制相同的导弹位置、速度信息进行横向导引计算，计算出控制函数 $W_H(t)$，并将产生的信号送入偏航姿态控制系统，从而实现对横向质心运动的控制。

早期的近程弹道导弹(例如 V2 导弹)是用无线电横偏校正系统来进行横向控制的，对于中、近程导弹来说，可以将弹的运动分为纵身和侧向两个平面运动来研究。则横程偏差取决于主动段终点时侧向运动参数，此时

$$\Delta H=z_k+\dot{z}_k T_c \tag{3.56}$$

其中，z_k、$\dot{z}_k$ 为关机点 K 的侧向参量，T_c 为被动段飞行时间。

如果在弹上安装 3 个加速度，则

$$\begin{cases}\dot{v}_z=-\dot{W}_x\sin\psi+\dot{W}_y\cos\psi\sin\gamma+\dot{W}_z\cos\psi\cos\gamma+g_z\\ \quad\approx-\dot{W}_x\psi+\dot{W}_y\gamma+\dot{W}_z+g_z\\ \dot{z}=v_z\end{cases}$$

考虑到偏航角 ψ、滚动角 γ 都很小，g_z 也是微量，故可令

$$\begin{cases}\dot{v}_z\approx\dot{W}_z-\dot{W}_x\psi\\ \dot{z}=v_z\approx W_z-W_x\psi\end{cases}$$

则

$$\Delta H\approx(W_z-W_x\psi)T_c+\int_0^t\dot{W}_z\,\mathrm{d}t-\psi\int_0^t W_x\,\mathrm{d}t \tag{3.57}$$

将其作为横向导引信号加入偏航姿态稳定系统进行控制，使关机瞬间满足 $\Delta H\to 0$。

3.5.2 法向导引

已经知道，摄动制导即是使射程偏差展开式的一阶项 $\Delta L^{(1)}=0$ 的制导方法，为了保证摄动制导的正确性，必须保证二阶以上各项是高阶微量，为此，要求实际弹道运动参量与标准弹道运动参量之差是微量，也就是要使实际弹道很接近标准弹道，特别是高阶射程偏导数比较大的那些运动参量更应该保持微小量。计算和分析表明，在二阶射程偏导数中$\partial^2 L/\partial\theta^2$、$\partial^2 L/\partial\theta\partial v$ 最大，因此必须控制 $\Delta\theta(t_k)$小于容许值，这就是法向导引。与横向导引相类似

$$\Delta\theta(t_k)=\frac{\partial\theta}{\partial\dot{\bar{r}}_k}\Delta\dot{\boldsymbol{r}}_k+\frac{\partial\theta}{\partial\bar{r}_k}\Delta\boldsymbol{r}_k=\delta\theta(t_k)+\dot{\theta}(\widetilde{t}_k)\Delta t_k$$

$$=\left(\frac{\partial\theta}{\partial\dot{\boldsymbol{r}}_k}-\frac{\dot{\theta}}{\dot{L}}\frac{\partial L}{\partial\dot{\boldsymbol{r}}_k}\right)_{\tilde{t}_k}\delta\dot{\boldsymbol{r}}_k+\left(\frac{\partial\theta}{\partial\boldsymbol{r}_k}-\frac{\dot{\theta}}{\dot{L}}\frac{\partial L}{\partial\boldsymbol{r}_k}\right)_{\tilde{t}_k}\delta\boldsymbol{r}_k$$

或

$$\Delta\theta(t_k)=\left(\frac{\partial\theta}{\partial\dot{\boldsymbol{r}}_{ak}}-\frac{\dot{\theta}}{\dot{L}}\frac{\partial L}{\partial\dot{\boldsymbol{r}}_{ak}}\right)_{\tilde{t}_k}\delta\dot{\boldsymbol{r}}_{ak}+\left(\frac{\partial\theta}{\partial\boldsymbol{r}_{ak}}-\frac{\dot{\theta}}{\dot{L}}\frac{\partial L}{\partial\boldsymbol{r}_{ak}}\right)_{\tilde{t}_k}\delta\boldsymbol{r}_{ak} \tag{3.58}$$

式中

$$\dot{\theta}(\tilde{t}_k)=\left(\frac{\partial\theta}{\partial v_x}\dot{v}_x+\frac{\partial\theta}{\partial v_y}\dot{v}_y+\frac{\partial\theta}{\partial v_z}\dot{v}_z+\frac{\partial\theta}{\partial x}\dot{x}+\frac{\partial\theta}{\partial y}\dot{y}+\frac{\partial\theta}{\partial z}\dot{z}\right)_{\tilde{t}_k}$$

或

$$\dot{\theta}(\tilde{t}_k)=\left(\frac{\partial\theta}{\partial v_{ax}}\dot{v}_{ax}+\frac{\partial\theta}{\partial v_{ay}}\dot{v}_{ay}+\frac{\partial\theta}{\partial v_{az}}\dot{v}_{az}+\frac{\partial\theta}{\partial x_a}\dot{x}_a+\frac{\partial\theta}{\partial y_a}\dot{y}_a+\frac{\partial\theta}{\partial z_a}\dot{z}_a+\frac{\partial\theta}{\partial t_a}\right)_{\tilde{t}_k} \tag{3.59}$$

如果选择法向控制函数：

$$W_\theta(t)=\left(\frac{\partial\theta}{\partial\dot{\boldsymbol{r}}_k}-\frac{\dot{\theta}}{\dot{L}}\frac{\partial L}{\partial\dot{\boldsymbol{r}}_k}\right)_{\tilde{t}_k}\delta\dot{\boldsymbol{r}}_k(t)+\left(\frac{\partial\theta}{\partial\boldsymbol{r}_k}-\frac{\dot{\theta}}{\dot{L}}\frac{\partial L}{\partial\boldsymbol{r}_k}\right)_{\tilde{t}_k}\delta\boldsymbol{r}(t)$$

或

$$W_\theta(t)=\left(\frac{\partial\theta}{\partial\dot{\boldsymbol{r}}_{ak}}-\frac{\dot{\theta}}{\dot{L}}\frac{\partial L}{\partial\dot{\boldsymbol{r}}_{ak}}\right)_{\tilde{t}_k}\delta\dot{\boldsymbol{r}}_a(t)+\left(\frac{\partial\theta}{\partial\boldsymbol{r}_{ak}}-\frac{\dot{\theta}}{\dot{L}}\frac{\partial L}{\partial\boldsymbol{r}_{ak}}\right)_{\tilde{t}_k}\delta\boldsymbol{r}_a(t)$$

从远离 $\tilde{t}_k$ 的时间 t_0 开始控制，使 $W_\theta(t)\to 0$，当时间 $t\to t_k$ 时，$W_\theta(t_k)\to\Delta\theta(t_k)\to 0$，即满足了导引的要求。将法向导引信号加在俯仰姿态控制系统上，通过控制弹的质心的纵向运动参数，从而达到法向导引的要求。

思考题

1. 解释一下标准弹道在导弹摄动制导中的作用，并谈谈你对标准弹道和标准条件的理解。

2. 简述弹道导弹摄动制导的基本原理。

3. 用图示解释落点偏差，写出用射程偏差和横程偏差表示的落点偏差预测方程，解释各个符号的含义。

4. 简述弹头落点偏差的控制方法。

5. 根据关机特征量的不同，有哪些常用的射程控制方法？

6. 什么是等时偏差？

7. 写出按时间关机、按速度关机和按射程关机的关机方程。

8. 对比分析按速度关机和按射程关机两种射程控制方案的优缺点。

9. 射程控制和法向导引都是射面内的控制，它们的不同之处有哪些？

10. 简述法向导引的作用和实现过程。

11. 简述横向导引的作用和实现过程。

第4章　弹道导弹显式制导

4.1　显式制导的基本思想

第3章已经介绍了摄动制导方法，过去由于弹上计算能力的限制，不能在弹上利用测量信息实时地计算弹的位置矢量和速度矢量，故往往采用摄动制导方法，将大量的计算工作放在设计阶段和发射之前进行，这样就简化了关机方程，大大减少了弹上的计算工作量。

摄动制导依赖于标准弹道，实际上是把实际弹道对标准弹道落点的射程偏差逼近为关机点运动参量的偏差的线性函数，即是使

$$\Delta L \approx \frac{\delta L}{\delta \boldsymbol{v}_{ak}}(\boldsymbol{v}_{ak} - \tilde{\boldsymbol{v}}_{ak}) + \frac{\delta L}{\delta \boldsymbol{r}_{ak}}(\boldsymbol{r}_{ak} - \tilde{\boldsymbol{r}}_{ak}) + \frac{\delta L}{\delta t_{ak}}(t_k - \tilde{t}_k) \tag{4.1}$$

略去射程偏差的高阶项 $\Delta L^{(R)}$，在小偏差情况下，此种近似是可行的，但是当射程增大，在考虑地球扁率和地球自转等因素的影响下，此种近似会产生较大的制导误差。若误差太大，对于高精度的制导要求是不允许的。

总地来说，摄动制导存在如下的问题：

① 由于关机方程没有考虑射程展开二阶以上各项，只有当实际弹道比较接近标准弹道时，才能有比较小的方法误差。

② 摄动制导方法依赖于所选择的标准弹道，对于完成多种任务的运载火箭来说，这种方法是不方便的。

③ 发射之前要进行大量的装定参数的计算，限制了武器系统的机动性能和战斗性能。

为了克服摄动制导的缺点，提高制导精度，提出了显式制导的设想，即在弹上利用测量装置实时算出飞行器位置和速度矢量：

$$\left.\begin{aligned} \boldsymbol{r}(t) &= [x(t), y(t), z(t)]^{\mathrm{T}} \\ \boldsymbol{v}(t) &= [v_x(t), v_y(t), v_z(t)]^{\mathrm{T}} \end{aligned}\right\} \tag{4.2}$$

并利用 $\boldsymbol{r}(t)$，$\boldsymbol{r}(t)$作为起始条件，实时地算出与所要求的终端条件

$$\left.\begin{aligned} \boldsymbol{r}(T) &= [x(T), y(T), z(T)]^{\mathrm{T}} \\ \boldsymbol{v}(T) &= [v_x(T), v_y(T), v_z(T)]^{\mathrm{T}} \end{aligned}\right\} \tag{4.3}$$

的偏差，并以此来组成制导指令对飞行器进行控制，消除对终端条件的偏差。当终端偏差满足制导任务要求时，则发出指令关闭发动机。故显式制导从最一般的意义上来讲，可以将其看成是多维的、非线性的两点边值问题。如果不做某些简化和近似，解起来是非常复杂的，这样对弹上计算机的速度和存贮容量的要求都非常高，实现起来是很困难的，为此必须根据任务的性质和精度要求做某些简化。

由显式制导的基本思想可知，显式制导是基于当前的飞行状态，实时算出与所要求的的终端条件的偏差，并以此来组成制导指令，对飞行器进行控制。当终端偏差满足制导任务要求时，则发出指令关闭发动机。对于远程弹道导弹而言，其飞行任务在于能准确地命中地面固定目标，即要求弹道通过落点 $\boldsymbol{r}_c$。

为了实施显式制导,必须解决以下 3 个问题:

① **r**、**v** 确定问题:如何利用弹上测量和计算装置确定弹的瞬时位置坐标 **r** 和瞬时飞行速度 **v**。

② 射击平面外控制问题:如何根据 **r**、**v** 产生控制信号,将弹控制在通过目标的射击平面内。

③ 射击平面内控制问题:如何在射面内准确地计算瞬时关机时被动段的射程角 β_c 和目标到该点的射程角 β_c^*,当 $\beta_c=\beta_c^*$ 时关闭发动机。

下面分别对以上问题进行原理性讨论。

4.1.1 *r* 和 *v* 的确定

当采用惯性平台惯导系统时($Ox_a y_a z_a$),其运动方程为

$$\left.\begin{aligned}\dot{\boldsymbol{r}}_a &= \boldsymbol{v}_a \\ \dot{\boldsymbol{v}}_a &= \boldsymbol{g}_a + \dot{\boldsymbol{W}}_a\end{aligned}\right\} \tag{4.4}$$

在发射惯性坐标系中可表示为

$$\left.\begin{aligned}\dot{x}_a &= v_{xa} \\ \dot{y}_a &= v_{ya} \\ \dot{z}_a &= v_{za} \\ \dot{v}_{xa} &= g_{xa} + \dot{W}_{xa} \\ \dot{v}_{ya} &= g_{ya} + \dot{W}_{ya} \\ \dot{v}_{za} &= g_{za} + \dot{W}_{za}\end{aligned}\right\} \tag{4.5}$$

式中,$\dot{W}_{xa}$,$\dot{W}_{ya}$,$\dot{W}_{za}$ 由 3 个加速度表测量给出,g_{xa},g_{ya},g_{za} 由引力模型确定。

当考虑 $J_2 \neq 0$ 时

$$\boldsymbol{g} = \begin{bmatrix} g_{xa} \\ g_{ya} \\ g_{za} \end{bmatrix} = g_r \frac{\boldsymbol{r}_a}{r_a} + g_\Omega \frac{\boldsymbol{\Omega}_a}{\Omega_a} \tag{4.6}$$

式中

$$\begin{cases} g_r = -\dfrac{fM}{r_a^2}\left[1 + J\left(\dfrac{a}{r_a}\right)^2 (1 - 5\sin^2\varphi_a)\right] = g_r(r_a, \varphi_a) \\ g_\Omega = -\dfrac{2fM}{r_a^2} J \left(\dfrac{a}{r_a}\right)^2 \sin\varphi_a = g_\Omega(r_a, \varphi_a) \end{cases} \tag{4.7}$$

$$\frac{\boldsymbol{r}_a}{r_a} = \frac{1}{r_a}\begin{bmatrix} R_{Ox} + x_a \\ R_{Oy} + y_a \\ R_{Oz} + z_a \end{bmatrix}, \quad \begin{bmatrix} R_{Ox} \\ R_{Oy} \\ R_{Oz} \end{bmatrix} = R_0 \begin{bmatrix} -\sin(B - \varphi_a)\cos A \\ \cos(B - \varphi_a) \\ \sin(B - \varphi_a)\sin A \end{bmatrix} \tag{4.8}$$

$$\frac{\boldsymbol{\Omega}}{\Omega} = \begin{bmatrix} \cos B \cos A \\ \sin B \\ -\cos B \sin A \end{bmatrix}, \quad \sin\varphi_a = \frac{\boldsymbol{r}_a \boldsymbol{\Omega}}{r_a \Omega} \tag{4.9}$$

不难看出,**g** 是坐标的非线性函数,因此运动方程式(4.5)是非线性变系数微分方程,必须运用数值积分方法进行计算,这样对弹载计算机的容量和速度要求都非常高,增加了显式制导

实现的困难度。在进行显式制导方案设计时，一般都要用各种近似计算方法，以降低对弹载计算机的要求。最简单的近似方法是将引力场看成有心力场，而认为地球是一圆球，即假设 $J_2=0$，则

$$\boldsymbol{g}=-g\left(\frac{R}{r}\right)^2\frac{\boldsymbol{r}}{r}=-\frac{g_0}{R}\left(\frac{R}{r}\right)^3\boldsymbol{r},\quad g_0=\frac{fM}{R^2} \tag{4.10}$$

在发射惯性坐标系中可表示为

$$\left.\begin{aligned} g_{xa}&=-g_0\frac{R^2}{r^3}x_a \\ g_{ya}&=-g_0\frac{R^2}{r^3}(y_a+R) \\ g_{za}&=-g_0\frac{R^2}{r^3}z_a \end{aligned}\right\} \tag{4.11}$$

将式(4.11)泰勒级数展开且取一阶项可得

$$\left.\begin{aligned} g_{xa}&=-\frac{g_0}{R}x_a+\Delta g_x \\ g_{ya}&=\frac{2g_0}{R}y_a+\Delta g_y-g_0 \\ g_{za}&=-\frac{g_0}{R}z_a+\Delta g_z \end{aligned}\right\} \tag{4.12}$$

其中，Δg_x，Δg_y，Δg_z 为扰动项。

这样，原方程组(4.5)就变为一线性非齐次常系数微分方程组：

$$\left.\begin{aligned} \dot{x}_a&=v_{xa} \\ \dot{y}_a&=v_{ya} \\ \dot{z}_a&=v_{za} \\ \dot{v}_{xa}&=-\frac{g_0}{R}x_a+\Delta g_x+\dot{W}_{xa} \\ \dot{v}_{ya}&=\frac{2g_0}{R}y_a+\Delta g_y+\dot{W}_{ya}-g_0 \\ \dot{v}_{za}&=-\frac{g_0}{R}z_a+\Delta g_z+\dot{W}_{za} \end{aligned}\right\} \tag{4.13}$$

起始条件($t=0$)为$(x_0,y_0,z_0,v_{x0},v_{y0},v_{z0})^{\mathrm{T}}$。

用矢量式表示则为

$$\frac{\mathrm{d}X}{\mathrm{d}t}=\boldsymbol{AX}+\boldsymbol{F} \tag{4.14}$$

式中

$$\boldsymbol{X}=[x_a,y_a,z_a,v_{xa},v_{ya},v_{za}]^{\mathrm{T}},\quad \boldsymbol{A}=\begin{bmatrix} & \boldsymbol{0}_{3\times3} & & \boldsymbol{I}_{3\times3} \\ -a & 0 & 0 & \\ 0 & 2a & 0 & \boldsymbol{0}_{3\times3} \\ 0 & 0 & -a & \end{bmatrix},\quad \boldsymbol{F}=\begin{bmatrix} \boldsymbol{0}_{3\times1} \\ \vdots \\ \Delta g_x+\dot{W}_{xa} \\ \Delta g_y+\dot{W}_{ya}-g_0 \\ \Delta g_z+\dot{W}_{za} \end{bmatrix}$$

起始条件为
$$\boldsymbol{X}(0)=[x_0,y_0,z_0,v_{x0},v_{y0},v_{z0}]^{\mathrm{T}}$$

那么，其状态转移矩阵或脉冲过渡函数阵 $\boldsymbol{G}(t,\tau)$ 可由其齐次方程 $\frac{\mathrm{d}\boldsymbol{X}}{\mathrm{d}t}=\boldsymbol{AX}$ 的基本解组阵 $\boldsymbol{X}_H(t)$ 确定，即

$$\boldsymbol{G}(t,\tau)=\boldsymbol{X}_H(t)\boldsymbol{X}_H^{-1}(\tau)$$

则
$$\boldsymbol{X}(t)=\boldsymbol{G}(t,t_0)\boldsymbol{X}(t_0)+\int_{t_0}^{t}\boldsymbol{G}(t,\tau)\boldsymbol{F}(\tau)\mathrm{d}\tau \tag{4.15}$$

显然在选定的计算周期内取 $\dot{W}_{xa},\dot{W}_{ya},\dot{W}_{za}$ 的测量平均值及 $\Delta g_x,\Delta g_y,\Delta g_z$ 的平均计算值，再利用式(4.15)可以确定出状态 $X(t)$，即确定出 $\boldsymbol{r}(t),\boldsymbol{v}(t)$。

4.1.2 根据 $\boldsymbol{r}_a$、$\boldsymbol{v}_a$ 产生控制信号 U_ψ

设 $\boldsymbol{r}_{ca}$ 为命中瞬间目标在惯性坐标系中的位置矢量。为了保证 $\boldsymbol{v}_a$ 在由 $\boldsymbol{r}_a,\boldsymbol{r}_{ca}$ 所确定的平面内，$\boldsymbol{v}_a$ 应满足条件：

$$(\boldsymbol{r}_{ca}\times\boldsymbol{r}_a)\cdot\boldsymbol{v}_a=0 \tag{4.16}$$

$(\boldsymbol{r}_{ca}\times\boldsymbol{r}_a)\cdot\boldsymbol{v}_a$ 的大小、符号则表示了 $\boldsymbol{v}_a$ 偏离射平面的大小与方向，故在弹的偏航通道中附加信号

$$U_\psi=\frac{K_\psi}{r_{ca}r_a|\boldsymbol{v}_a|}[(\boldsymbol{r}_{ca}\times\boldsymbol{r}_a)\cdot\boldsymbol{v}_a] \tag{4.17}$$

这样即可将 $\boldsymbol{v}_a$ 控制在由 $\boldsymbol{r}_a,\boldsymbol{r}_{ca}$ 所确定的发射平面内，式(4.17)中 K_ψ 为放大系数。

如图 4-1 所示，设目标 c 在发射瞬间位于 c_0，t 时刻位于 c_t，命中瞬间($t+t_n$ 时刻)位于 c_a，O_E-XYZ 为地心惯性系，$O-x_ay_az_a$ 为发射惯性系，λ_c 为目标点赤经，Ω 为地球自转角速率。

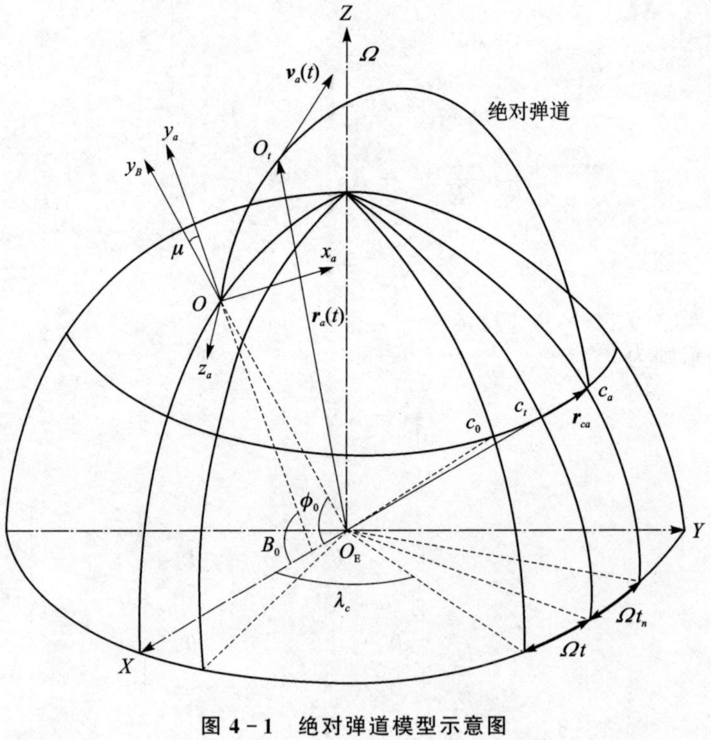

图 4-1 绝对弹道模型示意图

显然

$$\boldsymbol{r}_{ca}=\begin{bmatrix}X\\Y\\Z\end{bmatrix}=\begin{bmatrix}r_{ca}\cos\varphi_c\cos\left[\lambda_c+\Omega(t+t_n)\right]\\r_{ca}\cos\varphi_c\sin\left[\lambda_c+\Omega(t+t_n)\right]\\r_{ca}\sin\varphi_c\end{bmatrix}\tag{4.18}$$

而地心系与发射系间的关系为

$$\begin{bmatrix}\overline{OX}\\\overline{OY}\\\overline{OZ}\end{bmatrix}=\boldsymbol{E}_3\left[\lambda_0+\Omega(t+t_n)\right]\boldsymbol{E}_1(-\varphi_0)\boldsymbol{E}_2(90^\circ+A)\boldsymbol{E}_2(-A)\boldsymbol{E}_3(\mu)\boldsymbol{E}_2(A)\begin{bmatrix}\overline{Ox_a}\\\overline{Oy_a}\\\overline{Oz_a}\end{bmatrix}\tag{4.19}$$

那么由式(4.19)即可确定出

$$\left.\begin{aligned}\boldsymbol{r}_{ca}&=[x_{ca},y_{ca},z_{ca}]^{\mathrm{T}}\\\boldsymbol{r}_a&=[R_{ox}+x_a,R_{oy}+y_a,R_{oz}+z_a]^{\mathrm{T}}\\\boldsymbol{v}_a&=[v_{xa},v_{ya},v_{za}]^{\mathrm{T}}\end{aligned}\right\}\tag{4.20}$$

$$U_\psi=\frac{K_\psi}{r_{ca}r_a\left|\boldsymbol{v}_a\right|}\begin{vmatrix}v_{xa}, & v_{ya}, & v_{za}\\x_{ca}, & y_{ca}, & z_{ca}\\R_{ox}+x_a, & R_{oy}+y_a, & R_{oz}+z_a\end{vmatrix}\tag{4.21}$$

不难看出，控制问题(信号产生)的关键在于如何准确的确定 t_n：

$$t_n=t_{n主}(t\text{ 后至关机点})+t_{n再}+t_{n自}$$

通常 $t_{n主}$ 无法预测，$t_{n再}$ 仅为十几秒，$t_{n自}$ 约为 t_n 的 95%，即

$$t_{n主}+t_{n再}\ll t_{n自}\Rightarrow t_n\sim t_{n被}(v_k,r_k)$$

t_n 的确定可以近似地用椭圆轨道方法来计算，即若知道椭圆参数，则可根据偏近点角计算确定：

$$\left.\begin{aligned}\sin E_t&=\frac{r_a}{a\sqrt{1-e^2}}\sqrt{1-\left[\frac{1}{e}\left(\frac{p}{r_a}-1\right)\right]^2}\\\sin E_c&=\frac{r_{ca}}{a\sqrt{1-e^2}}\sqrt{1-\left[\frac{1}{e}\left(\frac{p}{r_{ca}}-1\right)\right]^2}\\t_n&=\frac{a^{3/2}}{\sqrt{fM}}\left[E_c-E_t-e(\sin E_c-\sin E_t)\right]\end{aligned}\right\}\tag{4.22}$$

4.1.3　$\boldsymbol{\beta}_c$ 和 $\boldsymbol{\beta}_c^*$ 的确定

类似于上述 t_n 的近似求取，现将被动段视为椭圆，如图 4-2 所示。

由椭圆理论可知：

$$r=\frac{p}{1+e\cos f}\tag{4.23}$$

$$\beta_c=f_2-f_1\tag{4.24}$$

式中，f_2，f_1 分别为第三象限和第二象限角，即

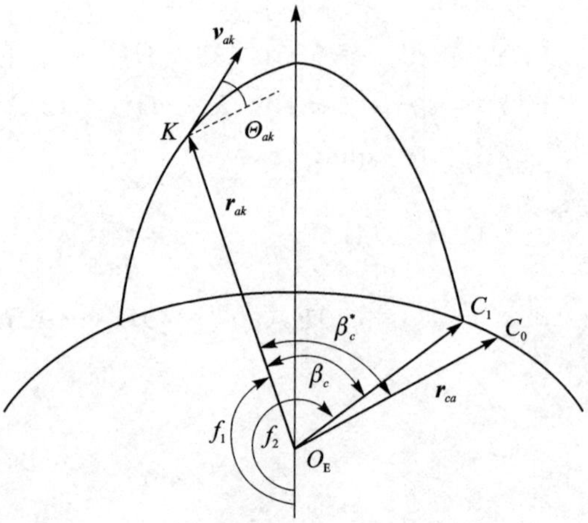

图 4-2 被动段射程角示意图

$$\left.\begin{aligned} f_1 &= \arccos\left[\frac{1}{e}\left(\frac{p}{r_a}-1\right)\right] \\ f_2 &= 2\pi - \arccos\left[\frac{1}{e}\left(\frac{p}{r_{ca}}-1\right)\right] \end{aligned}\right\} \tag{4.25}$$

而

$$\left.\begin{aligned} p &= r_a v_{ka} \cos^2\Theta_{ka} \\ e &= \sqrt{1 + v_{ka}(v_{ka}-2)\cos^2\Theta_{ka}} \\ v_{ka} &= v_a^2 r_a / fM \\ \cos\left(\frac{\pi}{2}-\Theta_{ka}\right) &= \frac{\boldsymbol{v}_a \cdot \boldsymbol{r}_a}{r_a \left|\boldsymbol{v}_a\right|} \text{ 或 } \cos\Theta_{ka} = \frac{\left|\boldsymbol{r}_a \times \boldsymbol{v}_a\right|}{r_a \left|\boldsymbol{v}_a\right|} \\ \beta_c^* &= \arccos\left(\frac{\boldsymbol{r}_a \cdot \boldsymbol{r}_{ca}}{r_a r_{ca}}\right) \end{aligned}\right\} \tag{4.26}$$

当 $\beta_c = \beta_c^*$ 时关机。

上述仅为原理性论述，据此了解显式制导的基本思想。原则上能按上述思路进行显式制导，但还存在如下问题：

① 由于被动段近似用椭圆轨道代替实际被动段弹道，忽略地球偏率 J_2 及再入空气阻力的影响，将引起偏差，尤其是 J_2 的影响较大，需要进一步分析考虑。

② 关机之前，并未规定导弹沿什么路径运动，如何确定飞行路径问题，尚需分析研究。为此可使导弹仍按所选择的程序飞行，或按任务要求对导弹在关机前的飞行路径进行某种限制等。

4.2 速度增益制导方法

4.2.1 速度增益制导基本原理

由 4.1 节所述的显式制导基本思想分析可知，显式制导的特点包括：根据当前状态和要求达到的终端状态直接组成制导指令公式。与摄动制导不同，它没有什么预先的要求，故其伸缩性大、精确、灵活且适用性强，其唯一的要求是必须准确地给出所要求的终端条件。

按显式制导基本思想而引出的制导方法要点，从原则上说是能进行显式制导的，但在关机之前，并未规定弹沿什么路线运动，故可以使弹仍按所选择的程序飞行，或按任务要求对弹在关机之前的飞行路线进行某种控制。与前者相对应的典型方法有迭代制导方法等，与后者相对应的典型方法有速度增益制导或闭路制导方法等。

速度增益制导方法的基本原理可描述为如下 3 个步骤。

(1) 主动段飞行状态预报

首先利用级数展开法将 $\boldsymbol{g}$ 展开成坐标 (x_a, y_a, z_a) 的级数，且取到一阶项，从而将非线性问题（运动方程）转化为线性问题。然后利用现代控制理论导出飞行器的真位置和真速度的递推公式。这样既简化了复杂的导航计算，又提高了实时确定飞行状态的快速性和实现的可靠性等问题。

(2) 关机点需要状态的确定

该问题实质是确定其需要速度 $\boldsymbol{v}_r$ 的值，它主要是通过虚拟目标法来对 J_2 项及再入大气阻力的影响加以修正。虚拟目标法具有下述基本思想：

① 当不计 J_2 和 ρ 的影响时（标称情况下），利用椭圆理论方可确定目标点对应的关机点的需要状态。

② 当计 J_2 和 ρ 的影响时，将产生较大的落点偏差，将落点偏差修正后的目标设定为虚拟目标。

③ 根据虚拟目标，利用椭圆理论确定需要状态或直接对原需要状态加以修正。

(3) 导引控制信号的确定

利用攻击虚拟目标的需要状态来进行导引控制。即根据其增益速度：

$$\boldsymbol{v}_g = \boldsymbol{v}_r - \boldsymbol{v} \tag{4.27}$$

产生导引控制信号，从而改变其推力方向。

显然当条件 $\boldsymbol{v}_g = 0$ 满足时，$\boldsymbol{v} = \boldsymbol{v}_r$，此时关闭发动机。

4.2.2 需要速度的确定

1. 需要速度的概念

所谓需要速度是指飞行器在当前位置矢量 $\boldsymbol{r}(t)$ 时，应该以什么样的速度 $\boldsymbol{v}_r(t)$ 关机，才能完成其制导任务或满足所要求的终端条件。这里的 $\boldsymbol{v}_r(t)$ 即为需要速度。

如图 4-3 所示，以远程弹道导弹为例，假设 Kc 为在惯性空间的绝对弹道，c 为命中瞬间目标点，K 为计算瞬间绝对弹道点 $K(\boldsymbol{r}_a, \boldsymbol{v}_a)$。显然，制导的目的在于使弹道通过目标点 c。

问题在于：若使 Kc 为椭圆弹道，则过 K、c 点原则上可以有无穷多个椭圆，也就是说满足上述条件的 K 点飞行状态 $(\boldsymbol{r}_a, \boldsymbol{v}_{ra})$ 有无穷多个，即不唯一。但若给定了由 K 点飞行到达 c 点的时间，则椭圆弹道唯一，即在飞行时间 T 的约束下，满足终端条件（命中目标）的需要状态 $(\boldsymbol{r}_a, \boldsymbol{v}_{ra})$ 被唯一确定。由于 $\boldsymbol{r}_a$ 已知，则需要速度 $\boldsymbol{v}_{ra}$ 可被唯一确定。

假设可忽略气动力的影响，仅考虑发动机推力作用，则加速度可简单描述为

$$\dot{\boldsymbol{W}} = \frac{P}{m}\boldsymbol{a}_T^0 \tag{4.28}$$

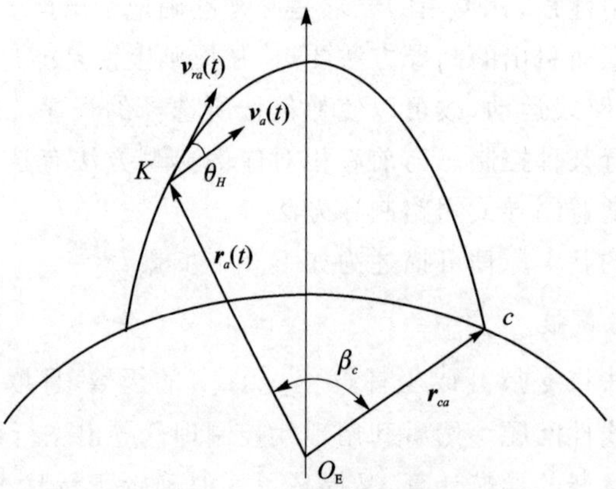

图 4-3 需要速度示意图

式中，m 为导弹的质量；P 为发动机推力；$\boldsymbol{a}_T^0$ 为发动机推力方向。

其闭路制导可依据增益速度：

$$\boldsymbol{v}_g = \boldsymbol{v}_r - \boldsymbol{v} \tag{4.29}$$

按矢量积控制，即

$$\boldsymbol{a}_T^0 \times \boldsymbol{v}_g = \boldsymbol{0} \tag{4.30}$$

直至发动机推力终止时满足条件：

$$\boldsymbol{v}_g = \boldsymbol{0} \tag{4.31}$$

这里的 $\boldsymbol{v}$ 为导弹的实际飞行速度，$\boldsymbol{v}_r$ 为需要速度。

2. 需要速度确定的原则

根据前面的分析研究，对应于关机点 K，命中瞬间目标 c，如图 4-3 所示，由于 $\beta_c \sim (\boldsymbol{r}_a, \boldsymbol{v}_{ra})$，且状态 $(\boldsymbol{r}_a, \boldsymbol{v}_{ra})$ 不唯一，故要唯一确定 $\boldsymbol{v}_{ra}$，需要附加约束条件。根据飞行力学知识，如果分别考虑下述约束条件：

① 加约束时间 T_c；

② 假定 $\boldsymbol{v}_{ra}$ 中的倾角 θ_H 给定。

则可唯一确定：

$$\begin{cases} \boldsymbol{v}_r = \boldsymbol{v}_r(v_r, \theta_H) \\ \boldsymbol{v}_r = \boldsymbol{v}_r(\theta_H, \beta_c, r_a, r_c) \end{cases} \tag{4.32}$$

3. 需要速度的计算公式

根据飞行力学基础及航天器轨道力学，可整理得到如下两种求解 $\boldsymbol{v}_r$ 的计算公式。

(1) 由飞行时间确定需要速度

在已知导弹当前时刻的位置矢量为 $\boldsymbol{r}_k(r_k, \lambda_k, \varphi_k)$，目标的预测命中点的位置矢量为 $\boldsymbol{r}_c(r_c, \lambda_c, \varphi_c)$（这里 r, λ, φ 分别为地心距，经度以及纬度），当前时刻导弹到达预测命中点的时间为 T_{kc} 的条件下，导弹在当前时刻的需要速度 $\boldsymbol{v}_r$ 的具体算法模型可描述如下：

由开普勒方程可知，过 K，c 两点的飞行时间可描述为

$$T_f = \sqrt{\frac{a^3}{\mu}}\left[(E_c - E_k) - e(\sin E_c - \sin E_k)\right] \tag{4.33}$$

式中，E_c，E_k 分别为 c，K 两点所对应的偏近点角；a，e 分别为椭圆弹道长半轴和偏心率；μ 为

地球引力常数。

引入变量 $Z=\dfrac{E_c-E_k}{2}$，则过 K，c 两点的飞行时间可进一步表示为

$$T_f=A\sqrt{B-\cos Z}\,[1+(2Z-\sin 2Z)(B-\cos Z)/(2\sin^3 Z)] \tag{4.34}$$

式中

$$\left.\begin{aligned}
&A=2(r_k r_c)^{\frac{3}{2}}\cos^{\frac{3}{2}}\Delta f/\sqrt{\mu}\\
&B=(r_k+r_c)/2r_k r_c\cos\Delta f\\
&\Delta f=\beta_{kc}/2\\
&\beta_{kc}=\arccos(\sin\phi_k\sin\phi_c+\cos\phi_k\cos\phi_c\cos\Delta\lambda)\\
&\Delta\lambda=\lambda_c-\lambda_k
\end{aligned}\right\} \tag{4.35}$$

式中，β_{kc} 为射程角，$\Delta\lambda$ 为 K，c 两点的经度差；Z 为两偏近点角之差的一半，可先赋给 Z 的初值为 $Z(0)=\Delta f$，然后利用上述公式进行迭代计算。

当 $|T_f-T_{kc}|<\varepsilon$ 不满足时，利用牛顿迭代公式可得

$$Z(1)=Z(0)-\left.\frac{T_f-T_{kc}}{\partial T_f/\partial Z}\right|_{Z(0)} \tag{4.36}$$

式中

$$\begin{aligned}
\partial T_f/\partial Z=&T_f/(2B\sin Z-\sin 2Z)(1+5\cos^2 Z-6B\cos Z)+\\
&A\sqrt{B-\cos Z}\,[(Z+2B\sin Z)/\sin^2 Z]
\end{aligned} \tag{4.37}$$

然后利用所得 $Z(1)$ 计算 T_f，重复迭代计算，直至满足条件 $|T_f-T_{kc}|<\varepsilon$ 为止，于是可求得需要速度 $\boldsymbol{v}_{Rk}$ 为

$$\left.\begin{aligned}
&\boldsymbol{v}_{Rk}=\sqrt{\mu(2/r_k-1/a)}\\
&\Theta_{Rk}=\arccos\left(\frac{v_{Rk}\sqrt{\mu P}}{r_k}\right)\\
&\hat{\alpha}_{Rk}=\arctan(\sin\hat{\alpha}_{Rk}/\cos\hat{\alpha}_{Rk})
\end{aligned}\right\} \tag{4.38}$$

式中

$$\left.\begin{aligned}
&a=(\sqrt{\mu}A/2)^{\frac{2}{3}}(B-\cos Z)/\sin^2 Z\\
&P=\sqrt{r_k r_c}\sin 2\Delta f\cos\Delta f/(B-\cos Z)\\
&\sin\hat{\alpha}_{Rk}=\cos\varphi_c\sin\Delta f/\sin\beta_{kc}\\
&\cos\hat{\alpha}_{Rk}=(\sin\varphi_c-\cos\beta_{kc}\sin\varphi_k)/(sin\,\beta_{kc}\cos\varphi_k)
\end{aligned}\right\} \tag{4.39}$$

式中，a，P 分别为椭圆弹道长半轴和半通径；$\boldsymbol{v}_{Rk}$，Θ_{Rk}，$\hat{\alpha}_{Rk}$ 分别为需要速度的大小、倾角以及方位角。

(2) 由速度倾角确定需要速度

若假定某时刻导弹的位置 $\boldsymbol{r}$ 和目标位置 $\boldsymbol{r}_c$，则需要速度可表示为

$$\boldsymbol{v}_r=\boldsymbol{v}_r(\boldsymbol{r},\boldsymbol{r}_c,\Theta_r) \tag{4.40}$$

式中，Θ_r 为需要速度的倾角。

在已知计算时刻弹体位置矢量 $\boldsymbol{r}$、目标位置矢量 $\boldsymbol{r}_c$ 以及速度倾角 θ_H 等参数的条件下，利用椭圆弹道方程，可以计算出需要速度 $\boldsymbol{v}_r$ 的具体表达式。具体计算过程在此略去，有兴趣的

读者可参考相关文献。

4.2.3 闭路导引控制信号的确定

一般就这类问题而言，常将在主动段飞行的导引控制分为两段来进行：①程序飞行段；②闭路导引段。

程序飞行段是指飞行器在纵平面内按一定的俯仰程序飞行。设计程序时，力求使导弹的飞行迎角 α 最小，从而使法向过载最小，从而满足结构设计上的要求。在此段中，飞行速度方向基本上是靠重力作用转弯，故称此段为重力转弯段。

飞行器飞出大气层后，结束程序飞行段，进入闭路导引段。因为机动不再受结构强度的限制了，可以对弹体实施闭路导引。在闭路导引飞行段没有固定的程序，而是按照实时算出的俯仰、偏航信号来控制导弹的飞行。

有关闭路导引问题的叙述已有很多文章，相应也有多种思路，这里仅就一些基本问题加以分析。

一般来说，推力方向 $\boldsymbol{a}_T^0$ 与 $\boldsymbol{v}_g$ 方向一致可以使 $\boldsymbol{v}_g$ 迅速减小，于是利用 $\boldsymbol{v}_g$ 即可组成导引控制信号，直至发动机推力终止。当前时刻导弹所应具有的需要速度 $\boldsymbol{v}_r$ 确定之后，即可利用增益速度确定出闭路导引控制信号。

增益速度定义为需要速度与实际速度的差，即

$$\boldsymbol{v}_g(t)=\boldsymbol{v}_r(t)-\boldsymbol{v}(t) \tag{4.41}$$

导引信号确定的基本思路是：取 $\dot{\boldsymbol{W}}$（过载方向）与 $\boldsymbol{v}_g$ 一致的原则，那么发动机的推力方向 $\boldsymbol{a}_T^0$ 可分别由偏航角 ψ 和俯仰角 φ 这两个导引控制（姿态控制）来确定，推力方向 $\boldsymbol{a}_T^0$ 与 ψ,φ 导引控制关系如图 4-4 所示。

$$\begin{cases}\varphi=\arctan(v_{gy}/v_{gx})\\ \psi=\arctan\left(-v_{gz}/\sqrt{v_{gx}^2+v_{gy}^2}\right)\end{cases} \tag{4.42}$$

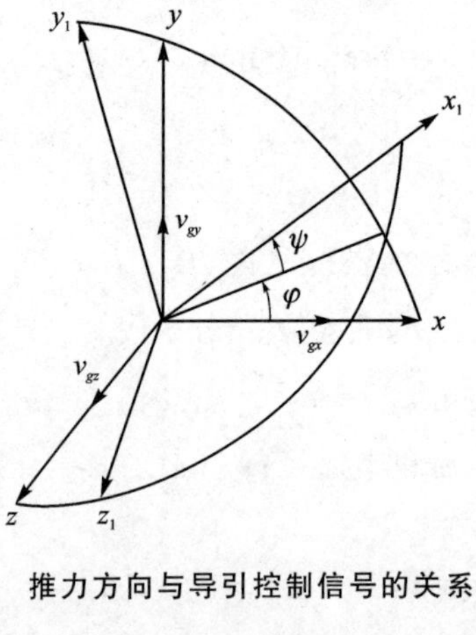

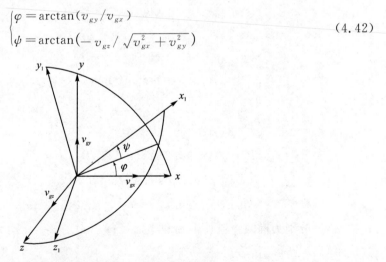

图 4-4 推力方向与导引控制信号的关系示意图

4.2.4 虚拟目标的确定与需要速度的修正

4.2.1～4.2.3 节所述的增益速度制导及闭路导引方法在求需要速度时，均是视地球为一均质圆球，其地球引力场为一与地心距平方成反比的有心力场，且忽略了导弹受到的空气动力的影响，尤其是忽略了导弹再入稠密大气层飞行时所受的大气阻力的作用。

一般来说，地球扁率、再入段空气动力及其他干扰因素的影响，均会引起较大的落点偏差，那么如何对这些因素加以考虑才能仍然按前面所述的制导方案对导弹进行制导控制呢？

解决这类关键问题的基本思想是：首先引入虚拟目标的概念，对落点坐标进行适当地修正。虚拟目标的确定与需要速度的修正原理如图 4-5 所示，图中 O_E 为地心，c^* 为目标点，c_1^* 为实际落点，当这两个点距离不远时，可假设均在目标点所在的当地水平面内。

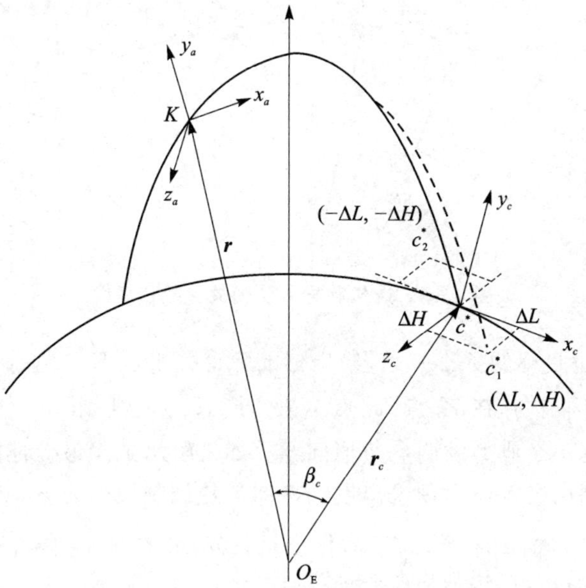

图 4-5　虚拟目标的确定与需要速度的修正原理示意图

在目标点 c^* 所在的当地水平面内建立一个直角坐标系 $c^*-x_cy_cz_c$，其中 x_c 轴在射面内指向导弹飞行的方向，y_c 轴垂直于当地水平面，z_c 轴按照右手法则定义。由图 4-5 所示的几何关系易知，实际落点 c_1^* 相对于目标点 c^* 产生的偏差可以分解为沿 x_c 轴的 ΔL 和沿 z_c 轴的 ΔH。由此可得 c_1^* 在坐标系 $c^*-x_cy_cz_c$ 中的坐标为$(\Delta L,\Delta H)$。这里的 $\Delta L,\Delta H$ 主要是地球扁率和再入段空气动力影响作用的结果。根据影响因素作用的特点和误差修正的需要，可将 c_1^* 相对于 c^* 的对称点记为 c_2^*，并称其为虚拟目标，显然，c_2^* 的坐标为$(-\Delta L,-\Delta H)$。定义了 c_2^* 后，可将 c_2^* 作为新的目标点，重新计算需要速度，从而修正地球扁率和再入段空气动力对落点产生的影响，提高制导精度。这种通过设置虚拟目标对目标点坐标进行修正的方法，不仅可以利用“歪打正着”的思想修正由地球扁率和再入段空气动力所产生的落点偏差，还可以继续使用椭圆弹道方程进行近似计算，使所需要的计算量较小。

4.3　迭代制导方法

基于需要速度的显式制导方法，为了得到简单的需要速度的显式表达式，将被动段看成是椭圆弹道，然后再对地球扁率和再入段空气动力的影响进行修正，这样将带来一定的方法误差。

迭代制导方法则是利用标准弹道的关机点位置和速度矢量作为关机条件，当实际位置和速度矢量与标准弹道关机点位置和速度矢量一致时关机，这样就不需要对地球扁率和再入段空气动力的影响进行修正。

如图 4-6 所示，c 为目标点，O 为发射点。

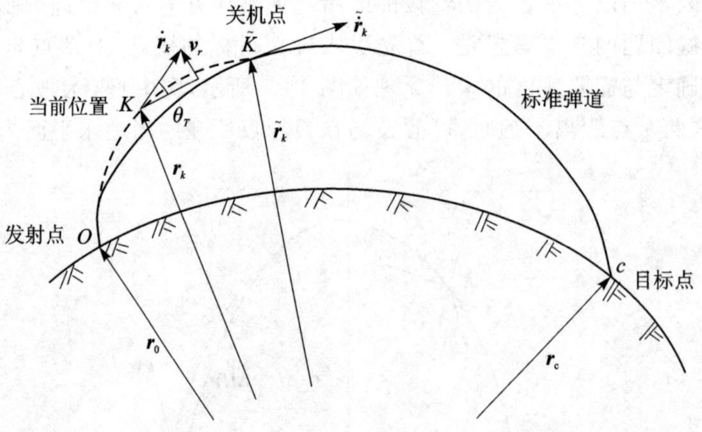

图 4-6　迭代制导方法相关参数示意图

(1) 首先计算通过目标的标准弹道，给出标准弹道关机点 $\tilde{K}(\tilde{t}_k, \tilde{\boldsymbol{r}}_k, \tilde{\boldsymbol{v}}_k)$。

设在标准关机时间前，弹在 K 点，此点 $K(t_k, \tilde{\boldsymbol{r}}_k, \tilde{\boldsymbol{v}}_k)$。则制导的任务就在于如何将 $\boldsymbol{r}_k$，$\boldsymbol{v}_k$ 控制为 $\tilde{\boldsymbol{r}}_k$，$\tilde{\boldsymbol{v}}_k$，这是一个典型的两点边值问题。如果给出某些最佳性能指标，如飞行时间最短或燃料最省，则可利用极大值原理求出发动机的最佳控制规律为 φ_ξ，ψ_ζ。

考虑到由 K 到 $\tilde{K}$ 的时间不长，为了简化控制方程，可将制导控制任务分解为射面外的横向控制和射面内的纵向控制，分别加以实现。

(2) 射面外的控制方法(横向)。

首先将导弹控制在由 $\tilde{\boldsymbol{r}}_k$ 和 $\boldsymbol{r}_c$ 所确定的射面内，其控制方法可描述为

$$(\boldsymbol{r}_c \times \tilde{\boldsymbol{r}}_k) \cdot \boldsymbol{v}_k = \boldsymbol{0} \tag{4.43}$$

$(\boldsymbol{r}_c \times \tilde{\boldsymbol{r}}_k) \cdot \boldsymbol{v}_k$ 的大小、符号标志着 $\boldsymbol{v}_k$ 偏离射面的大小和方向，故常在导弹的偏航通道中附加信号

$$U_\psi = \frac{K_\psi}{\tilde{\boldsymbol{r}}_k \cdot \boldsymbol{r}_c \cdot |\boldsymbol{v}_k|}[(\boldsymbol{r}_c \times \tilde{\boldsymbol{r}}_k) \cdot \boldsymbol{v}_k] \tag{4.44}$$

这样即可将导弹的速度矢量 $\boldsymbol{v}_k$ 控制在由 $\dot{\boldsymbol{r}}_k$ 和 $\boldsymbol{r}_c$ 所确定的射面内，式(4.44)中 K_ψ 为偏航通道姿态控制的放大系数。

(3) 射面内的控制方法(纵向)。

设推力 P(或质量秒耗量 $\dot{m}$)和有效排气速度 u_e 为常量，则速度矢量 $\boldsymbol{v}$ 既可用 v 和 θ_T 表示确定，也可用 v 和 v_r 来确定。所以将 $\boldsymbol{r}_k$，$\boldsymbol{v}_k$ 控制到 $\dot{\boldsymbol{r}}_k$，$\tilde{\boldsymbol{v}}_k$ 的问题，等价于将 v_k 控制到 $\tilde{v}_k$，将 v_{rk} 控制到 $\tilde{v}_{rk}$，将 $\boldsymbol{r}_k$ 控制到 $\tilde{\boldsymbol{r}}_k$，即

$$\begin{cases} v_k \Rightarrow \tilde{v}_k \\ v_{rk} \Rightarrow \tilde{v}_{rk} \\ \boldsymbol{r}_k \Rightarrow \tilde{\boldsymbol{r}}_k \end{cases}$$

4.4　E 制导方法

4.4.1　E 制导的基本原理

E 制导方法也是一种显式制导方法，通常用来作为可调推力火箭的制导规律。特别适用于诸如月球着陆机动或终端交会机动之类任务的动力段。E 制导法也可以用来研究固定推力的制导规律。本节简单介绍 E 制导的基本原理和实现方法。

仍然研究两点边值问题。设给定飞行器当前的位置矢量和速度矢量为

$$\begin{cases} \boldsymbol{r}(t_0)=[x_0,y_0,z_0]^{\mathrm{T}} \\ \boldsymbol{v}(t_0)=[\dot{x}_0,\dot{y}_0,\dot{z}_0]^{\mathrm{T}} \end{cases} \tag{4.45}$$

求出在 $t_0 \leqslant t \leqslant T$ 的推力加速度矢量变化规律为

$$\boldsymbol{a}_r(t)=[a_{xT}(t),a_{yT}(t),a_{zT}(t)]^{\mathrm{T}} \tag{4.46}$$

使得飞行器在指定的终止时间 $t=T$ 时

$$\left.\begin{aligned} \boldsymbol{r}(T)=[x_D,y_D,z_D]^{\mathrm{T}} \\ \boldsymbol{v}(T)=[\dot{x}_D,\dot{y}_D,\dot{z}_D]^{\mathrm{T}} \end{aligned}\right\} \tag{4.47}$$

选择惯性坐标系 $Oxyz$，对于远程导弹来说，$Oxyz$ 为发射惯性坐标系，原点在地心，对人造卫星来说原点为卫星质心，只研究飞行器在高空的制导。此时空气动力的影响可略去不计，则运动方程为

$$\frac{\mathrm{d}^2\boldsymbol{r}}{\mathrm{d}t^2}=\boldsymbol{g}+\boldsymbol{a}_T \tag{4.48}$$

将其投影在惯性坐标系 $Oxyz$ 的 3 个轴上，则

$$\left.\begin{aligned} \ddot{x}=g_x+a_{xT} \\ \ddot{y}=g_y+a_{yT} \\ \ddot{z}=g_z+a_{zT} \end{aligned}\right\} \tag{4.49}$$

式中，g_x,g_y,g_z 是重力加速度分量，是坐标的非线性函数。

为了简化问题。将 3 个轴分开来研究，先考虑 x 轴。此时

$$\ddot{x}(t)=g_x(t)+a_{xT}(t) \tag{4.50}$$

起始条件为当 $t=t_0$ 时，$x(t_0)=x_0,\dot{x}(t_0)=\dot{x}_0$，要求达到的终端条件为当 $t=T$ 时，$x(T)=x_D,\dot{x}(T)=\dot{x}_D$。

制导的任务就是求出所需要的推力加速度变化规律。为了使问题简化，首先研究所需要的总的加速度变化规律 $\ddot{x}(t)$，然后再减去相应的重力加速度分量 $g_x(t)$，即得推力加速度的变化规律 $a_{xT}(t)$。

将起始条件和所要求的终端条件代入，则得

$$\left.\begin{aligned} \dot{x}_D-\dot{x}_0=\int_{t_0}^{T}\ddot{x}(\tau)\mathrm{d}\tau \\ x_D-x_0-\dot{x}_0(t_0)T_{g0}=\int_{t_0}^{T}\int_{t_0}^{t}\ddot{x}(\tau)\mathrm{d}\tau\mathrm{d}t \end{aligned}\right\} \tag{4.51}$$

式中，$T_{g0}=T-t_0$ 为剩余工作时间。

式(4.51)是一对联立的线性积分方程，解之即可确定 $\ddot{x}(t)$。因而也就确定了 $a_{xT}(t)$。

理论上讲有无穷多个解满足方程。如果给出某些最优性能指标,例如使

$$\int_{t_0}^{T}\sqrt{\boldsymbol{a}_T\cdot\boldsymbol{a}_T}\,\mathrm{d}t=\min \tag{4.52}$$

则解是唯一的。实际上,这个解是混合边界条件非线性微分方程中的一个难度很大的分支,因此很难解出。在此作如下简化,定义函数

$$\ddot{x}(t)=c_1p_1(t)+c_2p_2(t) \tag{4.53}$$

这里 $p_1(t)$ 和 $p_2(t)$ 是事先给定的 t 的线性无关函数,c_1,c_2 为待定系数,可由式(4.51)求出。

令

$$\left.\begin{aligned}f_{11}&=\int_{t_0}^{T}p_1(t)\mathrm{d}t, & f_{12}&=\int_{t_0}^{T}p_2(t)\mathrm{d}t\\ f_{21}&=\int_{t_0}^{T}\int_{t_0}^{t}p_1(\tau)\mathrm{d}\tau\mathrm{d}t, & f_{22}&=\int_{t_0}^{T}\int_{t_0}^{t}p_2(\tau)\mathrm{d}\tau\mathrm{d}t\end{aligned}\right\} \tag{4.54}$$

则式(4.51)变为

$$\left.\begin{aligned}\dot{x}_D-\dot{x}_0&=f_{11}c_1+f_{12}c_2\\ x_D-x_0-\dot{x}_0(t_0)T_{g0}&=f_{21}c_1+f_{22}c_2\end{aligned}\right\} \tag{4.55}$$

设选择的 $p_1(t)$ 和 $p_2(t)$ 是可积函数,则

$$\begin{bmatrix}c_1\\c_2\end{bmatrix}=\begin{bmatrix}e_{11}&e_{12}\\e_{21}&e_{22}\end{bmatrix}\begin{bmatrix}\dot{x}_D-\dot{x}_0\\x_D-(x_0+\dot{x}_0T_{g0})\end{bmatrix} \tag{4.56}$$

式中

$$\boldsymbol{E}=\begin{bmatrix}e_{11}&e_{12}\\e_{21}&e_{22}\end{bmatrix} \tag{4.57}$$

是矩阵

$$\boldsymbol{F}=\begin{bmatrix}f_{11}&f_{12}\\f_{21}&f_{22}\end{bmatrix} \tag{4.58}$$

的逆矩阵,故

$$\begin{aligned}&e_{11}=\frac{f_{22}}{\Delta},\quad e_{12}=-\frac{f_{12}}{\Delta},\quad e_{21}=-\frac{f_{21}}{\Delta}\\ &e_{22}=\frac{f_{11}}{\Delta},\quad \Delta=f_{11}f_{12}-f_{21}f_{12}\end{aligned} \tag{4.59}$$

同理,亦可求出 y 轴和 z 轴的 $\boldsymbol{E}$ 矩阵。利用 $\boldsymbol{E}$ 矩阵的制导方法称为 E 制导。

4.4.2 *E* 制导算例分析

设选择 $p_1(t)=1$,$p_2(t)=T-t$,则

$$f_{11}=T_{g_0},\quad f_{12}=\frac{T_{g_0}^2}{2},\quad f_{21}=\frac{T_{g_0}^2}{2},\quad f_{23}=\frac{T_{g_0}^3}{3},\quad \Delta=\frac{T_{g_0}^4}{12} \tag{4.60}$$

于是

$$\begin{bmatrix}c_1\\c_2\end{bmatrix}=\begin{bmatrix}\dfrac{4}{T_{g0}} & -\dfrac{6}{T_{g0}}\\ -\dfrac{6}{T_{g_0}^2} & \dfrac{12}{T_{g_0}^3}\end{bmatrix}\begin{bmatrix}\dot{x}_D-\dot{x}_0\\x_D-(x_0+\dot{x}_0T_{g_0})\end{bmatrix} \tag{4.61}$$

$$\ddot{x}(t)=c_1+c_2(T-t) \tag{4.62}$$

$$\begin{aligned} a_{xT}(t) &= c_1+c_2(T-t)-g_x(t) \\ &= \left[\frac{4\dot{x}_D-(4-6T_{g_0})\dot{x}_0-6(x_D-x_0)}{T_{g_0}}\right]- \\ &\quad \left[\frac{6T_{g_0}(\dot{x}_D-\dot{x}_0)-12(x_D-x_0)}{T_{g_0}^3}\right](T-t)-g_x(t) \end{aligned} \tag{4.63}$$

同理可求出 $a_{yT}(t)$,$a_{zT}(t)$。但求出的 3 个分量之间要满足约束关系:

$$|\boldsymbol{a}_T|=\sqrt{a_{xT}^2+a_{yT}^2+a_{zT}^2} \tag{4.64}$$

由于发动机的推力是可调的,而且发动机的喷管可以摆动,故容易满足此约束关系。

在制导过程中,应对式(4.61)进行周期的反复计算。由于式(4.62)是方程式(4.51)在假设下的唯一解,c_1,c_2 是唯一确定的。如果飞行器控制系统能够精确地产生 $a_{xT}(t)$,则 c_1,c_2 的值不变,则计算周期可根据控制系统误差对 c_1,c_2 的影响来定。如果制导系统数据可以随时间增加而得到改善,例如登月时随着高度降低而使着陆雷达的数据得到改善,则应以得到改善的雷达数据来计算 c_1,c_2。

研究式(4.61),右边矢量的第 1 个分量为 $\dot{x}_D-\dot{x}_0$,如果在 $t_0\leqslant t\leqslant T$ 时,$\ddot{x}(t)=0$,则 $\dot{x}_D-\dot{x}_0$ 将是 $\dot{x}$ 在 $t=T$ 时的误差;第 2 个分量 $x_D-(x_0+\dot{x}_0T_{g0})$是 x 的终端误差。故总的加速度 $\ddot{x}(t)$ 必须按式(4.62)进行选择,使预计的终端误差不会发生。

E 矩阵的作用是把预计的终端误差变成系数 c_1,c_2,使总的加速度按

$$\ddot{x}(t)=c_1p_1(t)+c_2p_2(t) \tag{4.65}$$

的规律变化,从而消除终端误差,即

$$\begin{bmatrix} c_1 \\ c_2 \end{bmatrix}=\begin{bmatrix} \text{预计的终端速度误差} \\ \text{预计的终端速度误差} \end{bmatrix} \tag{4.66}$$

正确的加速度方案为 $c_1p_1(t)+c_2p_2(t)$,故可以将 E 制导法看成是末值控制方案。

E 矩阵制导存在如下问题:即当 T_{g0} 变得越来越小,不管 $p_1(t)$,$p_2(t)$选择什么样的函数,在理论上,预计的终端误差将随着 T_{g0} 趋于 0 而消失,c_1,c_2 不会由于 T_{g0} 趋近于 0 而放大。但实际上,T_{g0} 在接近于零时,误差往往是存在的,这样就会使 c_1,c_2 变得很大,从而使加速度变得非常大。为了避免这种现象的产生,在接近终端的最后几秒,可以采取不更新计算 **E** 矩阵和 c_1,c_2 的办法予以实现。

由以上讨论可以看出,为了保证 **E** 矩阵存在,必要而充分的条件是:在任何非零区间 $t_0\leqslant t\leqslant T$ 上,$p_1(t)$,$p_2(t)$是线性无关的。为保证 **E** 矩阵的元素是 t_0 和 T 的代数函数,假定在 $t_0\leqslant t\leqslant T$ 区间上,$p_1(t)$,$p_2(t)$是具有一次和二次积分的简单代数表达式,除此以外,对 $p_1(t)$,$p_2(t)$再没有什么限制。显然,利用 $p_1(t)$,$p_2(t)$函数的选择,可以满足某些最佳性能指标,例如燃料最省等。

设选择

$$\left.\begin{aligned} p_1(t) &= a_0+a_1(T-t)+a_2(T-t)^2+\cdots+a_n(T-t)^n \\ p_2(t) &= p_1(t)(T-t) \end{aligned}\right\} \tag{4.67}$$

对于这两个函数,当 $a_i(i=1,\cdots,n)$不全为零时,$p_1(t)$,$p_2(t)$是线性无关的。将 $p_1(t)$,$p_2(t)$代入式(4.67),则得

$$\left.\begin{aligned}
f_{11} &= a_0 T_{g0} + a_1 \frac{T_{g0}^2}{2} + \cdots + a_n \frac{T_{g0}^{n+1}}{n+1} \\
f_{12} &= a_0 \frac{T_{g0}^2}{2} + a_1 \frac{T_{g0}^3}{3} + \cdots + a_n \frac{T_{g0}^{n+2}}{n+2} \\
f_{21} &= f_{12} \\
f_{22} &= a_0 \frac{T_{g0}^3}{3} + a_1 \frac{T_{g0}^4}{4} + \cdots + a_n \frac{T_{g0}^{n+3}}{n+3}
\end{aligned}\right\} \tag{4.68}$$

而需要加速度

$$\ddot{x}(t) = c_1[a_0 + a_1(T-t) + \cdots + a_n(T-t)^n] + c_2[a_0(T-t) + \cdots + a_n(T-t)^{n+1}] \tag{4.69}$$

这样就可以通过变化 a_i 的值进行大量计算，有可能找出一组 a_i 使燃料消耗最小。这种方法看起来比较笨，但由于这些计算都可以在地面进行，故在计算机高度发展的今天，这种方法不仅是可能实现的，而且往往是一种比较实际的工程方法。

根据研究已经发现，制导规律的燃料效率对 a_i 的选择来讲并不是非常严格的，对 $p_1(t)$，$p_2(t)$的选择也不十分严格，因此设计的自由度较大。

思考题

1. 试分析摄动制导与显式制导的异同。
2. 简述显式制导方法的基本原理。
3. 将导弹被动段近似视为椭圆轨道的一部分，会忽略哪些影响因素？这些影响因素会引起怎样的落点偏差？
4. 解释需要速度、增益速度和虚拟目标的概念。
5. 简述速度增益制导方法的基本原理。
6. 速度增益制导方法中需要速度是唯一的吗？应如何确定需要速度？
7. 简述迭代制导的基本原理。
8. 概要分析迭代制导方法中横向（射面外）的控制方法的基本原理。
9. 概要分析迭代制导方法中纵向（射面内）的控制方法的主要思路。
10. 结合算例简述 E 制导方法的基本思路。

第5章 弹道导弹固有特性与姿态控制

稳定性和操纵性是导弹弹体的两种固有特性，这两种固有特性对弹体姿态控制影响较大。本章主要介绍弹道导弹的稳定性和操纵性的概念与分析方法，并在此基础上进一步介绍导弹常用的姿态控制方法。

5.1 弹体稳定性

5.1.1 稳定性的概念

1. 稳定性的定性描述

第2章介绍了导弹的一般运动方程，如果已知 δ_φ，δ_ψ，δ_γ 的变化规律，例如特殊情况下 $\delta_\varphi=\delta_\psi=\delta_\gamma=0$，并且已知微分方程的初始条件，通过积分是否可以得到一条弹道呢？回答是不一定的。原因是从飞行力学的知识可知，影响导弹运动的因素很多，归纳起来说，这些因素一方面来自导弹本体，另一方面来自导弹运动的环境条件。前者如导弹的几何尺寸、质量、发动机以及控制系统的参数等因素，后者如重力加速度、风、气温、气压等地球物理因素。当给定了上述条件，通过积分运动方程便可以得到一条弹道，如果不唯一确定上述条件，那便不能唯一地确定一条弹道。为了进行弹道计算，唯一地确定一条弹道，应该选取一个标准条件，并称之为标准飞行条件，用这些条件计算的弹道叫标准弹道，也叫未扰动弹道、未干扰弹道、理想弹道，其运动参数被称为未扰动运动参数，其运动被称为未扰动运动。但导弹在实际飞行中并不完全满足上述条件，作用在导弹上的力和力矩除了规定的力和力矩外，还会有附加的力和力矩，通常称之为干扰力和干扰力矩。在干扰力和干扰力矩作用下，导弹的运动参数会发生变化，把在干扰作用下的运动称为扰动运动/干扰运动或实际运动，其弹道被称为实际弹道或干扰弹道。

因为有干扰存在，运动参数会发生变化，而运动参数如何变化是与干扰的种类和运动的稳定与否有关，所以要研究运动参数的变化就需要先讨论一下干扰的性质，干扰就其作用在导弹上的特点可分成两类：

(1) 瞬时干扰(脉冲干扰)

这类干扰是瞬时作用，瞬时消失，或者说短时间作用，很快消失。例如偶然阵风，发射时的起始扰动，一、二级分离时的干扰，无线电干扰引起舵的突然偏转等。对于这一类干扰，研究的重点是干扰作用消失之后的恢复运动的运动特性，由于干扰只影响描述这些运动微分方程的初始条件，故本书不研究这类干扰如何引起初始条件的改变。

(2) 经常干扰

这类干扰作用经常作用在导弹上，例如导弹弹体、弹身各段的制造公差，安装误差，发动机的推力偏心，控制系统的误差，以及建立未干扰运动时所略去的力，如扁率对重力造成的影响，对弹体而言，也可以把控制系统中使舵偏转而产生的控制力矩看成经常干扰。很明显这类干扰不仅对运动的初始条件有影响，而且干扰力和干扰力矩始终会影响运动方程，所以在研究这类干扰作用影响时要考虑干扰影响下弹体的持续运动特性。

干扰的存在使得运动参数相对于未干扰运动方程所确定的运动参数产生偏差，对于某些运动，这种影响在整个过程中并不显著，因此干扰运动和未干扰运动所确定的运动参数相差不大，并把这种未干扰运动称为稳定的；反之，对于某一些运动，干扰的影响随时间的增加越来越明显，以致于无论干扰作用多么小，干扰运动和未干扰运动所确定的运动参数都相差很大，因此称这种未干扰运动是不稳定的。

运动的稳定性实质上就是：在标准飞行条件下计算的弹道受到干扰作用时，其运动参数随着飞行时间的增加是减小还是增加呢？如果是减小的，则认为导弹的飞行是稳定的，或者认为导弹具有飞行稳定性；如果是增加的，则认为导弹的飞行是不稳定的，或者认为导弹不具有飞行稳定性。运动的稳定性或者导弹飞行的稳定性是一个很重要的问题，虽然早就有学者研究这一问题，但目前仍然有些问题没有彻底解决。

导弹的运动是通过微分方程来描述的，如导弹的一般运动方程，虽然它既有微分方程，又有代数方程，但通过变量置换便可以消除代数方程而得到一个微分方程组，这个微分方程组的解便代表了导弹的运动。

从数学的观点来看受不同干扰后的运动特性，瞬时干扰是引起微分方程组初值变化，而经常干扰是微分方程组本身有微小变化。初值变化或微分方程组本身的微小变化对微分方程解的影响就是干扰对导弹运动的影响，所以说研究运动的稳定性问题就是研究描述这个运动的微分方程组某一解的稳定性问题。

2. 稳定性的定量描述

上面定性地说明了运动的稳定性，但不够严格，而且稳定性的定义在不同学科又不完全相同，所以应给它下一个严格的定义，这里采用的是李雅普诺夫意义下的运动稳定性。

设任意的动力学系统，它的运动可用以下规范形式的微分方程组表示

$$\frac{\mathrm{d}y_i}{\mathrm{d}t}=Y_i(t,y_1,y_2,\cdots,y_n),\quad i=1,2,\cdots,n \tag{5.1}$$

其中，y_i 为与运动有关的参数，对于导弹的运动来讲，它可以是飞行速度、位置、迎角、速度倾角、俯仰角等。

动力系统的某一特殊运动对应于方程组未受干扰的特解，以

$$y_i=f_i(t),\quad i=1,2,\cdots,n \tag{5.2}$$

表示，以区别于其他受干扰运动。

对于瞬时干扰作用下的运动稳定性，李雅普诺夫作如下定义：

“如果对于任意正数 ε，无论它多么小，可以找到另一个正数 $\eta(\varepsilon)$，使得对于所有受干扰的运动 $y_i=y_i(t)(i=1,2,\cdots,n)$，在初始时刻 $t=t_0$ 时满足不等式

$$|y_i(t_0)-f_i(t_0)|\leqslant\eta(\varepsilon),\quad i=1,2,\cdots,n \tag{5.3}$$

而在所有 $t>t_0$ 时满足不等式

$$|y_i(t)-f_i(t)|\leqslant\varepsilon,\quad i=1,2,\cdots,n \tag{5.4}$$

则未受干扰的运动对于量 y_i 是稳定的。”

未受干扰运动如果不是稳定的，则称之为运动不稳定。由此可知，如果存在任意固定的数 ε，对于无论多么小的 η，即使只有一种受干扰的运动，它满足不等式(5.3)，但在某一时刻不等式(5.4)中即使只有一个变成等式，那么运动就是不稳定的。

为了研究运动的稳定性，将方程组变换到新坐标下，即

$$x_i = y_i(t) - f_i(t), \quad i = 1,2,\cdots,n \tag{5.5}$$

其中，x_i 是参数的增量，它表示扰动运动和未扰动运动在同一时刻对应参数的增量。将式(5.5)代入式(5.1)，则方程组(5.1)变为

$$\frac{\mathrm{d}x_i}{\mathrm{d}t} = X_I(t,x_1,x_2,\cdots,x_n) = Y_i(t,x_1+f_1,x_2+f_2,\cdots,x_n+f_n) - Y_i(t,f_1,f_2,\cdots,f_n), \quad i=1,2,\cdots,n \tag{5.6}$$

称方程组(5.6)为干扰运动的微分方程组，受干扰后的每一运动对应于方程组一个特解，未扰运动显然应该对应于零解：

$$x_1 = x_2 = \cdots = x_n = 0$$

所以对于干扰运动的微分方程，其零解对应于未受干扰的运动，对于这个零解的稳定性，在以后的讨论中会经常提到。

相应的式(5.3)、(5.4)变成

$$|x_i(t_0)| \leqslant \eta(\varepsilon) \tag{5.7}$$

$$|x_i(t_0)| \leqslant \varepsilon \tag{5.8}$$

因此稳定性的定义可以改为：如果对于任何正数 ε，无论它多么小，总可以选择另一正数 $\eta(\varepsilon)$，使得对于所有受干扰运动，当其初始条件满足式(5.7)，而在所有 $t>t_0$ 时满足不等式(5.8)则未受干扰的运动是稳定的。

如果未受干扰的运动是稳定的，并且数 η 可以选择得非常小，使对于所有满足不等式

$$|x_i(t_0)| = |y_i(t_0) - f_i(t_0)| \leqslant \eta$$

的干扰运动满足条件

$$\lim_{t\to\infty} x_i(t) = 0$$

则称未受干扰的运动为渐近稳定的。

上述稳定性定义若用状态向量、状态方程来叙述则要简单和明了得多。设 $\boldsymbol{x} = (x_1,x_2,\cdots,x_n)^{\mathrm{T}}$，则方程组(5.6)可以改写为

$$\dot{\boldsymbol{x}} = \boldsymbol{f}(x,t) \tag{5.9}$$

其中，$\boldsymbol{x}$ 为 n 维向量，$\boldsymbol{f}(\boldsymbol{x},t)$ 为 n 维向量函数，式(5.9)为系统的状态方程，根据前面假设 $\boldsymbol{x}=0$ 为系统的平衡状态，其解对应于未干扰运动。这时稳定性的定义如下：若对于任意给定的小数 $\varepsilon>0$，可以找到另一正数 $\eta(\varepsilon)$，使得一切满足 $\|\boldsymbol{x}(0)\| \leqslant \eta(\varepsilon)$ 的系统响应 $\boldsymbol{x}(t)$，在所有的时间内都满足 $\|\boldsymbol{x}(t)\| \leqslant \varepsilon$，则称系统的平衡状态 $\boldsymbol{x}=0$ 是稳定的。

上述定义的几何解释如下：若所有的初始扰动都包括在状态空间中半径为 $\eta(\varepsilon)$ 的超球域(n 维球域)内，即

$$\|\boldsymbol{x}(0)\| = \left[\sum_{i=1}^{n} x_i^2(0)\right]^{\frac{1}{2}} \leqslant \eta(\varepsilon)$$

当 $\eta(\varepsilon)$ 选择得足够小时，则由初始扰动引起的系统响应在所有时间内都包含于另一个超球域中，即

$$\|\boldsymbol{x}(0)\| = \left[\sum_{i=1}^{n} x_i^2(t)\right]^{\frac{1}{2}} < \varepsilon$$

在二维情况下的示意图如图 5-1 所示。这时渐近稳定性的定义如下：若系统是稳定的，且任何起点靠近平衡状态，在时间趋于无穷大时，系统的状态量都收敛于平衡状态，换句话说，

设有一实常数 $\eta(t_0)>0$，对每个实数 $\mu>0$ 对应着一个时间 T，当 $\|\boldsymbol{x}_0\|\leqslant\eta(t_0)$ 时，对于所有的 $t>t_0+T$ 都有 $\|\boldsymbol{x}(t)\|\leqslant\mu$ 成立，则系统的平衡状态是渐近稳定的，如图 5-2 所示。

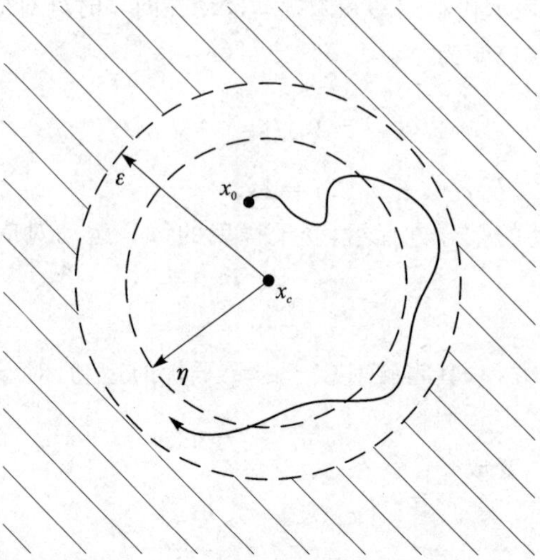

图 5-1　系统稳定性的几何解释

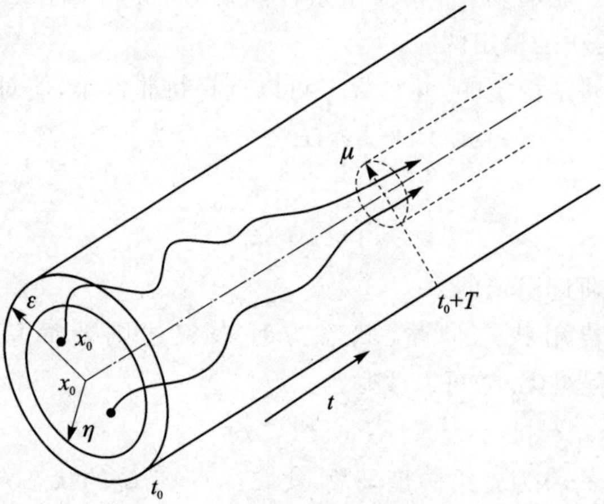

图 5-2　系统的渐近稳定性

前面叙述的李雅普诺夫的稳定性定义是考察未干扰运动对初始条件的稳定性，物理上表示的是对于瞬时干扰的稳定性。实际上动力学系统还常常受到某些力和力矩的经常作用，而在建立方程时要完全考虑它们是不切实际的，所以常把这些量当作干扰量来处理，因此研究运动对这种经常作用的干扰的稳定性也是十分重要的，从数学观点来看，这就表示不但要考虑初始条件的扰动，而且还必须考虑运动方程本身的扰动，即要研究经常干扰作用下的稳定性。本书不研究关于经常干扰作用下的稳定性，以后提到的运动稳定性，如果不加说明则表示短促干扰作用下的稳定性。对短促干扰作用下的稳定性的严格解析定义可以用下述定义来代替：当作用在导弹上的瞬时干扰消失后，由干扰而引起的运动参数的增量随时间的增加而逐渐衰减。

上面已经讨论了李雅普诺夫定义的运动稳定性，即研究了 $t\to\infty$ 时系统的渐近性能，但这一定义并不完全适合所有运动，例如导弹的飞行时间有限，$t\to\infty$ 并不完全符合实际情况，为了适合这种需要，有人提出了有限时间内的稳定性。

设系统的微分方程组如下：

$$\frac{\mathrm{d}\boldsymbol{x}}{\mathrm{d}t}=\boldsymbol{A}(t)\boldsymbol{x},\quad 0\leqslant t<\infty \tag{5.10}$$

其中，$\boldsymbol{x}=(x_1,x_2,\cdots,x_n)^{\mathrm{T}}$，$\boldsymbol{A}(t)$为一矩阵。如果有 3 个常数 ε,δ,T，其中 T 是系统工作的时间，若系统的初始扰动满足限制条件：

$$\|\boldsymbol{x}_0\|\leqslant\delta \tag{5.11}$$

且对时间区间 $[t_0,t_0+T]$ 内任何 t 都有

$$\|\boldsymbol{x}(t)\|\leqslant\varepsilon,\quad t_0\leqslant t\leqslant t_0+T$$

则说系统对给定的一对数 δ 和 ε 在 T 时间内稳定。

在导弹的飞行稳定性中，人们从实际情况出发，提出研究一部分变量的稳定性更符合实际。例如控制导弹角运动时，一般对扰动运动中飞行速度的变化并不感兴趣，而对迎角 α 的稳定性问题比较感兴趣；有些情况下，对坐标 x,y 的稳定性不作要求；也有些情况下，有的参数是渐近稳定的，有的参数仅是稳定但不是渐近稳定的，这点以后会经常遇到。

除上述经常干扰作用下导弹的运动稳定性、导弹在有限时间内的运动稳定性问题外，有的书刊还提出输入输出稳定性问题，本书只讨论在短促干扰作用下，李雅普诺夫意义下导弹的运动稳定性问题。

3. 动稳定性和静稳定性

导弹的运动稳定性一般被描述为当作用在导弹上的瞬时干扰消失后，由干扰而引起的运动参数的增量随时间的增加而逐渐衰减。但在关于飞机和导弹的文献中广泛地使用着静稳定性（或静安定性）和动稳定性的术语。那么是不是存在着两种稳定性呢？其实这完全是习惯上的称呼而已，运动稳定性只有上面定义的一种，为了区别静稳定性的术语，人们也称稳定性为动稳定性，而静稳定性仅仅表示干扰作用消失的瞬间导弹的运动趋势。

下面来讨论一下静稳定性的问题。把一个导弹模型放在风洞里，将导弹的质心放置在天平支架的旋转轴上，使模型能绕 z_1 轴旋转，如图 5－3(a)所示，如果把舵固定在一个 $\delta_{\varphi 0}$ 角，当弹的迎角为 α_0 时，获得力矩平衡（测得的力矩 $M_{z1}=0$），然后改变迎角 α 值可以测得$M_{z1}(\alpha)$曲线如图 5－3(b)所示，将具有如图 5－3(b)所示的 $M_{z1}(\alpha)$曲线的导弹称为静稳定的导弹。这是因为迎角改变时，例如当迎角减小时，作用在弹上的力矩为正，它使迎角增加从而使弹回到原来的位置，相反，当迎角增加时，作用在弹上的力矩为负，它使迎角减少从而使弹回到原来的位置。可以看出要保证静稳定，弹的压力中心必须在质心之后。

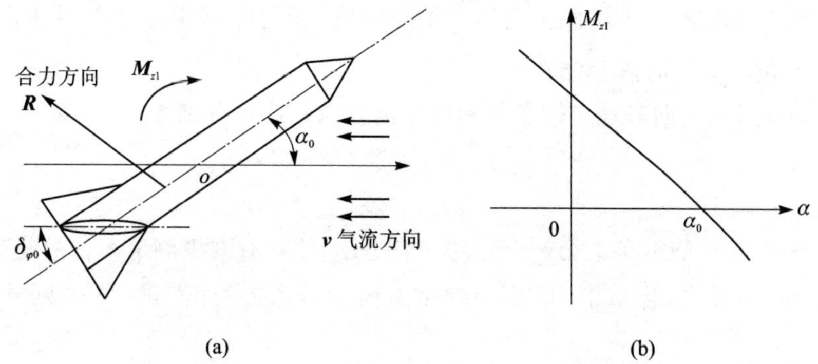

图 5－3　静稳定弹的 $M_{z1}(\alpha)$ 曲线

反之，如果一弹的压力中心在质心之前，如图 5－4(a)所示，当舵偏角为 $\delta_{\varphi 0}$ 时，对应的 α_0 使弹处于力矩平衡状态($M_{z1}=0$)，当 α 改变时可以测得 $M_{z1}(\alpha)$ 曲线如图 5－4(b)所示，当$\alpha>\alpha_0$ 时，由于压力中心在弹的质心之前，空气动力矩的作用使 α 继续增大而失去平衡，将具有如图 5－4(b)所示的 $M_{z1}(\alpha)$ 曲线的导弹称为静不稳定的导弹。

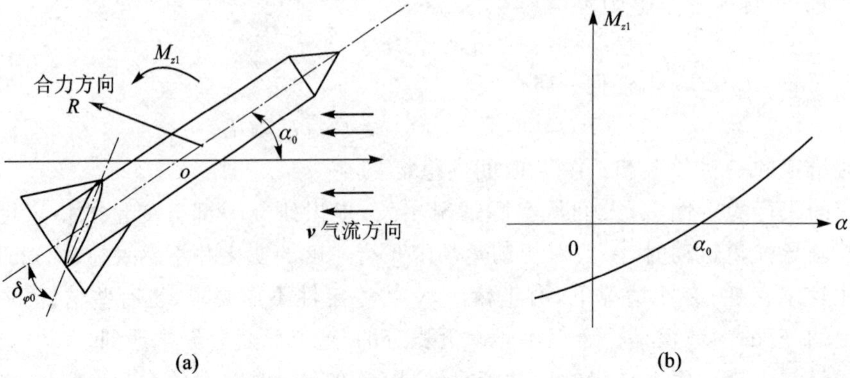

图 5－4　静不稳定弹的 $M_{z1}(\alpha)$ 曲线

由此看出，如果导弹具有纵向静稳定性，则当导弹处于力矩平衡($M_{z1}=0$)状态时，$M_{z1}(\alpha)$ 曲线在平衡点切线的斜率为负值，这一条件可以写成如下不等式的形式：

$$\frac{\partial M_{z1}}{\partial \alpha}<0 \text{ 或 } M_{z1}^{\alpha}<0 \tag{5.12}$$

而纵向静不稳定的条件可写为

$$M_{z1}^{\alpha}>0 \tag{5.13}$$

而

$$M_{z1}^{\alpha}=0 \tag{5.14}$$

表示导弹是纵向中立稳定的。如果这时改变迎角，导弹既无恢复到原来迎角的趋势，也无增大原来迎角的趋势，若放松导弹使其自由绕 z_1 轴旋转，则导弹既不会恢复到原来的平衡位置，也不会继续偏离原来的平衡位置。

为了今后讨论问题方便，常用力矩系数来代替力矩，则纵向静稳定性有如下形式：

$$m_{z1}^{\alpha}<0 \tag{5.15}$$

考虑到在飞行迎角范围内，升力系数与迎角近似地成线性关系，因此导弹的 m_{z1}^{α} 可用 $m_{z1}^{C_y}$ 来代替，后者的绝对值表示压力中心至质心的距离和弹长之比，常用它来估计纵向静稳定性的程度，故 $m_{z1}^{C_y}$ 又被称为纵向静稳定度。

类似地，可以得到航向静稳定性条件和横向静稳定性条件分别为

$$m_{y1}^{\beta}<0 \tag{5.16}$$

$$m_{x1}^{\beta}<0 \tag{5.17}$$

若 $m_{y1}^{\beta}<0$，则在正侧滑角下会产生负的偏航力矩，使弹有减少侧滑角 β 的趋势，因此说导弹是航向静稳定的；反之，若 $m_{y1}^{\beta}>0$，则导弹是航向静不稳定的；若 $m_{y1}^{\beta}=0$，则导弹是航向中立稳定的。

m_{x1}^{β} 是由侧滑而引起的滚动力矩偏导数，称为横向静稳定性导数。横向静稳定性可以这样来理解：假设某种原因，导弹突然绕 Ox_1 轴向右滚动，升力沿 z_1 轴方向有一分量，此分量开

始并未平衡，弹在此升力分量作用下，获得一附加的侧向分速，故紧随着滚动而来，导弹将产生侧滑，而弹向右滚动时，产生正侧滑，同时又会产生由侧滑而引起的滚动力矩，若正侧滑产生负的滚动力矩 M_{x1}，则弹在此力矩作用下将向左滚动，换言之，滚动力矩 M_{x1} 将力图消除弹起始产生的滚动，所以说在这种情况下弹是具有横向静稳定性的。如果 $m_{x1}^{\beta}<0$，则导弹是横向静稳定的；反之若 $m_{x1}^{\beta}>0$，则导弹是横向静不稳定的，而当 $m_{x1}^{\beta}=0$ 时，导弹是横向中立稳定的。

应该指出，m_{x1}，m_{y1} 都与同一状态变量——侧滑角 β 相联系，它们之间是密切相关的，因此，一般情况下并不单独说导弹运动是横向或航向稳定的，只是笼统地说侧向稳定性，它的意义在于导弹受侧向干扰时保持飞行状态的特性。横向静稳定性和航向静稳定性是侧向稳定性的组成部分，但对侧向稳定性而言，横向静稳定性和航向静稳定性并不能作为侧向稳定性的充要条件，有时即使导弹是横向静稳定和航向静稳定的，也可能出现侧向不稳定；反之，航向稍有静不稳定性，对侧向运动也不会带来致命的影响，这是因为侧向的静稳定性本来就不代表侧向稳定性，其原因是稳定性不仅与 m_{x1}^{β}，m_{y1}^{β} 有关，而且还与一些动导数 $m_{x1}^{\omega_x}$、$m_{x1}^{\omega_y}$、$m_{y1}^{\omega_x}$、$m_{y1}^{\omega_y}$ 有关。

还应该指出，所谓静稳定性是在人工复制的运动中(如风洞中)或在一定条件下想象出来的飞行中一个自由度的稳定性，在实际飞行中并不存在。因为在实际飞行中，如果只改变迎角而保持速度不变，则作用在弹上的空气动力和空气动力矩将发生变化，引起力和力矩的不平衡，结果使导弹发生多自由度的复杂运动。故对于实际飞行来说，静稳定或静不稳定只表示导弹受干扰离开平衡状态后的最初瞬间有无回到原来飞行状态的趋势，静稳定的导弹当干扰消失后的瞬间有回到原来状态的趋势，但是否真能回到原来的状态呢？静稳定性并没有给出答案。所以说要判断导弹的运动是否稳定，只有通过计算导弹的干扰运动参数，例如俯仰角、迎角、速度等，或者通过飞行试验把这些参数记录下来才能判断。单凭静稳定性或静不稳定性是不能完全作出判断的。尽管如此，还是要研究静稳定性，因为要判断动稳定性，既需要使用简化的理论也需要进行较复杂的计算。同时，在导弹的初步设计阶段，导弹的很多特性(如质量、转动惯量、空气动力特性 C_y，m_{z1} 等)还不能准确知道，要进行这种计算也是不可能的。另一方面，人们通过大量的计算和实验，找出了静稳定性和动稳定性之间的一些关系，而且静稳定性的理论计算和风洞实验都比较容易进行。所以人们在设计、分析、试验、研究导弹性能的过程中总是要先了解导弹的静稳定性。

导弹在飞行中由于压力中心和质心的移动，其静稳定性要发生改变，可能由静稳定变成静不稳定，当然也可能由静不稳定变成静稳定，这要看具体情况而定。一般来说，导弹纵向是静稳定的，则纵向运动是动稳定的，但对侧向运动来讲就不一定，要看具体情况，作具体分析。

导弹弹体稳定性的重要性不如飞机机体的稳定性那么重要，这是因为弹体是在控制系统作用下运动的。弹体运动不稳定，仅表示其中一个环节不稳定，并不表示整个系统不稳定，有时还会利用弹的不稳定来减小舵的负担，例如无尾翼弹道式导弹，从空气动力外形讲，都是静不稳定的弹，弹体的运动是不稳定的，但导弹在控制系统作用下的飞行却是稳定的。显然无控制的弹头，为了再进入大气层时具有运动稳定性，弹头必须设计成静稳定的。今后，在导弹的舵被固定起来，即控制系统不工作的条件下，把导弹受干扰后的运动特性称为弹体的运动稳定性或弹的固有稳定性。而在控制系统工作的条件下，把导弹受干扰后的运动特性称为导弹的运动稳定性。

5.1.2 弹体纵向稳定性分析

1. 纵向扰动运动的解

若采用固化系数法，弹体的纵向扰动运动方程是一个常系数线性微分方程组，现在先研究其耦合方程：

$$\left.\begin{aligned}\Delta\dot{v}&=a_{11}\Delta v+a_{12}\Delta\theta+a_{13}\Delta\alpha\\ \Delta\dot{\theta}&=a_{21}\Delta v+a_{22}\Delta\theta+a_{23}\Delta\alpha\\ \Delta\dot{\alpha}&=a_{31}\Delta v+a_{32}\Delta\theta+a_{33}\Delta\alpha+a_{34}\Delta\omega_{z1}\\ \Delta\dot{\omega}_{z1}&=a_{41}\Delta v+a_{42}\Delta\theta+a_{43}\Delta\alpha+a_{44}\Delta\omega_{z1}\end{aligned}\right\}\tag{5.18}$$

解常系数线性微分方程可以先求特征方程式的根，再根据初始条件确定待定常数。当然也可以用拉普拉斯变换方法求解。根据常系数线性微分方程组的解法可以设

$$\left\{\begin{aligned}\Delta v&=A\mathrm{e}^{\lambda t}\\ \Delta\theta&=B\mathrm{e}^{\lambda t}\\ \Delta\alpha&=C\mathrm{e}^{\lambda t}\\ \Delta\omega_{z1}&=D\mathrm{e}^{\lambda t}\end{aligned}\right\}\tag{5.19}$$

其中 A,B,C,D,λ 为待定常数，将式(5.19)代入式(5.18)消去 $\mathrm{e}^{\lambda t}$ 可以得

$$\left.\begin{aligned}&(a_{11}-\lambda)A+a_{12}B+a_{13}C=0\\ &a_{21}A+(a_{22}-\lambda)B+a_{23}C=0\\ &a_{31}A+a_{32}B+(a_{33}-\lambda)C+a_{34}D=0\\ &a_{41}A+a_{42}B+a_{43}C+(a_{44}-\lambda)D=0\end{aligned}\right\}\tag{5.20}$$

这是一个齐次的代数方程组，以 A,B,C,D 为自变量，方程组的特征行列式为

$$\Delta=\begin{vmatrix}a_{11}-\lambda & a_{12} & a_{13} & 0\\ a_{21} & a_{22}-\lambda & a_{23} & 0\\ a_{31} & a_{32} & a_{33}-\lambda & a_{34}\\ a_{41} & a_{42} & a_{43} & a_{44}-\lambda\end{vmatrix}\tag{5.21}$$

注意到 $a_{34}=1$，$a_{31}=-a_{21}$，$a_{32}=-a_{22}$，$a_{33}=-a_{23}$，则

$$\Delta(\lambda)=\begin{vmatrix}a_{11}-\lambda & a_{12} & a_{13} & 0\\ a_{21} & a_{22}-\lambda & a_{23} & 0\\ -a_{21} & -a_{22} & -a_{23}-\lambda & 1\\ a_{41} & a_{42} & a_{43} & a_{44}-\lambda\end{vmatrix}\tag{5.22}$$

方程组中的 A,B,C,D 可由下式求出：

$$A=\frac{\Delta_A}{\Delta},\quad B=\frac{\Delta_B}{\Delta},\quad C=\frac{\Delta_C}{\Delta},\quad D=\frac{\Delta_D}{\Delta}$$

$\Delta_A,\Delta_B,\Delta_C,\Delta_D$ 是式(5.20)右端分别代入特征行列式(5.21)中第 1 列、第 2 列、第 3 列以及第 4 列而得到的行列式，显然 $\Delta_A=\Delta_B=\Delta_C=\Delta_D=0$，为了得到非零的有意义的解，特征行列式 Δ 应等于零，即

$$\Delta(\lambda)=\begin{vmatrix} a_{11}-\lambda & a_{12} & a_{13} & 0 \\ a_{21} & a_{22}-\lambda & a_{23} & 0 \\ -a_{21} & -a_{22} & -a_{23}-\lambda & 1 \\ a_{41} & a_{42} & a_{43} & a_{44}-\lambda \end{vmatrix}=0 \tag{5.23}$$

将式(5.23)展开得到一个四次方程,称为特征方程式,即

$$\lambda^4+a_1\lambda^3+a_2\lambda^2+a_3\lambda+a_4=0 \tag{5.24}$$

其中

$$\left.\begin{aligned} a_1&=-a_{44}+a_{23}-a_{22}-a_{11} \\ a_2&=a_{11}a_{22}-a_{11}a_{23}-a_{12}a_{21}+a_{13}a_{21}-a_{44}a_{23}+a_{44}a_{11}+a_{44}a_{22}-a_{43} \\ a_3&=-a_{11}a_{22}a_{44}+a_{11}a_{23}a_{44}+a_{12}a_{21}a_{44}-a_{13}a_{21}a_{44}+a_{11}a_{43}+a_{43}a_{22}- \\ &\quad a_{23}a_{42}-a_{13}a_{41} \\ a_4&=-a_{11}a_{43}a_{22}+a_{11}a_{23}a_{42}+a_{12}a_{21}a_{43}-a_{12}a_{23}a_{41}-a_{13}a_{21}a_{42}+a_{13}a_{41}a_{22} \end{aligned}\right\} \tag{5.25}$$

将 a_{11}、a_{12}、…、a_{43}、a_{44} 的系数代入式(5.25),得

$$\left.\begin{aligned} a_1&=\frac{Y_c^\alpha-G\sin\theta}{mv}-\frac{M_{z_1}^{\omega_z}+M_{z_1}^{\dot{\alpha}}}{I_{z1}}+\frac{X_c^v}{m} \\ a_2&=-\frac{M_{z1}^\alpha}{I_{z1}}-\frac{Y_c^\alpha}{mv}\frac{M_{z1}^{\omega_z}}{I_{z1}}+\left(\frac{g\sin\theta}{v}-\frac{X^v}{m}\right)\frac{M_{z_1}^{\omega_z}+M_{z_1}^{\dot{\alpha}}}{m}+ \\ &\quad \frac{X^v}{m}\frac{Y_c^\alpha-G\sin\theta}{mv}-\frac{Y_c^v}{mv}\frac{X_c^\alpha-G\cos\theta}{m} \\ a_3&=\left(\frac{g\sin\theta}{v}-\frac{X^v}{m}\right)\frac{M_{z1}^\alpha}{I_{z1}}+\left(\frac{Y^v}{mv}\frac{X_c^\alpha-G\cos\theta}{m}-\frac{X^v}{m}\frac{Y_c^\alpha-G\sin\theta}{mv}\right)\frac{M_{z1}^{\omega_z}}{I_{z1}}+ \\ &\quad \left(\frac{X^v}{mv}g\sin\theta-\frac{Y^v}{mv}g\cos\theta\right)\frac{M_{z1}^{\dot{\alpha}}}{I_{z1}}+\frac{X_c^\alpha}{m}\frac{M_{z1}^v}{I_{z1}} \\ a_4&=\left(\frac{X^v}{mv}g\sin\theta-\frac{Y^v}{mv}g\cos\theta\right)\frac{M_{z1}^\alpha}{I_{z1}}+\left(\frac{Y_c^\alpha}{mv}g\cos\theta-\frac{X_c^\alpha}{mv}g\sin\theta\right)\frac{M_{z1}^v}{I_{z1}} \end{aligned}\right\} \tag{5.26}$$

特征方程式(5.24)是一个四次代数方程,四次代数方程有四个根,若将特征方程式(5.24)的任一根代入式(5.20)可以得到一组 A,B,C,D 的方程,设四个根不相同,分别记为 $\lambda_1,\lambda_2,\lambda_3,\lambda_4$,而对应的系数为 $A_1,B_1,C_1,D_1,\cdots,A_4,B_4,C_4,D_4$,则纵向扰动运动方程(5.18)的通解形式为

$$\left.\begin{aligned} \Delta v&=A_1e^{\lambda_1 t}+A_2e^{\lambda_2 t}+A_3e^{\lambda_3 t}+A_4e^{\lambda_4 t} \\ \Delta\theta&=B_1e^{\lambda_1 t}+B_2e^{\lambda_2 t}+B_3e^{\lambda_3 t}+B_4e^{\lambda_4 t} \\ \Delta\alpha&=C_1e^{\lambda_1 t}+C_2e^{\lambda_2 t}+C_3e^{\lambda_3 t}+C_4e^{\lambda_4 t} \\ \Delta\omega_{z1}&=D_1e^{\lambda_1 t}+D_2e^{\lambda_2 t}+D_3e^{\lambda_3 t}+D_4e^{\lambda_4 t} \end{aligned}\right\} \tag{5.27}$$

对于四阶线性微分方程组,设 $t=0$ 时初值为 $\Delta v_0,\Delta\theta_0,\Delta\alpha_0,\Delta\omega_{z10}=\Delta\dot{\varphi}_0$,利用这些初始条件可求出其特解。

求解四次代数方程的根有不同的近似方法,但是对于求解导弹纵向扰动的特征方程式而言,它的四个根的绝对值通常有两个远大于另外两个,因此根据这一特点,可以采用更为简洁的近似方法。

设特征方程式 $\lambda^4+a_1\lambda^3+a_2\lambda^2+a_3\lambda+a_4=0$ 有四个根 $\lambda_1,\lambda_2,\lambda_3,\lambda_4$，则特征方程式可以表示成

$$F(\lambda)=\lambda^4+a_1\lambda^3+a_2\lambda^2+a_3\lambda+a_4=(\lambda-\lambda_1)(\lambda-\lambda_2)(\lambda-\lambda_3)(\lambda-\lambda_4)=0 \tag{5.28}$$

设 $|\lambda_1|\geqslant|\lambda_2|\gg|\lambda_3|\geqslant|\lambda_4|$，展开式(5.28)可以改写成

$$F(\lambda)=(\lambda^2+c\lambda+d)(\lambda^2+m\lambda+n)=0 \tag{5.29}$$

将式(5.28)和式(5.29)对应的 λ 次的系数相比得

$$c=-(\lambda_1+\lambda_2),\quad d=\lambda_1\lambda_2,\quad m=-(\lambda_3+\lambda_4),\quad n=\lambda_3\lambda_4 \tag{5.30}$$

将式(5.29)展开，与式(5.24)的同 λ 次系数相比得

$$a_1=c+m,\quad a_2=d+cm+n,\quad a_3=cn+dm,\quad a_4=dn \tag{5.31}$$

或写成如下形式

$$c=a_1-m,\quad d=a_2-cm-n,\quad n=\frac{a_4}{d},\quad m=\frac{a_3-cn}{d} \tag{5.32}$$

式中，c,d,m,n 可以用逐次逼近法求出，因为特征方程式的四个根中 λ_1 和 λ_2 的绝对值远大于 λ_3 和 λ_4 的绝对值，这样由式(5.30)知，c,d 的绝对值也远大于 m,n 的绝对值。因此在一次近似时可认为

$$c_1=a_1,\quad d_1=a_2$$

将所得的 c_1,d_1 代入式(5.32)第 3、4 式得 m,n 的一次近似值如下：

$$n_1=\frac{a_4}{a_2},\quad m_1=\frac{a_3-a_1n}{a_2}$$

若将此一次近似值 m_1,n_1 再代入式(5.32)的第 1、2 式可得近似值 c_2,d_2，从而可得 m_2,n_2，如此连续迭代，一直到前后两次所得 c,d 和 m,n 值十分相近，能满足要求的准确度为止。

求出 c,d 和 m,n 之后，就可以很容易地求得特征方程式的四个根，即

$$\left.\begin{aligned}\lambda_{1,2}&=-\frac{c}{2}\pm\sqrt{\frac{c^2}{4}-d}\\ \lambda_{3,4}&=-\frac{m}{2}\pm\sqrt{\frac{m^2}{4}-n}\end{aligned}\right\} \tag{5.33}$$

实际计算表明，c,d 和 m,n 的值经过 2、3 次迭代就足够精确了。

若不要求得到十分精确的解，则由于 λ_1 和 λ_2 的绝对值远大于 λ_3 和 λ_4 的绝对值，初步近似可以用以下两个二次方程代替四次特征方程。

$$\left.\begin{aligned}&\lambda^2+a_1\lambda+a_2=0\\ &\lambda^2+\frac{a_2a_3-a_1a_4}{a_2^2}\lambda+\frac{a_4}{a_2}=0\end{aligned}\right\} \tag{5.34}$$

解第一个方程可以得到一对绝对值较大的根的近似值，解第二个方程可以得到一对绝对值较小的根的近似值。

2. 纵向扰动运动特性分析

(1) 特征方程式的根和其系数间的关系

下面较详细地讨论特征方程式(5.24)。由式(5.26)可以看出特征方程式的系数取决于空气动力系数和弹的特征参数，所以它们都是实数，因此特征方程式的四个根也应该是实数或者是成对的共轭复数，则四次代数方程(5.24)可以写为如下形式：

$$(\lambda-\lambda_1)(\lambda-\lambda_2)(\lambda-\lambda_3)(\lambda-\lambda_4)=0 \tag{5.35}$$

式中，$\lambda_1,\lambda_2,\lambda_3,\lambda_4$ 是特征方程式的根，将式(5.35)展开与式(5.24)的系数相比较可得

$$\left.\begin{aligned}a_1&=-(\lambda_1+\lambda_2+\lambda_3+\lambda_4)\\a_2&=\lambda_1\lambda_2+\lambda_1\lambda_3+\lambda_1\lambda_4+\lambda_2\lambda_3+\lambda_2\lambda_4+\lambda_3\lambda_4\\a_3&=-(\lambda_1\lambda_2\lambda_3+\lambda_1\lambda_2\lambda_4+\lambda_1\lambda_3\lambda_4+\lambda_2\lambda_3\lambda_4)\\a_4&=\lambda_1\lambda_2\lambda_3\lambda_4\end{aligned}\right\} \tag{5.36}$$

所以特征方程式的根必须是实根或者是成对的共轭复根。因此，下面分析扰动运动特性时，只要讨论以下几种情况：

① 特征方程式的四个根皆为实根；

② 两根为实根，另外两根为共轭复根；

③ 四个根组成两对共轭复根。

(2) 纵向干扰运动的特性

下面讨论当特征方程式(5.24)的根为上述三种组合时的扰动运动的特性。

第一种情况：当四个根都是实根时，每个运动参数可以直接由式(5.27)写出，现以 $\Delta\alpha$ 为例。

$$\Delta\alpha=C_1\mathrm{e}^{\lambda_1 t}+C_2\mathrm{e}^{\lambda_2 t}+C_3\mathrm{e}^{\lambda_3 t}+C_4\mathrm{e}^{\lambda_4 t} \tag{5.37}$$

式(5.37)等号右边的每一项均按非周期形式随时间变化，当时间变化时，$\Delta\alpha$ 是增长还是减小，视特征方程式的根的性质而定，如果 $\lambda_i<0$，$\Delta\alpha$ 将随时间的增加而减小，当 $\lambda_i>0$，$\Delta\alpha$ 则随时间的增加而增加，为了更明显地表示非周期运动的性质，图 5-5 所示为不同 λ 值时函数 $\mathrm{e}^{\lambda t}$ 随时间的变化情况。

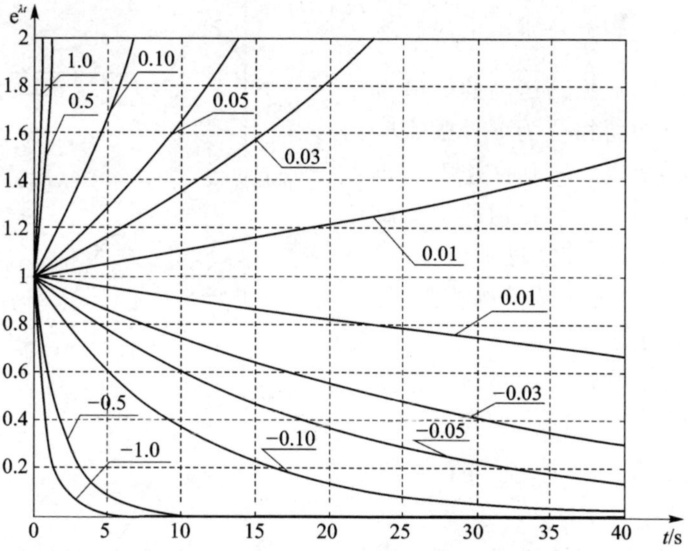

图 5-5　不同 λ 值时函数 $\mathrm{e}^{\lambda t}$ 随时间的变化

与 $\Delta\alpha$ 相仿，同样可以写出 $\Delta v,\Delta\theta,\Delta\omega_{z1}$ 的表达式，如果特征方程式的根中有一个根为正值，则扰动运动的参数 $\Delta\alpha,\Delta v,\Delta\theta,\Delta\omega_{z1}$ 的绝对值将随时间的增加而增大，运动参数将越来越偏离未扰动运动的参数值，根据稳定性定义，这种未扰动运动是不稳定的，由此可以得到结论，在特征方程式的四个根皆为实根的情况下，欲使导弹运动为纵向渐近稳定，必须使四个根皆为

负根。

第二种情况：当两根为共轭复根，另外两根为实根时，假设 λ_1，λ_2 为共轭复根，即 $\lambda_1=\bar{\lambda}_2$，且令 $\lambda_1=a+bi$，$\lambda_2=a-bi$，其中 a，b 为实数。仍以 $\Delta\alpha$ 为例来讨论，对应于 λ_1，λ_2 的特解，有

$$\Delta\alpha=C_1e^{\lambda_1 t}+C_2e^{\lambda_2 t} \tag{5.38}$$

因为研究的是真实飞行，所以解中的所有量最终必须是实数，因此在共轭复根的情况下，解中所有与此复根相对应的常数也应互为共轭复数，令

$$C_1=\bar{C}_2$$

这些常数也可以表示为

$$C_1=R-Ii，\quad C_2=R+Ii$$

式中 R，I 为常数，则

$$\Delta\alpha=(R-Ii)e^{(a+bi)t}+(R+Ii)e^{(a-bi)t}=Re^{at}(e^{bit}+e^{-bit})-Iie^{at}(e^{bit}-e^{-bit})$$

利用欧拉公式

$$\left.\begin{aligned}e^{bit}+e^{-bit}&=2\cos bt\\ e^{bit}-e^{-bit}&=2i\sin bt\end{aligned}\right\} \tag{5.39}$$

故

$$\begin{aligned}\Delta\alpha&=2Re^{at}\cos bt+2Ie^{at}\sin bt\\&=2\sqrt{R^2+I^2}\,e^{at}\left(\frac{R}{\sqrt{R^2+I^2}}\cos bt+\frac{I}{\sqrt{R^2+I^2}}\sin bt\right)\end{aligned} \tag{5.40}$$

令

$$C_{12}=2\sqrt{R^2+I^2}，\quad \sin\psi_C=\frac{R}{\sqrt{R^2+I^2}}，\quad \cos\psi_C=\frac{I}{\sqrt{R^2+I^2}} \tag{5.41}$$

则 $\Delta\alpha=C_{12}e^{at}\sin(bt+\psi_C)$，其中 $\psi_C=\arctan\dfrac{R}{I}$。由此可见，一对共轭复根所给出的运动是周期性的振荡运动，此振荡运动的振幅为 $C_{12}e^{at}$，角频率为 b，初始相位为 ψ_C，振荡运动是衰减还是增强，取决于复根的实部 a，如果 a 为负值，则振幅 $C_{12}e^{at}$ 将随时间增长而减少，因此是衰减振荡，反之，若 a 为正值，则为增幅振荡，当 $a=0$ 时则为等幅振荡，其示意图如图 5-6 所示。

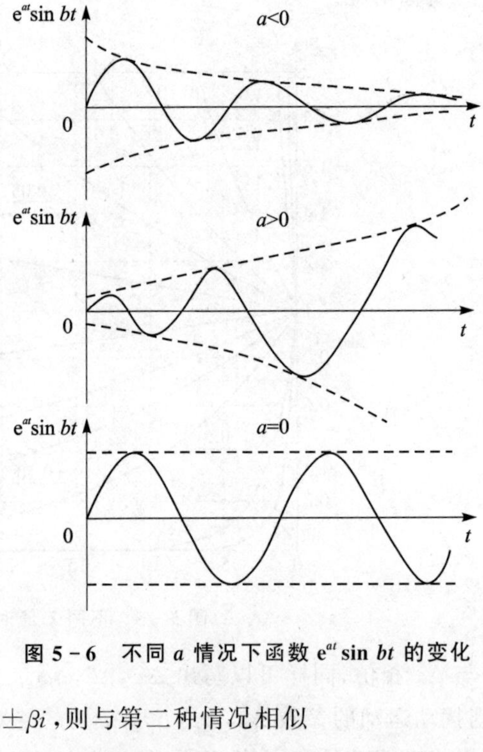

图 5-6　不同 a 情况下函数 $e^{at}\sin bt$ 的变化

由此可得，整个的扰动运动是由一振荡运动和两个非周期运动所组成，即

$$\Delta\alpha=C_{12}e^{at}\sin(bt+\psi_C)+C_3e^{\lambda_3 t}+C_4e^{\lambda_4 t} \tag{5.42}$$

从上面分析可知，若要导弹运动是渐近稳定的，其实根和复根的实部必须为负值。

第三种情况：与第二种情况相反，设 λ_1，λ_2 为实数，而 λ_3，λ_4 为共轭复数。设 $\lambda_{3,4}=\alpha\pm\beta i$，则与第二种情况相似

$$\Delta\alpha=C_1e^{\lambda_1 t}+C_2e^{\lambda_2 t}+C_{34}e^{\alpha t}\sin(\beta t+\varphi_C) \tag{5.43}$$

形式上看，第三种情况和第二种情况相同，但后面将看到，第二种情况和第三种情况实际上代

表两种不同类型的运动，第二种情况表示两个非周期运动和一个短周期运动的合成运动，第三种情况表示两个非周期运动和一个长周期运动的合成运动。

第四种情况：当四个根为两对共轭复根。设 $\lambda_{1,2}=a\pm bi$，$\lambda_{3,4}=\alpha\pm\beta i$，则得到扰动运动为两个振荡运动的合成运动，即

$$\Delta\alpha=C_{12}e^{at}\sin(bt+\psi_C)+C_{34}e^{\alpha t}\sin(\beta t+\varphi_C) \tag{5.44}$$

若要导弹运动是渐近稳定的，其两对复根的实部必须为负值。

(3) 纵向稳定性条件

从以上叙述可知，若特征方程式的各根的实部皆为负值，则所有由干扰引起的运动参数增量的绝对值将随时间的增长而无限地减小。因此说导弹的纵向运动具有渐近稳定性，反之，只要有一个正实根或者一对共轭复根的实部为正，运动参数将随时间增长而无限地偏离其未扰动的值，故导弹纵向运动是不稳定的。所以特征方程式的各个根具有负实部是导弹具有纵向渐近稳定性的充要条件。

关于根的规律性，可以根据特征方程的系数来判断。在经典自动控制理论中，根据特征方程的系数来判断根的性质，从而判断动力学系统的稳定性，常用的有几种不同的方法，如劳斯(Routh)判据、霍尔维茨(Hurwitz)判据、奈奎斯特(Nyquist)判据和根轨迹方法等。在分析导弹动态特性时，如果特征方程式的阶次不高于四次，采用霍尔维茨判据最为方便。霍尔维茨稳定判据可以用来判断以代数形式描述的特征方程式

$$a_0\lambda^n+a_1\lambda^{n-1}+\cdots+a_{n-1}\lambda+a_n=0$$

的根的符号。

作下表

$$\begin{vmatrix} a_1 & a_0 & 0 & 0 & 0 & 0 & \cdots \\ a_3 & a_2 & a_1 & a_0 & 0 & 0 & \cdots \\ a_5 & a_4 & a_3 & a_2 & a_1 & a_0 & \cdots \\ a_7 & a_6 & a_5 & a_4 & a_3 & a_1 & \cdots \\ \vdots & \vdots & \vdots & \vdots & \vdots & \vdots & \cdots \end{vmatrix}$$

表中下标大于方程式次数的所有系数用零代替，称

$$\Delta_1=a_1$$

$$\Delta_2=\begin{vmatrix} a_1 & a_0 \\ a_3 & a_2 \end{vmatrix}$$

$$\Delta_3=\begin{vmatrix} a_1 & a_0 & 0 \\ a_3 & a_2 & a_1 \\ a_5 & a_4 & a_3 \end{vmatrix}$$

$$\vdots$$

为霍尔维茨多项式，则稳定的充分必要条件是

$$a_0>0,\quad \Delta_1>0,\quad \cdots,\quad \Delta_n>0 \tag{5.45}$$

显然，当 $n=2$ 时的充要条件是

$$a_0>0, a_1>0, a_2>0$$

当 $n=3$ 时的充要条件是

$$\begin{cases} a_0 > 0, a_1 > 0, a_2 > 0, a_3 > 0 \\ \Delta_2 = a_1 a_2 - a_0 a_3 > 0 \end{cases}$$

当 $n=4$ 时的充要条件是

$$\begin{cases} a_0 > 0, a_1 > 0, a_2 > 0, a_3 > 0, a_4 > 0 \\ \Delta_3 = a_1 a_2 a_3 - a_0 a_3^2 - a_1^2 a_4 > 0 \end{cases}$$

对于我们讨论的情况 $n=4, a_0=1>0$，所以只要求

$$\left.\begin{array}{l} a_1 > 0, a_2 > 0, a_3 > 0, a_4 > 0 \\ a_1 a_2 a_3 - a_0 a_3^2 - a_1^2 a_4 > 0 \end{array}\right\} \tag{5.46}$$

常称 $a_1 a_2 a_3 - a_0 a_3^2 - a_1^2 a_4 > 0$ 为劳斯判别式，以 R 表示。

还需要说明一点，这里所说的导弹纵向运动是渐近稳定的是针对 $\Delta v, \Delta\alpha, \Delta\theta, \Delta\omega_{z1}$ 而言，对 $\Delta x, \Delta y$ 来讲，并不是渐近稳定，仅仅是稳定，即飞行弹道并不能回到未扰动弹道上去。因为扰动运动高度变化对空气动力、空气动力矩以及推力的影响比较小，所以不研究扰动运动高度变化对扰动运动的影响，则 $\Delta x, \Delta y$ 就与 $\Delta v, \Delta\alpha, \Delta\theta, \Delta\omega_{z1}$ 非耦合了，否则由 $h=\sqrt{x^2+(y+R)^2}-R$ 知 Δh 是与 $\Delta x, \Delta y$ 有关的。如果考虑高度变化的影响，会使扰动运动特征方程式变成一个五次代数方程。

下面分析 $\Delta x, \Delta y$ 的变化规律，由线性化微分方程组知

$$\begin{cases} \Delta\dot{x} = \cos\theta\Delta v - v\sin\theta\Delta\theta \\ \Delta\dot{y} = \sin\theta\Delta v + v\cos\theta\Delta\theta \end{cases}$$

设未扰动运动对变量 $v, \theta, \alpha, \omega_{z1}$ 是渐近稳定的，则可以令

$$\Delta v = \sum_{i=1}^{4} A_i \mathrm{e}^{\lambda_i t}, \quad \Delta\theta = \sum_{i=1}^{4} B_i \mathrm{e}^{\lambda_i t}$$

代入 $\Delta\dot{y}$ 式中得

$$\Delta\dot{y} = \sin\theta\sum_{i=1}^{4} A_i \mathrm{e}^{\lambda_i t} + v\cos\theta\sum_{i=1}^{4} B_i \mathrm{e}^{\lambda_i t}$$

积分上式得

$$\Delta y - \Delta y_0 = \sin\theta\sum_{i=1}^{4}\frac{A_i}{\lambda_i}\mathrm{e}^{\lambda_i t}\Big|_{t_0}^{t} + v\cos\theta\sum_{i=1}^{4}\frac{B_i}{\lambda_i}\mathrm{e}^{\lambda_i t}\Big|_{t_0}^{t}$$

设 $t_0=0, \Delta y_0=0$，则

$$\Delta y = \sin\theta\sum_{i=1}^{4}\frac{A_i}{\lambda_i}\mathrm{e}^{\lambda_i t} + v\cos\theta\sum_{i=1}^{4}\frac{B_i}{\lambda_i}\mathrm{e}^{\lambda_i t} - \sin\theta\sum_{i=1}^{4}\frac{A_i}{\lambda_i} - v\cos\theta\sum_{i=1}^{4}\frac{B_i}{\lambda_i}$$

可以看出，如果 $\lambda_i<0$，$\Delta v, \Delta\alpha, \Delta\theta, \Delta\omega_{z1}$ 是渐近稳定，则对 Δy 而言，当 $t\to\infty$ 时，$\Delta y\neq 0$ 而等于常数。同理对 Δx 也如此，即对 x, y 而言，仍然是有误差，换句话说，对未扰动弹道是有偏差的。如果要消除此偏差，在飞机上要靠驾驶员来纠正，而对弹道式导弹和飞航式导弹，如果要消除 Δx 和 Δy，即要求导弹飞行在预定的弹道上，则要安装能够消除 Δx 和 Δy 的导引系统。所以谈运动的稳定性要指出哪些参数是渐近稳定的，哪些仅是稳定的，例如对纵向扰动运动，对 $\Delta v, \Delta\alpha, \Delta\theta, \Delta\omega_{z1}$ 而言是渐近稳定，而对 Δx 和 Δy 而言不是渐近稳定，而是稳定。如果对 $\Delta v, \Delta\alpha, \Delta\theta, \Delta\omega_{z1}$ 是稳定（即特征方程至少有一个根的实部为零），则对 Δx 和 Δy 而言便是不稳定的。

(4) 振荡周期和阻尼度的确定

前面已经指出，特征方程式的每一对共轭复根 $\lambda=a\pm bi$ 对应于纵向扰动运动微分方程组

下列形式的一个解：

$$\Delta\alpha = C\mathrm{e}^{at}\sin(bt+\psi) \tag{5.47}$$

对于其他运动参数同样可以写出类似的表达式，它们表示导弹的一部分扰动运动做周期性振荡运动，振荡的角频率等于复根的虚部 b，振荡的周期 T 由下式决定：

$$T = \frac{2\pi}{b} \tag{5.48}$$

振荡运动的振幅为 $C\mathrm{e}^{at}$，故扰动运动是减幅还是增幅振动，将视复根实部 a 的符号而定。当 $a<0$，则振幅将随时间增长而衰减，设扰动运动开始瞬间 $t_0=0$，振幅衰减一半的时间为 t_2，则由式(5.47)有等式

$$C\mathrm{e}^{at_2} = \frac{C}{2}$$

则

$$t_2 = -\frac{\ln 2}{a} = \frac{-0.693}{a} \tag{5.49}$$

若 $a>0$，则振幅将随时间的增长而加大，设振幅增大一倍的时间为 t_2，同样有等式

$$C\mathrm{e}^{at_2} = 2C$$

则

$$t_2 = \frac{\ln 2}{a} = \frac{0.693}{a} \tag{5.50}$$

所以 t_2 表示振荡运动衰减或增长的快慢程度，也称阻尼度，对于非周期运动，假设特征方程式的实根 $\lambda=a$，则同样可以用式(5.49)或式(5.50)来确定 t_2。由此可见，若求得了特征方程式的根，就可以算出 T 和 t_2，从而确定扰动运动的性质，而不必解扰动运动方程。

3. 纵向扰动运动的两种典型模态

为了更清楚地了解纵向扰动运动的性质，现在研究一个例子，设导弹在空间某一点，飞行参数如下：$H=3\ 000$ m，$v=855$ m/s，$G=2\ 600$ kg，$M=2.6$，$P_e=4\ 410$ N，$\theta=15°$，$I_x=2\ 220\ \mathrm{kg\cdot m^2/s^2}$，$\alpha=1.5°$，$S=0.608\ \mathrm{m^2}$，$l=10.4$ m，$C_x=0.19$，$C_x^M=-0.102$，$C_y^\alpha=0.1011/°$，$\partial C_y^\alpha/\partial M=-8.71\times10^{-8}/(°)$，$m_{x_1}^\alpha=-8.4\times10^{-3}/(°)$，$m_{z_1}^{\omega_z}=-1.17\times10^{-2}$ s/rad，$m_{z_1}^{\dot{\alpha}}=0$，$m_{z_1}^M=4.25\times10^{-3}$，$C_x^\alpha=0.47\ \mathrm{rad^{-1}}$。

(1) 计算特征方程式系数

$$a_1 = \frac{Y_c^\alpha - G\sin\theta}{mv} - \frac{M_{z_1}^{\omega_z}+M_{z_1}^{\dot{\alpha}}}{I_{z_1}} + \frac{X_c^v}{m} = 1.654\ 963\ 921$$

$$a_2 = -\frac{M_{z_1}^\alpha}{I_{z_1}} - \frac{Y_c^\alpha}{mv}\frac{M_{z_1}^{\omega_z}}{I_{z_1}} + \left(\frac{g\sin\theta}{v} - \frac{X^v}{m}\right)\frac{M_{z_1}^{\omega_z}}{I_{z_1}} + \frac{X^v}{m}\frac{Y_c^\alpha - G\sin\theta}{mv} - \frac{Y^v}{m}\frac{X_c^\alpha - G\cos\theta}{m}$$

$$= 46.307\ 853\ 96$$

$$a_3 = \left(\frac{g\sin\theta}{v} - \frac{X^v}{m}\right)\frac{M_{z_1}^\alpha}{I_{z_1}} + \left(\frac{Y^v}{mv}\frac{X_c^\alpha - G\cos\theta}{m} - \frac{X^v}{m}\frac{Y_c^\alpha - G\sin\theta}{mv}\right)\frac{M_{z_1}^{\omega_z}}{I_{z_1}} + \frac{X_c^\alpha}{m}\frac{M_{z_1}^v}{I_{z_1}}$$

$$= 0.281\ 230\ 92$$

$$a_4 = \left(\frac{X^v}{mv}g\sin\theta - \frac{Y^v}{mv}g\cos\theta\right)\frac{M_{z_1}^\alpha}{I_{z_1}} + \left(\frac{Y_c^\alpha}{mv}g\cos\theta - \frac{X_c^\alpha}{mv}g\sin\theta\right)\frac{M_{z_1}^v}{I_{z_1}}$$

$$= 0.295\ 248\ 9\times10^{-2}$$

由此可见，特征方程式系数满足如下条件：

$$a_1 > 0,\quad a_2 > 0,\quad a_3 > 0,\quad a_4 > 0$$

$$R = a_1 a_2 a_3 - a_1^2 a_4 - a_3^2 = 21.553 - 0.079\,091 - 0.008\,086\,6 = 21.466 > 0$$

故导弹具有纵向稳定性。

(2) 确定特征方程式的根

采用前面介绍的逐次近似法，由式(5.32)计算的结果如表 5-1 所列。

表 5-1

近似次数	c	d	m	n
1	1.654 963 921	46.307 853 96	$0.607\,078\,9\times10^{-2}$	$0.637\,57\times10^{-4}$
2	1.648 893 132	46.297 780 12	$0.607\,212\,2\times10^{-2}$	$0.637\,71\times10^{-4}$
3	1.648 891 799	46.297 777 92	$0.607\,212\,2\times10^{-2}$	$0.637\,71\times10^{-4}$

从表 5-1 可见，第 3 次近似结果不能使解进一步精确了，现将求得结果代入式(5.33)得特征方程式四个根如下：

$$\lambda_{1,2} = -\frac{c}{2} \pm \sqrt{\frac{c^2}{4} - d} = -0.824\,458\,99 \pm 6.754\,114\,811i$$

$$\lambda_{3,4} = -\frac{m}{2} \pm \sqrt{\frac{m^2}{4} - n} = -0.003\,036\,061 \pm 0.007\,386\,022i$$

计算结果表明，特征方程式有两对共轭复根，所以本例所示的扰动运动是两个振荡运动的叠加。

应当引起注意的是，两对共轭复根之绝对值相差很大，而且对不同的导弹进行计算表明：在许多情况下，纵向扰动运动特征方程式常有两个大根和两个小根。这个特点即使在实根的情况下也是如此。

(3) 振荡周期和阻尼度的计算

对于一对大根 λ_1，λ_2，由式(5.48)求得振荡周期为

$$T = \frac{2\pi}{b} = \frac{2\pi}{6.754\,1} = 0.930\,3\ \text{s}$$

由式(5.49)求得振幅衰减一半的时间为

$$t_2 = -\frac{-0.693}{a} = \frac{0.693}{0.824\,5} = 0.840\,5\ \text{s}$$

对于一对小根 λ_3，λ_4，振荡周期为

$$T = \frac{2\pi}{0.007\,368} = 850.6\ \text{s}$$

振幅衰减一半的时间为

$$t_2 = \frac{0.693}{0.003\,036\,0} = 228.3\ \text{s}$$

由此可见，对应于一对大根的振荡运动，周期短、衰减快，故称其为短周期运动；而对应于一对小根的振荡运动，周期长、衰减慢，故称其为长周期运动。即使不是周期运动也沿用此叫法。

由上述计算结果可知，短周期运动参数变化非常迅速，振荡运动的周期 T 仅为 0.930 3 s，

且衰减十分迅速，实际上经过 5 s 后，短周期运动的振幅几乎全部衰减掉了。相反的，长周期运动变化十分缓慢，当短周期运动几乎全部消失时，长周期运动的变化仍很微小。因此，根据长周期运动和短周期运动的特点可以近似地认为在扰动运动开始的一小段时间内，主要是导弹的短周期运动，变化的参数主要是 $\Delta\varphi$，$\Delta\alpha$，$\Delta\omega_{z1}$，而后一阶段的时间内，主要是长周期运动，主要变化参数为 $\Delta\nu$，$\Delta\theta$。这种现象不仅导弹有，飞机也有。这两种运动的不同性质是由其固有特性决定的，其原因是弹受干扰后，绕质心运动参数和质心运动参数的变化是按两种不同的方式进行的。由干扰引起的绕质心运动参数变化非常快，而由干扰引起的质心的速度大小和方向的变化则十分缓慢。

由上述分析可知，长周期运动主要与质心运动有关，是力的平衡过程，相反，短周期运动主要与绕质心运动有关，是力矩的平衡过程。但也要指出，将扰动运动划分为短周期运动和长周期运动，只是研究整个不可分割的扰动运动的一个简便的分析方法。而这种划分使我们了解哪些因素在哪个阶段对弹的稳定性起决定性作用，而哪些因素可以略去。例如在讨论短周期运动时，常常略去飞行速度大小的变化。而当研究长周期运动时，则不考虑迎角 $\Delta\alpha$ 和角速度 $\Delta\omega_{z1}$ 的影响。这样可以使问题大大简化。

比较而言，研究短周期运动具有更大的意义，原因如下：

① 长周期运动实际上不能表示弹的扰动运动，因为长周期运动进行得十分缓慢，由于扰动运动方程系数的变化，固化系数法不再适用。如果系数不变化，因为长周期运动变化缓慢，所以控制系统完全来得及控制。

② 短周期运动在初始阶段起主要作用，它反映力矩的平衡过程。因为迎角的变化主要由短周期运动决定，而迎角又是设计中重要的参数之一，所以在导弹和导弹控制系统的设计中，均只考虑短周期运动。

还有一种特殊情况需要说明，由于导弹的外形不一样，故有静稳定的，还有静不稳定的。由于质心和压心相对位置的变化，导弹飞行过程中静稳定性还会变化。当静稳定性很小，接近中立稳定时，绕质心的运动也进行得很缓慢，这时把扰动运动分成长、短周期运动就不正确了，必须同时研究。

5.2　弹体操纵性

5.2.1　操纵性的概念

导弹不同于火箭弹，在飞行过程中要对它进行操纵，从而使导弹的运动特性参数能够按照要求的规律变化。要改变弹的运动状态，就要改变舵的位置，即舵面要发生偏转，而当舵面发生偏转时，弹体的运动参数变化有快有慢，有大有小，即有操纵性问题。所谓弹体操纵性就是导弹的运动参数（如迎角 α、俯仰角 φ、速度 v 等）对舵面偏转的反应，或者说弹的运动参数随着舵面偏转相应变化的能力。

这里要对“控制”和“操纵”两个词作些说明，从字义上讲两者含义相近。在自动化领域中，很少用“操纵”两字，而在飞行力学中，把人对导弹施加的影响或者舵面运动对导弹施加的影响称为操纵。但不管是“操纵”还是“控制”，都是表示某事物（人或物）对另一事物（在此指导弹）施加影响，使它按某种方式运动。因此在本书中可以把两个词等同起来。而所谓操纵性，就是自动控制原理中提到的，当舵面偏转时，引起导弹运动参数变化的过渡过程品质，因此自动控制原理中的一些概念、判据在这里均是可以用的，只是控制的对象——导弹是一个较复杂的元件而已。

研究弹体操纵性时，舵面的偏转方式很多，这里仅讨论两种典型的偏转。

(1) 舵作阶跃偏转

舵作阶跃偏转时，即

$$\delta_\varphi(t)=\delta_0 1(t) \tag{5.51}$$

其中

$$1(t)=\begin{cases}0, & t<0,\\ 1, & t\geqslant 0.\end{cases}$$

当舵突然偏转时，导弹的反应可以用过渡过程来描述，此种反应相当于舵作快速偏转的情形，如图 5－7 所示。

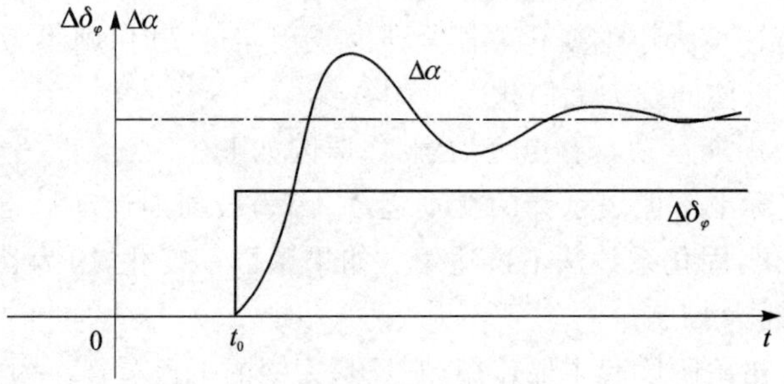

图 5－7　舵作阶跃偏转时弹体的响应过程

(2) 舵作正弦偏转

舵作正弦偏转时，即

$$\Delta\delta_\varphi=\Delta\delta_{\varphi 0}\sin\omega t \tag{5.52}$$

把导弹的反应称为弹体对舵偏转的跟随性。运动参数的变化如图 5－8 所示（略去了动态过程），从图中看出，$\Delta\alpha$ 和 $\Delta\delta_\varphi$ 振幅不等，达到最大振幅的时间有延迟，如果反应迅速，$\Delta\alpha$ 的振幅大，就说弹体的跟随性好，反之则说弹体的跟随能力差，这种特性在控制系统中往往通过频率特性来研究。

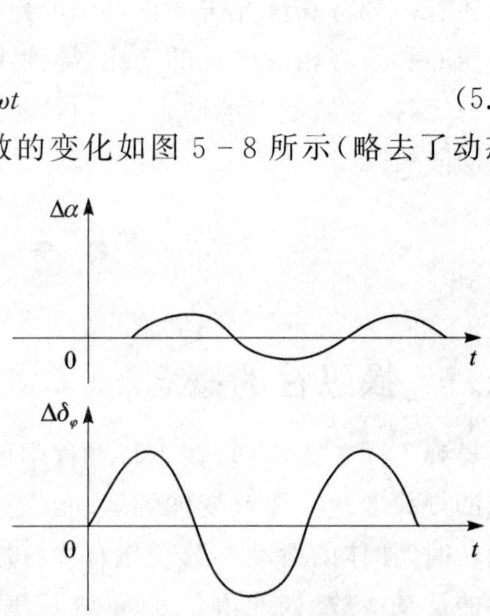

图 5－8　舵作正弦偏转时弹体的响应过程

上面谈到的操纵性仅仅是说导弹的运动参数对舵偏转的反应能力，这实际上是弹体的操纵性，对包括控制系统的导弹而言，当程序角 φ_{pr} 变化时，φ 角变化得快慢也可以看作是导弹操纵性好坏的表现，本书只研究弹体的操纵性。

稳定性和操纵性是弹体的两个重要特性，二者有共同的地方，如描述运动的微分方程组的齐次方程相同，对性能的要求有些相同，但也有区别，甚至有矛盾的地方，所以既要注意二者的联系，又要注意二者的区别。有时把弹体的稳定性和操纵性称为弹体的动态特性或导弹的姿态动力学。

5.2.2　弹体纵向操纵性分析

弹体的操纵性是导弹的运动参数对舵面的反应，或者说弹的运动参数随着舵面偏转相应变化的能力。典型的舵面偏转规律是阶跃偏转和正弦偏转。从自动控制原理的角度看，弹体的操纵性实际上是把舵的偏转作为输入，把弹的运动参数作为输出来研究其传递函数，只不过这个环节稍为复杂一些。对整个导弹而言，弹体仅是其中的一个环节，因此可以说，弹体的操纵性就是整个导弹控制系统的一个环节的特性。

在弹体的稳定性研究中，为了简化，总是要把运动方程线性化，把扰动运动分成纵向扰动运动和侧向扰动运动分别进行研究。这一点在弹体的操纵性研究中仍然采用。事实上，人们总是想利用俯仰舵来控制迎角的变化，而利用偏航舵来控制侧滑角的变化。所以在下面的讨论中，认为偏航舵和俯仰舵偏转时，互相之间不发生交连，即扰动运动可以分成纵向扰动运动和侧向扰动运动。本节只研究弹体的纵向操纵性。

当舵偏转时，弹由原来的飞行状态过渡到新的稳定飞行状态的时间是很短的，在此时间内，弹的空气动力系数、弹体结构参数以及弹道特性参数的变化都不太大，可作为常数来考虑。因而在研究弹体的操纵性时，确定弹体动态特性的线性微分方程的齐次方程和研究干扰运动的线性微分方程完全一样，都是常系数线性微分方程。

在研究操纵性时，首先推出一般形式的传递函数，然后基于一定的假设条件对传递函数进行简化，再通过简化的传递函数进一步分析各种参数对操纵性的影响，最后求出过渡过程。

1. 弹体的纵向传递函数

纵向扰动运动方程由式(2.59)所示。因为不专门讨论舵偏转时导弹位置的变化，所以扰动运动方程组(2.59)中关于 Δx，Δy 位置的两个方程在此可不考虑。由于弹体的操纵性是研究舵偏转后弹体运动参数的变化规律，故提出如下假设：①运动参数的初始条件为零；②不考虑经常干扰的作用，即设 $T_B = N_B = M_{ZB} = 0$。

记

$$a_{41}^{*} = a_{41} + \frac{M_z^{\dot{\alpha}}}{I_z}\frac{Y_c^v}{mv} = \frac{M_z^v}{I_z}$$

$$a_{43}^{*} = a_{43} + \frac{M_z^{\dot{\alpha}}}{I_z}\frac{Y_c^\alpha}{mv} = \frac{M_z^\alpha}{I_z}$$

$$a_{44}^{*} = a_{44} - \frac{M_z^{\dot{\alpha}}}{I_z} = \frac{M_z^{\omega_z}}{I_z}$$

$$a'_{43} = \frac{M_z^{\dot{\alpha}}}{I_z}$$

则扰动运动方程可改写为

$$\left.\begin{aligned}
&\frac{\mathrm{d}\Delta v}{\mathrm{d}t} - a_{11}\Delta v - a_{12}\Delta\theta - a_{13}\Delta\alpha = 0\\
&-a_{21}\Delta v + \frac{\mathrm{d}\Delta\theta}{\mathrm{d}t} - a_{22}\Delta\theta - a_{23}\Delta\alpha = \frac{R'}{mv}\Delta\delta_\varphi\\
&-a_{41}^{*}\Delta v + \frac{\mathrm{d}^2\Delta\varphi}{\mathrm{d}t^2} - a_{44}^{*}\frac{\mathrm{d}\Delta\varphi}{\mathrm{d}t} + \left(-a'_{43}\frac{\mathrm{d}\Delta\alpha}{\mathrm{d}t} - a_{43}^{*}\Delta\alpha\right) = \frac{M_z^\delta}{I_z}\Delta\delta_\varphi\\
&\Delta\varphi - \Delta\theta - \Delta\alpha = 0
\end{aligned}\right\} \tag{5.53}$$

对于常系数线性系统，传递函数的定义为初始条件为零时，输出量的拉普拉斯变换式与输入量的拉普拉斯变换式之比，简称为输出量和输入量的拉氏变换式之比。为此对式(5.53)进行拉氏变换可得

$$\left.\begin{aligned}&(s-a_{11})\Delta v(s)-a_{12}\Delta\theta(s)-a_{13}\Delta\alpha(s)=0\\&-a_{21}\Delta v(s)+(s-a_{22})\Delta\theta(s)-a_{23}\Delta\alpha(s)=\frac{R'}{mv}\Delta\delta_{\varphi}(s)\\&-a_{41}^{*}\Delta v(s)+s(s-a_{44}^{*})\Delta\varphi(s)+(-a'_{43}s-a_{43}^{*})\Delta\alpha(s)=\frac{M_z^{\delta}}{I_z}\Delta\delta_{\varphi}(s)\\&\Delta\varphi(s)-\Delta\theta(s)-\Delta\alpha(s)=0\end{aligned}\right\}\tag{5.54}$$

其中，s 为拉普拉斯算子，简称拉氏算子，$\Delta v(s)$，$\Delta\theta(s)$，$\Delta\alpha(s)$，$\Delta\varphi(s)$，$\Delta\delta_{\varphi}(s)$为 $\Delta v(t)$，$\Delta\theta(t)$，$\Delta\alpha(t)$，$\Delta\varphi(t)$，$\Delta\delta_{\varphi}(t)$的拉氏变换式。由式(5.54)可解得

$$\Delta v(s)=\frac{\Delta_v}{\Delta},\quad \Delta\theta(s)=\frac{\Delta_\theta}{\Delta},\quad \Delta\varphi(s)=\frac{\Delta_\varphi}{\Delta},\quad \Delta\alpha(s)=\frac{\Delta_\alpha}{\Delta}\tag{5.55}$$

式中，Δ 为方程式(5.54)的系数行列式，Δ_v，Δ_θ，Δ_φ，Δ_α 是用式(5.54)右端所组成的列代入系数行列式相应各列所得到的行列式，即

$$\begin{aligned}\Delta=&\begin{vmatrix}s-a_{11} & -a_{12} & 0 & -a_{13}\\ -a_{21} & s-a_{22} & 0 & -a_{23}\\ -a_{41}^{*} & 0 & s(s-a_{44}^{*}) & -a'_{43}s-a_{43}^{*}\\ 0 & -1 & 1 & -1\end{vmatrix}\\=&-(s^4+A_1s^3+A_2s^2+A_3s+A_4)\end{aligned}\tag{5.56}$$

其中

$$\left.\begin{aligned}&A_1=-a_{44}^{*}-a_{22}-a_{11}+a_{23}-a'_{43}\\&A_2=a_{11}a_{22}-a_{11}a_{23}-a_{12}a_{21}+a_{13}a_{21}+a_{22}(a_{44}^{*}+a'_{43})+(a_{44}^{*}+a'_{43})a_{11}-a_{44}^{*}a_{23}-a_{43}^{*}\\&A_3=-a_{43}^{*}a_{22}-a_{44}^{*}a_{22}a_{11}+a_{44}^{*}a_{22}a_{11}+a_{43}^{*}a_{11}+a_{44}^{*}a_{21}a_{12}-a_{44}^{*}a_{21}a_{13}-a_{41}^{*}a_{13}+a'_{43}a_{21}a_{12}\\&A_4=-a_{43}^{*}a_{22}a_{11}+a_{43}^{*}a_{12}a_{21}-a_{41}^{*}a_{23}a_{12}+a_{41}^{*}a_{13}a_{22}\end{aligned}\right\}\tag{5.57}$$

而

$$\Delta_v=\begin{vmatrix}0 & -a_{12} & 0 & -a_{13}\\ \dfrac{R'}{mv}\Delta\delta_{\varphi} & s-a_{22} & 0 & -a_{23}\\ \dfrac{M_z^{\delta}}{I_z}\Delta\delta_{\varphi} & 0 & s(s-a_{44}^{*}) & -a'_{43}s-a_{43}^{*}\\ 0 & -1 & 1 & -1\end{vmatrix}\tag{5.58}$$

$$\Delta_\theta=\begin{vmatrix}s-a_{11} & 0 & 0 & -a_{13}\\ -a_{21} & \dfrac{R'}{mv}\Delta\delta_{\varphi} & 0 & -a_{23}\\ -a_{41}^{*} & \dfrac{M_z^{\delta}}{I_z}\Delta\delta_{\varphi} & s(s-a_{44}^{*}) & -a'_{43}s-a_{43}^{*}\\ 0 & 0 & 1 & -1\end{vmatrix}\tag{5.59}$$

$$\Delta_{\varphi}=\begin{vmatrix} s-a_{11} & -a_{12} & 0 & -a_{13} \\ -a_{21} & s-a_{22} & \dfrac{R'}{mv}\Delta\delta_{\varphi} & -a_{23} \\ -a_{41}^{*} & 0 & \dfrac{M_{z}^{\delta}}{I_{z}}\Delta\delta_{\varphi} & -a'_{43}s-a_{43}^{*} \\ 0 & -1 & 0 & -1 \end{vmatrix} \tag{5.60}$$

$$\Delta_{\alpha}=\begin{vmatrix} s-a_{11} & -a_{12} & 0 & 0 \\ -a_{21} & s-a_{22} & 0 & \dfrac{R'}{mv}\Delta\delta_{\varphi} \\ -a_{41}^{*} & 0 & s(s-a_{44}^{*}) & \dfrac{M_{z}^{\delta}}{I_{z}}\Delta\delta_{\varphi} \\ 0 & -1 & 1 & 0 \end{vmatrix} \tag{5.61}$$

按传递函数的定义,则有

$$\left.\begin{aligned} G_{v\delta_{\varphi}}(s)=-\frac{\Delta v(s)}{\Delta\delta_{\varphi}(s)},\quad G_{\theta\delta_{\varphi}}(s)=-\frac{\Delta\theta(s)}{\Delta\delta_{\varphi}(s)} \\ G_{\varphi\delta_{\varphi}}(s)=-\frac{\Delta\varphi(s)}{\Delta\delta_{\varphi}(s)},\quad G_{\alpha\delta_{\varphi}}(s)=-\frac{\Delta\alpha(s)}{\Delta\delta_{\varphi}(s)} \end{aligned}\right\} \tag{5.62}$$

按传递函数的一般定义,式(5.62)的右边不应加负号,但是因为当俯仰舵产生正向偏转时,通常使 Δv、$\Delta\theta$、$\Delta\alpha$ 为负值,而一般都是将传递系数写成正值,故要加一负号。

将式(5.55)、式(5.58)～式(5.61)代入式(5.62),得到弹体纵向扰动运动的传递函数为

$$\begin{aligned} G_{v\delta_{\varphi}}(s)&=-\frac{\Delta v(s)}{\Delta\delta_{\varphi}(s)}=-\frac{\Delta_{v}/\Delta}{\Delta\delta_{\varphi}(s)} \\ &=\frac{1}{-\Delta}\left[\frac{R'}{mv}(a_{13}-a_{12})s^{2}+\frac{R'}{mv}(a_{12}a_{44}^{*}-a_{13}a_{44}^{*}+a'_{43}a_{12})s-\frac{M_{z}^{\delta}}{I_{z}}a_{13}s\right]+ \\ &\quad\frac{1}{-\Delta}\left[+\frac{R'}{mv}a_{12}a_{43}^{*}-\frac{M_{z}^{\delta}}{I_{z}}(a_{12}a_{23}-a_{22}a_{13})\right] \end{aligned} \tag{5.63}$$

$$\begin{aligned} G_{\theta\delta_{\varphi}}(s)&=-\frac{\Delta\theta(s)}{\Delta\delta_{\varphi}(s)}=-\frac{\Delta_{\theta}/\Delta}{\Delta\delta_{\varphi}(s)} \\ &=\frac{1}{-\Delta}\left[-\frac{R'}{mv}s^{3}+\frac{R'}{mv}(a_{44}^{*}+a_{11}+a'_{43})s^{2}-\frac{M_{z}^{\delta}}{I_{z}}(a_{13}a_{21}-a_{11}a_{23})\right]+ \\ &\quad\frac{1}{-\Delta}\left[\frac{R'}{mv}(a_{43}^{*}-a_{11}a_{44}^{*}-a_{11}a'_{43})-\frac{M_{z}^{\delta}}{I_{z}}a_{23}\right]s-\frac{1}{-\Delta}\frac{R'}{mv}(a_{11}a_{43}^{*}-a_{13}a_{41}^{*}) \end{aligned} \tag{5.64}$$

$$\begin{aligned} G_{\varphi\delta_{\varphi}}(p)&=-\frac{\Delta\varphi(s)}{\Delta\delta_{\varphi}(s)}=-\frac{\Delta_{\varphi}/\Delta}{\Delta\delta_{\varphi}(s)} \\ &=\frac{1}{-\Delta}\left\{\left(\frac{-M_{z}^{\delta}}{I_{z}}+a'_{43}\frac{R'}{mv}\right)s^{2}+\left[(a_{23}-a_{22}-a_{11})\frac{-M_{z}^{\delta}}{I_{z}}+\frac{R'}{mv}(a_{43}^{*}-a_{11}a'_{43})\right]s\right\}+ \\ &\quad\frac{1}{-\Delta}\left\{\frac{M_{z}^{\delta}}{I_{z}}(a_{11}a_{23}-a_{11}a_{22}-a_{13}a_{21}+a_{12}a_{21})+\frac{R'}{mv}(-a_{11}a_{43}^{*}+a_{13}a_{41}^{*}-a_{12}a_{41}^{*})\right\} \end{aligned} \tag{5.65}$$

$$G_{\alpha\delta_{\varphi}}(p)=-\frac{\Delta\alpha(s)}{\Delta\delta_{\varphi}(s)}=-\frac{\Delta_{\alpha}/\Delta}{\Delta\delta_{\varphi}(s)}$$

$$=\frac{1}{-\Delta}\left\{\frac{R'}{mv}s^3-\left[\frac{R'}{mv}(a_{11}+a_{44}^*)+\frac{M_z^\delta}{I_z}\right]s^2+\left[\frac{R'}{mv}a_{11}a_{44}^*+\frac{M_z^\delta}{I_z}(a_{22}+a_{11})\right]s\right\}+$$
$$\frac{1}{-\Delta}\left\{-\frac{M_z^\delta}{Iz}(a_{11}a_{22}-a_{12}a_{21})-\frac{mv}{}a_{41}^*a_{12}\right\} \tag{5.66}$$

2. 纵向传递函数的简化

在上一小节中已经推导得到了弹体纵向扰动运动的传递函数，但这些传递函数较为复杂，会给控制系统的分析、设计带来不便，故有必要进行简化。同时，客观上也存在着简化的可能，一方面，舵偏角本身引起的法向力与推力、空气动力的法向分量相对是比较小的，可以忽略，即可以假设 $R'/(mv)$ 等于零；另一方面，根据前面的讨论，纵向扰动运动可以分成长、短周期运动，而描述操纵性的动态过程的齐次微分方程组同稳定性分析中的齐次微分方程组一样，那么在稳定性分析中存在的一些特性在操纵性分析中也应该存在，即当舵偏转后，弹的平衡过程可分成力矩平衡过程和力的平衡过程，或者说分成质心运动过程和角运动过程，由于导弹的性质决定了速度大小的变化远比角速度的变化小，故在讨论角运动时可以忽略速度大小的变化，这将给操纵性的分析带来很大的方便。

(1) 简化形式 I

当忽略舵偏角本身引起的法向力与推力、空气动力的法向分量，即假设 $R'/(mv)=0$ 时，弹体纵向扰动运动传递函数可简化为

$$G_{\vartheta\delta_\varphi}(s)=\frac{-\dfrac{M_z^\delta}{I_z}(a_{13}s+a_{12}a_{23}-a_{22}a_{13})}{s^4+A_1s^3+A_2s^2+A_3s+A_4} \tag{5.67}$$

$$G_{\theta\delta_\varphi}(s)=\frac{-\dfrac{M_z^\delta}{I_z}(a_{23}s+a_{13}a_{21}-a_{11}a_{23})}{s^4+A_1s^3+A_2s^2+A_3s+A_4}=\frac{-\dfrac{M_z^\delta}{I_z}\left(\dfrac{Y_c^\alpha}{mv}s+\dfrac{X_c^v}{m}\dfrac{Y_c^\alpha}{mv}-\dfrac{X_c^\alpha}{m}\dfrac{Y_c^v}{mv}\right)}{s^4+A_1s^3+A_2s^2+A_3s+A_4} \tag{5.68}$$

$$G_{\varphi\delta_\varphi}(p)=\frac{\dfrac{-M_z^\delta}{I_z}\left[s^2+(a_{23}-a_{22}-a_{11})s-(a_{11}a_{23}-a_{11}a_{22}-a_{13}a_{21}+a_{12}a_{21})\right]}{s^4+A_1s^3+A_2s^2+A_3s+A_4} \tag{5.69}$$

$$G_{\alpha\delta_\varphi}(p)=\frac{-\dfrac{M_z^\delta}{I_z}\left[s^2-(a_{22}+a_{11})s+(a_{11}a_{22}-a_{12}a_{21})\right]}{s^4+A_1s^3+A_2s^2+A_3s+A_4}$$
$$=\frac{-\dfrac{M_z^\delta}{I_z}\left[s^2+\left(\dfrac{X_c^v}{m}-\dfrac{g\sin\theta}{v}\right)s+\left(\dfrac{Y_c^v}{mv}g\cos\theta-\dfrac{X_c^v}{m}\dfrac{g\sin\theta}{v}\right)\right]}{s^4+A_1s^3+A_2s^2+A_3s+A_4} \tag{5.70}$$

(2) 简化形式 II

假设速度不变，即认为 $\Delta v=0$，则式(5.54)中第一个方程可去掉，对弹道导弹来讲，$M_z^{\dot\alpha}$ 是较小的项，可以略去，将 $\Delta\alpha=\Delta\varphi-\Delta\theta$ 代入式(5.54)可得

$$\left(s-\frac{g\sin\theta}{v}+\frac{Y_c^\alpha}{mv}\right)\Delta\theta(s)=\frac{Y_c^\alpha}{mv}\Delta\varphi(s)+\frac{R'}{mv}\Delta\delta_\varphi(s) \tag{5.71}$$

$$\left(s^2-\frac{M_z^{\omega_z}}{I_z}s-\frac{M_z^\alpha}{I_z}\right)\Delta\varphi(s)=-\frac{M_z^\alpha}{I_z}\Delta\theta(s)+\frac{M_z^\delta}{I_z}\Delta\delta_\varphi(s) \tag{5.72}$$

令

$$\begin{cases}W_1(s)=\dfrac{1}{s^2-\dfrac{M_z^{\omega_z}}{I_z}s-\dfrac{M_z^\alpha}{I_z}}\\ W_2(s)=\dfrac{1}{s-\dfrac{g\sin\theta}{v}+\dfrac{Y_c^\alpha}{mv}}\\ W_3(s)=\dfrac{Y_c^\alpha}{mv}\\ W_4(s)=-\dfrac{M_z^\alpha}{I_z}\end{cases} \tag{5.73}$$

则式(5.71)和式(5.72)可改写为

$$\begin{cases}\Delta\theta(s)=W_2(s)\left[W_3(s)\Delta\varphi(s)+\dfrac{R'}{mv}\Delta\delta_\varphi(s)\right]\\ \Delta\varphi(s)=W_1(s)\left[W_4(s)\Delta\theta(s)+\dfrac{M_z^\delta}{I_z}\Delta\delta_\varphi(s)\right]\end{cases} \tag{5.74}$$

式(5.73)和式(5.74)表示的系统中输入量为 $\Delta\delta_\varphi$，如果研究弹轴的转动，则输出量为 $\Delta\varphi$，如果研究速度方向的变化(即法向运动)，则输出量为 $\Delta\theta$。则可求得这两个输出量对输入量的传递函数为

$$\begin{aligned}G_{\varphi\delta_\varphi}(s)&=-\frac{\Delta\varphi(s)}{\Delta\delta_\varphi(s)}=\frac{-\left(\dfrac{M_z^\delta}{I_z}+\dfrac{R'}{mv}\dfrac{W_4}{W_2}\right)W_1}{1-W_1W_2W_3W_4}\\ &=\frac{-\dfrac{M_z^\delta}{I_z}\left(s-\dfrac{g\sin\theta}{v}+\dfrac{Y_c^\alpha}{mv}-\dfrac{R'}{mv}\dfrac{M_z^\alpha}{M_z^\delta}\right)}{s^3+B_1s^2+B_2s+B_3}\end{aligned} \tag{5.75}$$

$$\begin{aligned}G_{\theta\delta_\varphi}(s)&=\frac{-\left(\dfrac{M_z^\delta}{I_z}+\dfrac{R'}{mv}\dfrac{1}{W_1W_3}\right)W_1W_2W_3}{1-W_1W_2W_3W_4}\\ &=\frac{-\dfrac{R'}{mv}s^2+\dfrac{R'}{mv}\dfrac{M_z^{\omega_z}}{I_z}s+\dfrac{M_z^\alpha}{I_z}\dfrac{R'}{mv}-\dfrac{M_z^\delta}{I_z}\dfrac{Y_c^\alpha}{mv}}{s^3+B_1s^2+B_2s+B_3}\end{aligned} \tag{5.76}$$

其中

$$\begin{cases}B_1=\dfrac{Y_c^\alpha}{mv}-\dfrac{g\sin\theta}{v}-\dfrac{M_z^{\omega_z}}{I_z}\\ B_2=\dfrac{M_z^{\omega_z}}{I_z}\dfrac{g\sin\theta}{v}-\dfrac{Y_c^\alpha}{mv}\dfrac{M_z^{\omega_z}}{I_z}-\dfrac{M_z^\alpha}{I_z}\\ B_3=\dfrac{M_z^\alpha}{I_z}\dfrac{g\sin\theta}{v}\end{cases}$$

进一步，可得

$$G_{\alpha\delta_\varphi}(s)=G_{\varphi\delta_\varphi}(s)-G_{\theta\delta_\varphi}(s)=\frac{\frac{R'}{mv}s^2-\left(\frac{M_z^\delta}{I_z}+\frac{R'}{mv}\frac{M_z^{\omega_z}}{I_z}\right)s+\frac{M_z^\delta}{I_z}\frac{g\sin\theta}{v}}{s^3+B_1s^2+B_2s+B_3} \tag{5.77}$$

上面得到了在忽略速度大小变化的情况下的传递函数，为了便于分析，该传递函数还可以适当简化。

① 略去重力分量引起的速度方向的改变。重力分量引起速度方向的变化是由$\frac{g\sin\theta}{v}$来决定的，如果θ较小或者v较大，则可以略去这一项，此时传递函数简化为

$$G_{\varphi\delta_\varphi}(s)=-\frac{\frac{M_z^\delta}{I_z}\left(s+\frac{Y_c^\alpha}{mv}\right)-\frac{R'}{mv}\frac{M_c^\alpha}{I_z}}{s\left[s^2+\left(\frac{Y_c^\alpha}{mv}-\frac{M_z^{\omega_z}}{I_z}\right)s+\left(-\frac{M_z^\alpha}{I_z}-\frac{Y_c^\alpha}{mv}\frac{M_z^{\omega_z}}{I_z}\right)\right]} \tag{5.78}$$

② 进一步略去由舵升力引起的法向力，即认为$\frac{R'}{mv}=0$，则

$$G_{\varphi\delta_\varphi}(s)=-\frac{\frac{M_z^\delta}{I_z}\left(s+\frac{Y_c^\alpha}{mv}\right)}{s\left[s^2+\left(\frac{Y_c^\alpha}{mv}-\frac{M_z^{\omega_z}}{I_z}\right)s+\left(-\frac{M_z^\alpha}{I_z}-\frac{Y_c^\alpha}{mv}\frac{M_z^{\omega_z}}{I_z}\right)\right]} \tag{5.79}$$

$$G_{\theta\delta_\varphi}(s)=-\frac{\frac{M_z^\delta}{I_z}\frac{Y_c^\alpha}{mv}}{s\left[s^2+\left(\frac{Y_c^\alpha}{mv}-\frac{M_z^{\omega_z}}{I_z}\right)s+\left(-\frac{M_z^\alpha}{I_z}-\frac{Y_c^\alpha}{mv}\frac{M_z^{\omega_z}}{I_z}\right)\right]} \tag{5.80}$$

$$G_{\alpha\delta_\varphi}(s)=-\frac{\frac{M_z^\delta}{I_z}}{s^2+\left(\frac{Y_c^\alpha}{mv}-\frac{M_z^{\omega_z}}{I_z}\right)s+\left(-\frac{M_z^\alpha}{I_z}-\frac{Y_c^\alpha}{mv}\frac{M_z^{\omega_z}}{I_z}\right)} \tag{5.81}$$

式(5.79)～式(5.81)是在假设$\Delta v=0$的条件下，忽略舵升力和重力法向分量对速度方向的影响而得到的传递函数，这是这种情况下经常采用的一种传递函数形式，这里详细地讨论一下。此时，$G_{\alpha\delta_\varphi}(s)$是一个二阶振荡环节，可化成如下标准形式

$$G_{\alpha\delta_\varphi}(s)=\frac{K_{\alpha\delta}}{T_c^2s^2+2\xi_cT_cs+1} \tag{5.82}$$

其中

$$K_{\alpha\delta}=\frac{\frac{M_z^\delta}{I_z}}{\frac{M_z^\alpha}{I_z}+\frac{M_z^{\omega_z}}{I_z}\frac{Y_c^\alpha}{mv}}=\frac{M_z^\delta}{M_z^\alpha+\frac{Y_c^\alpha}{mv}M_z^{\omega_z}}$$

$$T_c=\sqrt{\frac{I_z}{-M_z^\alpha-M_z^{\omega_z}\frac{Y_c^\alpha}{mv}}},\qquad \xi_c=\frac{\frac{Y_c^\alpha}{mv}-\frac{M_z^{\omega_z}}{I_z}}{2\sqrt{-\frac{M_z^\alpha}{I_z}-\frac{M_z^{\omega_z}}{I_z}\frac{Y_c^\alpha}{mv}}} \tag{5.83}$$

而

$$G_{\varphi\delta_\varphi}(s)=\frac{K_{\alpha\delta}}{T_c^2s^2+2\xi_cT_cs+1}\frac{s+\dfrac{Y_c^\alpha}{mv}}{s}=\frac{K_{\alpha\delta}}{T_c^2s^2+2\xi_cT_cs+1}\cdot\frac{T_vs+1}{T_vs}\tag{5.84}$$

$$G_{\theta\delta_\varphi}(s)=\frac{K_{\alpha\delta}}{T_c^2s^2+2\xi_cT_cs+1}\frac{\dfrac{Y_c^\alpha}{mv}}{s}=\frac{K_{\alpha\delta}}{T_c^2s^2+2\xi_cT_cs+1}\cdot\frac{1}{T_vs}\tag{5.85}$$

其中

$$T_v=\frac{mv}{Y_c^\alpha}=\frac{1}{Y_c^\alpha/mv}\tag{5.86}$$

③ 当 v 很大时，在讨论角运动时，可以略去由法向力引起的速度方向的改变，这时 $\Delta\alpha=\Delta\varphi,\Delta\theta=0$，在方程中令 $\dfrac{Y_c^\alpha}{mv}=0$，则

$$G_{\varphi\delta_\varphi}(s)=-\frac{\dfrac{M_z^\delta}{I_z}}{s^2-\dfrac{M_z^{\omega_z}}{I_z}s-\dfrac{M_z^\alpha}{I_z}}\tag{5.87}$$

式(5.87)实际上只反映了弹体绕 z_1 轴的旋转运动，这个运动发散与收敛完全取决于 $\dfrac{M_z^\alpha}{I_z}$，如果 $M_z^\alpha<0$，即弹体是静稳定的，则运动是稳定的；反之，若 $M_z^\alpha>0$，即弹体是静不稳定的，则运动是不稳定的，弹体系统存在着正实根，运动是非周期发散运动。

④ 略去阻尼力矩 $M_z^{\omega_z}\Delta\omega_z$，由于导弹阻尼力矩很小，而且对角运动起稳定作用，故在控制系统设计时略去 $\dfrac{M_z^{\omega_z}}{I_z}$ 更安全，则

$$G_{\varphi\delta_\varphi}(s)=-\frac{\dfrac{M_z^\delta}{I_z}}{s^2-\dfrac{M_z^\alpha}{I_z}}\tag{5.88}$$

⑤ 略去所有空气动力矩，例如当飞行到高空时，$\rho\approx0$，或者开始起飞时 $v\to0$，此时空气动力矩也很小，则

$$G_{\varphi\delta_\varphi}(s)=-\frac{M_z^\delta}{I_z}\frac{1}{s^2}\tag{5.89}$$

是 2 个积分环节的串联。

综上所述，可以得到如下结论：如果主要是研究角运动，或者说快速运动，即舵偏转后前一阶段的运动，完全可以用短周期运动的简化方程描述运动过程，而重力法向分量和舵升力在有些情况下应该考虑，但分析传递函数的特性时可以不考虑。这样得到的传递函数如式(5.82)、式(5.84)以及式(5.85)所示。下面以此传递函数为基础讨论过渡过程。

3. 舵作阶跃偏转时的纵向动态特性分析

当已知弹体传递函数和输入量 $\Delta\delta_\varphi$ 时，可以求出 $\Delta v,\Delta\theta,\Delta\alpha,\Delta\varphi$ 变化。本节讨论阶跃输入时，运动参数 $\Delta\theta,\Delta\alpha,\Delta\varphi$ 的变化，而 Δv 的变化认为等于零。在弹体的操纵性分析中，常用的输出量有 $\Delta\alpha,\Delta\dot{\varphi},\Delta\dot{\theta}$，在上一小节中已给出了 $\Delta\alpha,\Delta\varphi,\Delta\theta$ 简化形式的传递函数，在此还需

要给出 $\Delta\dot{\varphi}$，$\Delta\dot{\theta}$ 为输出量时的传递函数。根据式(5.84)和式(5.85)所示的 $\Delta\varphi$，$\Delta\theta$ 的传递函数，很容易得到 $\Delta\dot{\varphi}$，$\Delta\dot{\theta}$ 的传递函数分别为

$$G_{\dot{\varphi}\delta_\varphi}(s)=s\cdot G_{\varphi\delta_\varphi}(s)=\frac{K_{\alpha\delta}}{T_c^2s^2+2\xi_cT_cs+1}\cdot\frac{T_vs+1}{T_v} \tag{5.90}$$

$$G_{\dot{\theta}\delta_\varphi}(s)=s\cdot G_{\theta\delta_\varphi}(s)=\frac{1}{T_v}\cdot\frac{K_{\alpha\delta}}{T_c^2s^2+2\xi_cT_cs+1} \tag{5.91}$$

(1) 过渡过程的性能指标

导弹由于有舵偏转，会产生外力和外力矩，使导弹由一个飞行状态过渡到另一个飞行状态，如果认为没有惯性，则从一个飞行状态过渡到另一飞行状态是瞬时完成的。但实际上导弹是有惯性的，运动参数的改变需要一定的时间，这一过程就叫作过渡过程。

图 5-9 所示是舵面作单位阶跃输出的过渡过程曲线，为了说明过渡过程的品质，有如下几个指标：

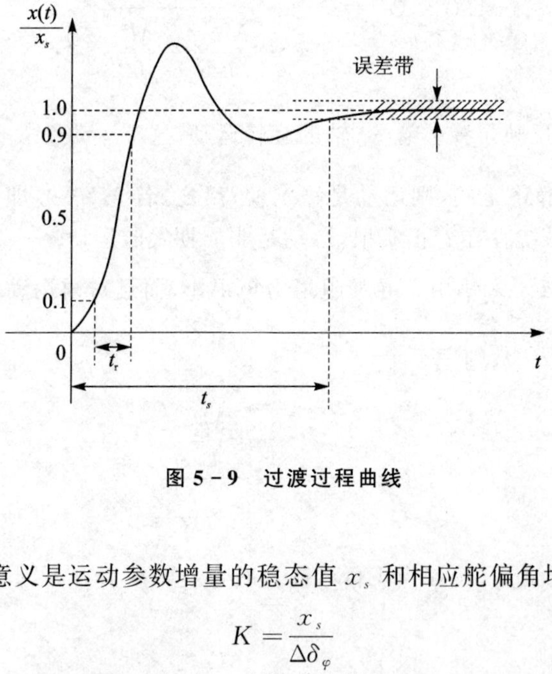

图 5-9　过渡过程曲线

1) 传递系数 K

传递系数的物理意义是运动参数增量的稳态值 x_s 和相应舵偏角增量 $\Delta\delta_\varphi$ 的比值，即

$$K=\frac{x_s}{\Delta\delta_\varphi} \tag{5.92}$$

单位阶跃输入时 $\Delta\delta_\varphi=1$，即舵偏转一个单位时，传递系数就等于相应运动参数增量的稳态值，阶跃输入时 $\Delta\delta_\varphi=\delta_0$。传递系数在数值上等于传递函数中令 $s=0$ 时的值，故输出量 $\Delta\alpha$，$\Delta\dot{\varphi}$，$\Delta\dot{\theta}$ 对应的传递系数分别为

$$K_{\alpha\delta}=\frac{M_z^\delta}{M_z^\alpha+M_z^{\omega_z}\dfrac{Y_c^\alpha}{mv}} \tag{5.93}$$

$$K_{\dot{\varphi}\delta_\varphi}(s)=K_{\dot{\theta}\delta_\varphi}(s)=\frac{K_{\alpha\delta}}{T_v}=\frac{M_z^\delta}{M_z^\alpha+M_z^{\omega_z}\dfrac{Y_c^\alpha}{mv}}\cdot\frac{Y_c^\alpha}{mv} \tag{5.94}$$

式(5.93)和式(5.94)表示的是考虑了阻尼力矩的传递系数。当导弹有足够大的静稳定度，而阻尼力矩系数又很小时，可以把上述传递系数简化成

$$K_{\alpha\delta}=\frac{M_z^{\delta}}{M_z^{\alpha}} \tag{5.95}$$

$$K_{\dot{\varphi}\delta_{\varphi}}(s)=K_{\dot{\theta}\delta_{\varphi}}(s)=\frac{M_z^{\delta}}{M_z^{\alpha}}\cdot\frac{Y_c^{\alpha}}{mv} \tag{5.96}$$

注意,上述关系是在 $\Delta v=0$ 的条件下得到的,而式(5.95)的物理意义也是明显的,即静稳定力矩和控制力距平衡,没有考虑阻尼作用。而式(5.96)表示当有舵偏角 $\Delta\delta_{\varphi}$ 时,有一稳态值 $\Delta\alpha_s$,因而产生一个法向加速度增量,即相应的 $\Delta\dot{\theta}$,而 $K_{\dot{\varphi}\delta_{\varphi}}$ 表示力矩平衡时 $\Delta\ddot{\varphi}=0$,但 $\Delta\varphi$ 并不一定等于零,在现在的情况下

$$\Delta\dot{\varphi}_s=\Delta\dot{\theta}_s=\frac{Y_c^{\alpha}}{mv}\Delta\alpha_s$$

2) 过渡过程的时间 t_s

过渡过程的时间是从过渡过程开始到参数 x 对其稳态值 x_s 的偏差小于某一规定的微量 Δ 所经过的时间。这个微量 Δ 一般规定为新的稳态值 x_s 与原稳态值之差的 2%～5%。

3) 上升时间 t_r

上升时间是指过渡过程曲线从它的稳态值的 10%上升到 90%所需要的时间。对于欠阻尼二阶系统,上升时间通常指输出量从零开始,第一次上升到稳态值所需要的时间。

4) 超调量 σ

超调量就是参量 x 超过其稳态值 x_s 最大的偏量,用分数或百分数表示,即

$$\sigma=\frac{x_{\max}-x_s}{x_s}\times 100\% \tag{5.97}$$

(2) 过渡过程的形式

对于参数 $\Delta\alpha,\Delta\dot{\varphi},\Delta\dot{\theta}$,特征方程均为

$$T_c^2\lambda^2+2\xi_c T_c\lambda+1=0 \tag{5.98}$$

而过渡过程的特性是由特征方程的根

$$\lambda_{1,2}=\frac{-\xi_c\pm\sqrt{\xi_c^2-1}}{T_c} \tag{5.99}$$

来确定的。其中,ξ_c 称为阻尼系数,T_c 称为系统的时间常数,而定义

$$\omega_c=\frac{1}{T_c} \tag{5.100}$$

为系统的自振频率,也称为自然频率。

对于一般的二阶系统,当 $\xi_c>1$ 时,特征方程的根是两个不相等的负实根,系统为过阻尼状态;当 $\xi_c=1$ 时,特征方程的根是一对相等的负实根,系统为临界阻尼状态,临界阻尼和过阻尼状态下,系统的时间响应均无振荡;当 $0<\xi_c<1$ 时,特征方程的根是一对实部为负的共轭复根,系统的时间响应具有振荡特性,系统为欠阻尼状态;当 $\xi_c=0$ 时,特征方程的根是一对纯虚根,系统的时间响应为持续的等幅振荡,系统为零阻尼状态;当 $\xi_c<0$ 时,特征方程的根是正实根或实部为正的复根,系统不稳定,一般被称为负阻尼状态。根据式(5.83)所示的 ξ_c 的定义可知,对于导弹运动而言,始终有 $\xi_c>0$,故下面只讨论 $\xi_c>0$ 的情况。

① 当 $0<\xi_c<1$ 时,特征方程的根是一对实部为负的共轭复根,即

$$\lambda_{1,2}=-\frac{\xi_c}{T_c}\pm i\frac{\sqrt{1-\xi_c^2}}{T_c} \tag{5.101}$$

系统为欠阻尼状态。在阶跃函数 $\Delta\delta_{\varphi}=\delta_0(1)$ 作用下，以 $\Delta\alpha$ 为例，其解的形式为

$$\Delta\alpha(t)=-K_{\alpha\delta}\delta_0\left[1-\frac{1}{\sqrt{1-\xi_c^2}}\mathrm{e}^{-\frac{\xi_c}{T_c}t}\cos\left(\frac{\sqrt{1-\xi_c^2}}{T_c}t-\psi\right)\right],\quad \tan\psi=\frac{\xi_c}{\sqrt{1-\xi_c^2}} \tag{5.102}$$

此时的运动为振荡运动，其衰减的快慢仅取决于 $\frac{\xi_c}{T_c}$，$\frac{\xi_c}{T_c}$ 的值越大表示衰减得越快。

② 当 $\xi_c\geqslant 1$ 时，由式(5.83)可得

$$\frac{Y_c^{\alpha}}{mv}-\frac{M_z^{\omega_z}}{I_z}\geqslant 2\sqrt{-\frac{M_z^{\alpha}}{I_z}-\frac{M_z^{\omega_z}}{I_z}\frac{Y_c^{\alpha}}{mv}} \tag{5.103}$$

即

$$-\frac{M_z^{\alpha}}{I_z}\leqslant\frac{1}{4}\left(\frac{Y_c^{\alpha}}{mv}-\frac{M_z^{\omega_z}}{I_z}\right)^2+\frac{M_z^{\omega_z}}{I_z}\frac{Y_c^{\alpha}}{mv} \tag{5.104}$$

也就是说静稳定度较小，或者阻尼力矩较大的情况下才会出现 $\xi_c\geqslant 1$。当 $\xi_c\geqslant 1$ 时，运动不是振荡运动，而是非周期的衰减运动，仍以 $\Delta\alpha$ 为例，有

$$\Delta\alpha=-K_{\alpha\delta}\delta_0\left[1-\frac{\lambda_2\mathrm{e}^{\lambda_1 t}-\lambda_1\mathrm{e}^{\lambda_2 t}}{\lambda_2-\lambda_1}\right] \tag{5.105}$$

(3) 过渡过程的时间

若引入一个无因次时间 $\bar{t}$，即

$$\bar{t}=\frac{t}{T_c}=t\omega_c \tag{5.106}$$

则式(5.102)可改写成

$$\frac{\Delta\alpha(t)}{-K_{\alpha\delta}\delta_0}=1-\frac{1}{\sqrt{1-\xi_c^2}}e^{-\xi_c\bar{t}}\cos\left(\sqrt{1-\xi_c^2}\,\bar{t}-\psi\right) \tag{5.107}$$

从式(5.107)可以看出，过渡过程的性质仅由阻尼系数 ξ_c 来决定，而自振频率 ω_c 仅决定过渡过程在时间轴上的比例。图 5-10 所示绘出了过渡函数 $\frac{\Delta\alpha(t)}{-K_{\alpha\delta}\delta_0}=f(\bar{t})$ 在不同 ξ_c 的数值

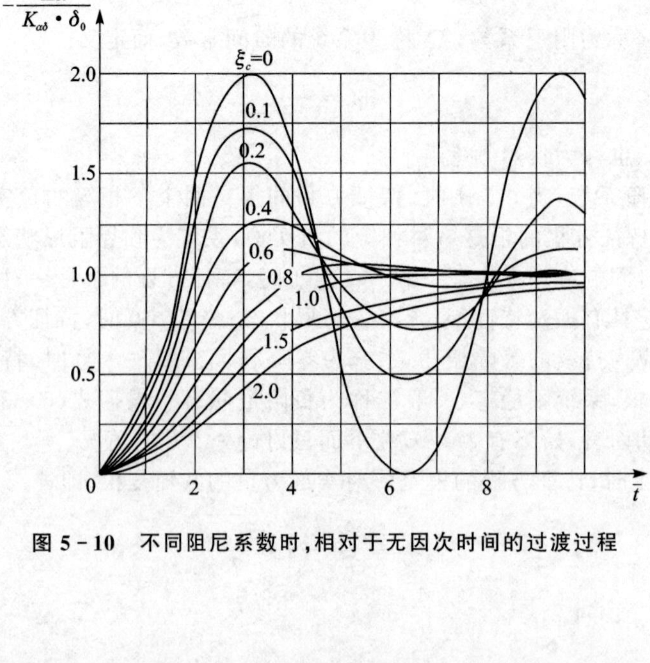

图 5-10 不同阻尼系数时，相对于无因次时间的过渡过程

下的曲线，横轴代表无因次时间 $\bar{t}$，在过调量约为 3%，$\xi_c=0.75$ 时过渡过程时间最短，在这种情况下，过渡过程的持续时间以无因次时间表示为 $\bar{t}_s=3$，而真实时间为 $t_s=3T_c=3/\omega_c$。故在某一 ξ_c 的数值下，过渡过程的真实时间与导弹弹体的自振频率 ω_c 成反比，与时间常数 T_c 成正比。

(4) 运动参数 $\Delta\alpha,\Delta\varphi,\Delta\theta,\Delta\dot{\varphi},\Delta\dot{\theta}$ 的过渡过程

设导弹具有一定的静稳定度，$\xi_c<1$，由式(5.102)可知，此时 $\Delta\alpha$ 的解为

$$\frac{\Delta\alpha(t)}{-K_{\alpha\delta}\delta_0}=1-\frac{1}{\sqrt{1-\xi_c^2}}\mathrm{e}^{-\frac{\xi_c}{T_c}t}\cos\left(\frac{\sqrt{1-\xi_c^2}}{T_c}t-\psi\right) \tag{5.108}$$

类似可得 $\Delta\dot{\theta}$ 的解为

$$\frac{\Delta\dot{\theta}(t)}{-K_{\alpha\delta}\delta_0/T_v}=1-\frac{1}{\sqrt{1-\xi_c^2}}\mathrm{e}^{-\xi_c\frac{t}{T_c}}\cos\left(\frac{\sqrt{1-\xi_c^2}}{T_c}t-\psi\right) \tag{5.109}$$

微分式(5.108)且和式(5.109)相加得

$$\frac{\Delta\dot{\varphi}(t)}{-K_{\alpha\delta}\delta_0/T_v}=1-\mathrm{e}^{-\frac{\xi_c}{T_c}t}\sqrt{\frac{1-2\xi_c\left(\frac{T_v}{T_c}\right)+\left(\frac{T_v}{T_c}\right)^2}{1-\xi_c^2}}\cos\left(\frac{\sqrt{1-\xi_c^2}}{T_c}t+\psi_1\right) \tag{5.110}$$

$$\tan\psi_1=\frac{\frac{T_v}{T_c}-\xi_c}{\sqrt{1-\xi_c^2}}$$

积分 $\Delta\dot{\varphi}$ 可得

$$\frac{\Delta\varphi(t)}{-K_{\alpha\delta}\delta_0T_c/T_v}=\frac{t}{T_c}-2\xi_c+\frac{T_v}{T_c}-\mathrm{e}^{-\frac{\xi_c}{T_c}t}\sqrt{\frac{1-2\xi_c\left(\frac{T_v}{T_c}\right)+\left(\frac{T_v}{T_c}\right)^2}{1-\xi_c^2}}\sin\left(\frac{\sqrt{1-\xi_c^2}}{T_c}t+\psi_2\right) \tag{5.111}$$

$$\tan\psi_2=\frac{\left(\frac{T_v}{T_c}-2\xi_c\right)\sqrt{1-\xi_c^2}}{1-2\xi_c^2+\xi_c\frac{T_v}{T_c}}$$

积分 $\Delta\dot{\theta}$ 可得

$$\frac{\Delta\theta(t)}{-K_{\alpha\delta}\delta_0T_c/T_v}=\frac{t}{T_c}-2\xi_c-\mathrm{e}^{-\frac{\xi_c}{T_c}t}\frac{1}{\sqrt{1-\xi_c^2}}\sin\left(\frac{\sqrt{1-\xi_c^2}}{T_c}t-\psi_3\right) \tag{5.112}$$

$$\tan\psi_3=\frac{2\xi_c\sqrt{1-\xi_c^2}}{1-2\xi_c^2}$$

把上述结果分别绘在图 5-11 和图 5-12 中。

下面对上述参数变化的原因加以说明。当舵作阶跃偏转后 δ_0 为常数，产生控制力矩 $M_z^\delta\Delta\delta_\varphi=M_z^\delta\delta_0$，当过渡过程结束时，由传递系数知

$$K_{\alpha\delta}(s=0)=\frac{-\Delta\alpha_s}{\Delta\delta_\varphi}=\frac{M_z^\delta}{M_z^\alpha+M_z^{\omega_z}\frac{Y_c^\alpha}{mv}}$$

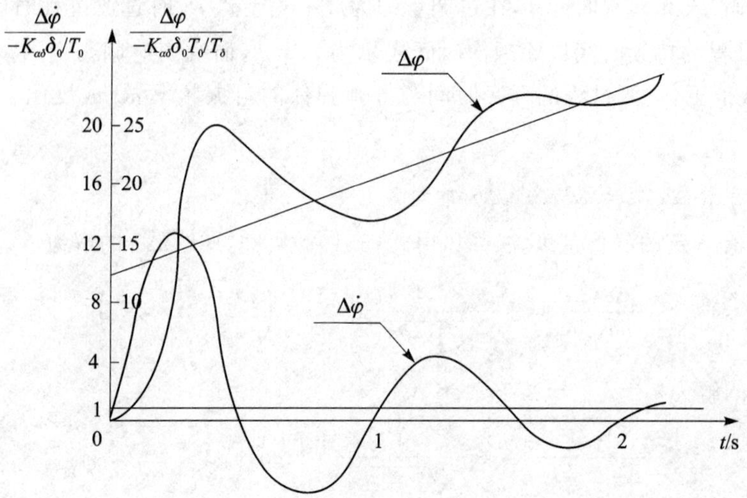

图 5-11　在过渡过程中 **Δφ** 和 $\Delta\dot{\varphi}$ 的变化

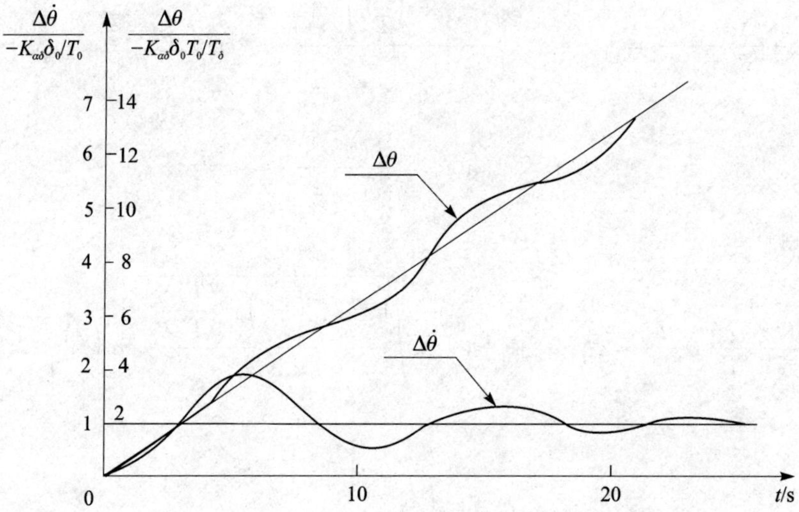

图 5-12　在过渡过程中 **Δθ** 和 $\Delta\dot{\theta}$ 的变化

则
$$\Delta\alpha_s=\frac{-M_z^\delta\delta_0}{M_z^\alpha+M_z^{\omega_z}\dfrac{Y_c^\alpha}{mv}}\tag{5.113}$$

说明过渡过程结束时，有一个迎角增量 $\Delta\alpha_s$，但由该迎角增量产生的静稳定力矩 $M_z^\alpha\Delta\alpha_s$ 并不等于控制力矩 $M_z^\delta\delta_0$，原因是按照过渡过程结束的含义：力矩恢复平衡，即 $\Delta\ddot{\varphi}=0$，但 $\Delta\dot{\varphi}\neq0$，所以阻尼力矩不等于零。而旋转角速度 $\Delta\dot{\varphi}$ 是多少呢？因为 $\Delta\dot{\alpha}=0$，所以 $\Delta\dot{\varphi}=\Delta\dot{\theta}$，当有一个恒定的 $\Delta\alpha_s$ 时，$\Delta\dot{\theta}=\dfrac{Y_c^\alpha}{mv}\Delta\alpha_s$，故力矩平衡时应满足方程：

$$I_z\Delta\ddot{\varphi}=M_z^\alpha\Delta\alpha_s+M_z^{\omega_z}\frac{Y_c^\alpha}{mv}\Delta\alpha_s+M_z^\delta\delta_0=0$$

则
$$\Delta\alpha_s=\frac{-M_z^{\delta}\delta_0}{M_z^{\alpha}+\dfrac{Y_c^{\alpha}}{mv}M_z^{\omega_z}}$$

当有一个 $\Delta\alpha$ 时,会产生一个常值 $\Delta\dot{\theta}$,而 $\Delta\dot{\theta}=$常数时,表明 $\Delta\theta$ 随时间线性增加,因为 $\Delta\dot{\varphi}$ 为常数,所以 $\Delta\varphi$ 也随时间线性增加,又因为 $\Delta\dot{\varphi}=\Delta\dot{\theta}$,所以 $\Delta\varphi$ 与 $\Delta\theta$ 增长的速度一样。这表明由于惯性,弹轴要等速旋转,而在 $\Delta\alpha$ 的作用下,速度方向也等速旋转,且二者旋转速度相同。

当然,上述的解释是在短周期运动简化的假设下得到的,即讨论的是舵偏转以后,前几秒中运动参数的变化,如果考虑的时间很长,则短周期简化假设不成立,上述结论也就不正确了。有文献指出,当 $\Delta\delta_\varphi=\delta_0$ 时,用不简化的扰动方程和简化了的扰动方程得到的运动参数的解在前 7～8 s 内,$\Delta\alpha$ 和 $\Delta\dot{\varphi}$ 的变化规律相似,但以后则相差较多。用短周期运动得到"当 t 很大时,$\Delta\dot{\varphi}$,$\Delta\dot{\theta}$ 均为常数,$\Delta\varphi$,$\Delta\theta$ 随时间的增加而线性增加"的结论是不对的,因为当 t 很大时,不能简化方程,而应该用不简化的扰动运动方程。根据微分方程的理论,非齐次项为常数的线性常系数微分方程,其通解等于一常数加齐次微分方程的通解。因为齐次方程的通解在其特征方程有负实根或实部为负的共轭复根时,当 t 很大时,这部分解是趋近于零的,所以运动参数的增量 Δv,$\Delta\theta$,$\Delta\varphi$,$\Delta\alpha$ 应等于常数,$\Delta\dot{\theta}$,$\Delta\dot{\varphi}$,$\Delta\dot{\alpha}$ 应等于零。虽然当 t 很大时,利用简化了的扰动运动方程得到的运动参数的解不准确,但对运动参数的解的分析工作仍然具有重要意义,主要体现在两个方面:一个是分析运动参数的变化规律对运动过程的理解是有益的;另一个是短周期简化分析得到的结果的确反映了前几秒中运动参数的变化,而这正是我们研究的对象。

5.3　刚性弹体姿态控制方法

远程弹道导弹(运载火箭)的特点是弹体在干扰作用下沿着预定的标准弹道飞行时,其偏差在允许的范围内。为达到此目的,在不能调节推力大小的条件下主要靠控制弹体的推力方向,而推力方向主要是由刚性弹体的姿态角决定的(因为引起附加发动机摆角的弹性振动是频率较高的周期振动,对弹道的影响可以忽略)。所以,姿态控制系统的任务就是根据制导系统和导航系统提供的信号控制刚性弹体的姿态角。另外,就弹体姿态运动而言,刚性弹体的姿态运动是基础,而弹体的弹性振动和推进剂晃动都可以看作相对于刚性弹体的扰动。因此,本节以刚性弹体为研究对象,研究其姿态运动的稳定与控制方法。

5.3.1　无控刚性弹体姿态运动的稳定性分析

在研究弹体姿态运动时,一般可忽略速度的变化,即认为 $\Delta v=0$,并且对远程弹道导弹来讲,$M_z^{\dot{\alpha}}$ 是较小的项,可以略去,则根据式(5.53)可知,刚性弹体纵向扰动运动方程可写为

$$\left.\begin{aligned}&\Delta\dot{\theta}-a_{22}\Delta\theta-a_{23}\Delta\alpha=a_{25}\Delta\delta_\varphi\\&\Delta\ddot{\varphi}-a_{44}^{*}\Delta\dot{\varphi}-a_{43}^{*}\Delta\alpha=a_{45}^{*}\Delta\delta_\varphi\\&\Delta\alpha=\Delta\varphi-\Delta\theta\end{aligned}\right\}\tag{5.114}$$

式中,$a_{25}=\dfrac{R'}{mv}$,$a_{45}^{*}=\dfrac{M_z^{\delta}}{I_z}$。鉴于上述方程系数变化比较缓慢,故采用固化系数法分析此变系

数方程组。应用拉氏变换，以 s 为拉氏变量，由式(5.75)可知俯仰角与俯仰舵偏角之间的传递函数为

$$G_{\varphi\delta_\varphi}(s)=\frac{-\frac{M_z^\delta}{I_z}\left(s-\frac{g\sin\theta}{v}+\frac{Y_c^\alpha}{mv}-\frac{R'}{mv}\frac{M_c^\alpha}{M_z^\delta}\right)}{s^3+B_1s^2+B_2s+B_3} \tag{5.115}$$

故得其特征多项式为

$$D(s)=s^3+B_1s^2+B_2s+B_3 \tag{5.116}$$

根据各符号之间的关系，可知

$$\left.\begin{aligned}B_1&=a_{23}-a_{22}-a_{44}^*\\B_2&=a_{44}^*(a_{22}-a_{23})-a_{43}^*\\B_3&=a_{43}^*a_{22}\end{aligned}\right\} \tag{5.117}$$

则特征多项式变为

$$D(s)=s^3+(a_{23}-a_{22}-a_{44}^*)s^2+[a_{44}^*(a_{22}-a_{23})-a_{43}^*]s+a_{43}^*a_{22} \tag{5.118}$$

$\Delta\varphi,\Delta\alpha,\Delta\theta$ 稳定与否取决于传递函数特征方程有没有根分布在 s 平面的右半平面，而它们的运动分量和运动形式(单调或振荡)则取决于特征根的形式(实根或复根)。选取导弹起飞时刻、气动力矩系数最大时刻、关机时刻(包括高空飞行段)为特征点，通过观察特征方程 $D(s)=0$ 根的分布来分析无控刚性弹体运动的稳定性。

(1) 起飞时刻

起飞时，速度 v 值很小，因此系数 a_{22},a_{23} 很大，系数 a_{43}^*,a_{44}^* 很小，而阻尼项 a_{44}^* 值更小，为简单起见，略去 a_{44}^* 项，于是式(5.118)近似为

$$\begin{aligned}D(s)&=s^3+(a_{23}-a_{22})s^2-a_{43}^*s+a_{43}^*a_{22}\\&\approx(s+a_{23}-a_{22})\left[s^2-\frac{a_{43}^*a_{23}}{(a_{23}-a_{22})^2}s+\frac{a_{43}^*a_{22}}{a_{23}-a_{22}}\right]\end{aligned} \tag{5.119}$$

式中 $(a_{23}-a_{22})>0$，根据 a_{43}^* 的符号分如下两种情况讨论：

① 当 $a_{43}^*>0$ 时，式(5.119)可写为

$$D(s)\approx(s+a_{23}-a_{22})(s^2+2\zeta\omega s+\omega^2) \tag{5.120}$$

其中，$\omega=\sqrt{\frac{a_{43}^*a_{22}}{a_{23}-a_{22}}}$，$\zeta\omega=-\frac{a_{43}^*a_{23}}{2(a_{23}-a_{22})^2}<0$，故特征方程 $D(s)=0$ 有一个实根在 s 平面左半平面，一对复根在 s 平面的右半平面，这说明导弹在起飞时刻无控时是振荡发散的。

② 当 $a_{43}^*<0$ 时，式(5.119)可写为

$$D(s)\approx(s+a_{23}-a_{22})\left(s-\frac{a_{43}^*a_{23}}{2(a_{23}-a_{22})^2}+\sqrt{\frac{-a_{43}^*a_{22}}{a_{23}-a_{22}}}\right)\left(s-\frac{a_{43}^*a_{23}}{2(a_{23}-a_{22})^2}-\sqrt{\frac{-a_{43}^*a_{22}}{a_{23}-a_{22}}}\right) \tag{5.121}$$

式中，$\frac{a_{43}^*a_{23}}{2(a_{23}-a_{22})^2}+\sqrt{\frac{-a_{43}^*a_{22}}{a_{23}-a_{22}}}>0$，因此，特征方程 $D(s)=0$ 有一个根在右半平面，此根与 a_{22} 相关联，这说明弹体在重力分量的影响下单调发散。

(2) 气动力矩系数最大时刻

此时 $|a_{43}^*|$ 最大，而由于 v 值已很大，故系数 a_{22},a_{23} 很小，因此，$D(s)$ 可近似分解为

$$D(s) \approx (s - a_{22})(s^2 - a_{44}^* s - a_{43}^*) \tag{5.122}$$

当 $a_{43}^* < 0$ 时，$D(s)$ 可写为 $D(s) \approx (s-a_{22})(s^2+2\zeta\omega s+\omega^2)$，其中 $\omega=\sqrt{-a_{43}^*}$，$\zeta\omega=-\frac{1}{2}a_{44}^*>0$，由此可见，特征方程 $D(s)=0$ 有一个实根（等于 a_{22}）在右半平面，有一对复根在左半平面，并且由于 a_{44}^* 很小而接近虚轴，故弹体的角运动将在重力分量的作用下单调发散，又因为 a_{22} 值很小，所以发散速度很慢。此外，在初始扰动下，角运动还将呈现振荡特性，振荡幅度取决于初始扰动的大小，振荡频率为 $\sqrt{-a_{43}^*}$，振荡衰减的快慢取决于气动阻尼项 a_{44}^* 的大小，通常 a_{44}^* 值很小，因此衰减很慢。由于 a_{43}^* 值远大于 a_{22} 值，故振荡运动的周期远小于单调发散运动的时间常数。称这种振荡运动为短周期运动，而称缓慢的单调运动为长周期运动。弹体的整个角运动由这两部分运动分量所组成。可以看出，长周期运动与力平衡方程的系数相关联，反映了力的平衡过程，而短周期运动与力矩方程系数相关联，反映了力矩的平衡过程。

当 $a_{43}^* > 0$ 时，式(5.122)可分解为

$$\begin{aligned} D(s) &\approx (s - a_{22})\left(s - \frac{1}{2}a_{44}^* + \sqrt{a_{43}^*}\right)\left(s - \frac{1}{2}a_{44}^* - \sqrt{a_{43}^*}\right) \\ &\approx (s - a_{22})\left(s + \sqrt{a_{43}^*}\right)\left(s - \sqrt{a_{43}^*}\right) \end{aligned}$$

此时特征方程 $D(s)=0$ 有两个实根在右半平面，且由于 $\sqrt{a_{43}^*} \gg a_{22}$，故导弹在静不稳定力矩作用下迅速单调发散。

(3) 关机时刻

气动力矩系数 a_{43}^*，a_{44}^* 接近零值，因此

$$D(s) \approx s^3 + (a_{23} - a_{22})s^2 = s^2(s + a_{23} - a_{22}) \tag{5.123}$$

此时特征方程 $D(s)=0$ 有两个根在原点，故弹体的运动属于临界稳定状态，一旦有外干扰，$\Delta\varphi$、$\Delta\theta$ 就迅速增大。

从对刚性弹体运动各特征点的特征方程根的分析可以看到：不管弹体气动特性是静稳定的还是静不稳定的，无控弹体运动都是不稳定的；当静不稳定时，弹体运动发散最快。要使弹体按预定弹道稳定飞行，必须对弹体的姿态运动加以控制。

5.3.2　姿态控制方程

1. 基于姿态角偏差的反馈控制方程

5.3.1 节的分析指出，无控弹体姿态运动是不稳定的，不稳定的原因是当有姿态角偏差时，弹体的姿态角在重力分量作用下单调发散（当 $a_{43}^*<0$ 时）或在静不稳定力矩作用下振荡或单调发散（当 $a_{43}^*>0$ 时）。如果能够根据姿态角偏差产生一个控制力矩，用此控制力矩平衡静不稳定力矩并产生一个与姿态角偏差相反的姿态角运动，即可消除姿态角偏差，使弹体的姿态运动稳定。因此需要进行姿态角偏差反馈，此时姿态控制系统的控制方程为

$$\Delta\delta_\varphi = a_0^\varphi \Delta\varphi \tag{5.124}$$

式中，a_0^φ 为控制系统姿态角偏差静态放大系数。

当 $a_{43}^*>0$ 且 $|a_{43}^*|$ 最大时，弹体运动的固有稳定性最差，所以，以此时刻为特征点来讨论在姿态角反馈控制条件下刚性弹体运动的稳定性。由于 $\Delta\theta$ 变化缓慢，故首先略去 $\Delta\theta$ 的变化，即仅考虑力矩方程，由式(5.114)得

$$\Delta\ddot{\varphi} - a_{44}^{*}\Delta\dot{\varphi} - a_{43}^{*}\Delta\alpha = a_{45}^{*}\Delta\delta_{\varphi} \tag{5.125}$$

考虑到 $\Delta\varphi \approx \Delta\alpha$，则有

$$\Delta\ddot{\varphi} - a_{44}^{*}\Delta\dot{\varphi} - a_{43}^{*}\Delta\varphi = a_{45}^{*}\Delta\delta_{\varphi} \tag{5.126}$$

式中，$a_{45}^{*}\Delta\delta_{\varphi}$ 为摆动发动机（或控制舵）产生的控制力矩项。将控制方程(5.124)代入式(5.126)，得

$$\Delta\ddot{\varphi} - a_{44}^{*}\Delta\dot{\varphi} - (a_{43}^{*} + a_{0}^{\varphi}a_{45}^{*})\Delta\varphi = 0 \tag{5.127}$$

此时式(5.127)的特征多项式为

$$D(s) = s^{2} - a_{44}^{*}s - (a_{43}^{*} + a_{0}^{\varphi}a_{45}^{*}) \tag{5.128}$$

由此看到，特征方程 $D(s)=0$ 没有正根的充要条件是

$$-a_{0}^{\varphi}a_{45}^{*} - a_{43}^{*} > 0 \tag{5.129}$$

这个条件表示，姿态偏差 $\Delta\varphi$ 所产生的控制力矩必须大于同一偏差产生的静不稳定力矩。只有这样，才可能把导弹从任一初始偏差 $\Delta\varphi_0$ 控制回来。但从式(5.128)可以看到，由于 a_{44}^{*} 很小，即使特征方程 $D(s)=0$ 的根在左半平面，也很接近虚轴，故弹体角运动仍呈现衰减极慢的振荡特性。

角运动衰减很慢的原因是姿态角运动的固有阻尼太小，即 $\Delta\dot{\varphi}$ 前的系数太小。为了增大角运动的阻尼，在控制方程中还需要引进 $\Delta\dot{\varphi}$ 信号，即实现所谓的超前控制。系统需要超前控制不仅是为了增加单体姿态运动的阻尼，同时也是为了保证弹体姿态角运动的稳定性。在上面分析系统稳定性时没有考虑摆动发动机（或控制舵）伺服系统的惯性，如果考虑伺服系统的惯性，则在只有姿态角偏差反馈的控制方案中，弹体的姿态运动是不稳定的。

2. 基于姿态角偏差和姿态角速度偏差的反馈控制方程

在此种反馈控制方案中，控制方程为

$$\Delta\delta_{\varphi} = a_{0}^{\varphi}\Delta\varphi + a_{1}^{\varphi}\Delta\dot{\varphi} \tag{5.130}$$

仍以气动力矩系数最大时为特征点为例来讨论弹体的稳定性。将式(5.130)代入式(5.126)，得

$$\Delta\ddot{\varphi} - (a_{44}^{*} + a_{1}^{\varphi}a_{45}^{*})\Delta\dot{\varphi} - (a_{43}^{*} + a_{0}^{\varphi}a_{45}^{*})\Delta\varphi = 0 \tag{5.131}$$

其特征多项式为

$$D(s) = s^{2} - (a_{44}^{*} + a_{1}^{\varphi}a_{45}^{*})s - (a_{43}^{*} + a_{0}^{\varphi}a_{45}^{*}) \tag{5.132}$$

则特征方程 $D(s)=0$ 的根在左半平面的条件为

$$\begin{cases} -a_{0}^{\varphi}a_{45}^{*} - a_{43}^{*} > 0 \\ -a_{1}^{\varphi}a_{45}^{*} - a_{44}^{*} \approx -a_{1}^{\varphi}a_{45}^{*} > 0 \end{cases} \tag{5.133}$$

式(5.133)是在略去力平衡方程的条件下获得的。在考虑力平衡方程的条件下，由式(5.114)与式(5.130)联立解得引进姿态角偏差和姿态角速度反馈的闭环系统的特征多项式为

$$\begin{aligned} D(s) = {} & s^{3} + (-a_{44}^{*} - a_{1}^{\varphi}a_{45}^{*} + a_{23} - a_{22})s^{2} + \\ & [-a_{43}^{*} - a_{0}^{\varphi}a_{45}^{*} - (a_{44}^{*} + a_{1}^{\varphi}a_{45}^{*})(a_{23} - a_{22}) + a_{1}^{\varphi}a_{43}^{*}a_{25}]s - \\ & a_{0}^{\varphi}a_{45}^{*}(a_{23} - a_{22}) + a_{43}^{*}(a_{22} + a_{0}^{\varphi}a_{25}) \end{aligned} \tag{5.134}$$

在式(5.134)中由于 $a_{22}, a_{23}, a_{44}^{*}$ 的值都很小，故有

$$D(s) \approx (s^{2} - a_{1}^{\varphi}a_{45}^{*}s - a_{43}^{*} - a_{0}^{\varphi}a_{45}^{*})\left(s + \frac{-a_{0}^{\varphi}a_{45}^{*}(a_{23} - a_{22}) + a_{43}^{*}(a_{22} + a_{0}^{\varphi}a_{25})}{-a_{43}^{*} - a_{0}^{\varphi}a_{45}^{*}}\right) \tag{5.135}$$

从式(5.135)可以看出，若 $-a_{43}^{*} - a_{0}^{\varphi}a_{45}^{*} > 0$，则 $\dfrac{-a_{0}^{\varphi}a_{45}^{*}(a_{23} - a_{22}) + a_{43}^{*}(a_{22} + a_{0}^{\varphi}a_{25})}{-a_{43}^{*} - a_{0}^{\varphi}a_{45}^{*}} > 0$，

由此可见，当引进控制方程(5.130)，并满足式(5.133)的条件之后，特征方程式(5.134)的根全部都在左半平面，这说明考虑力平衡方程后俯仰运动的稳定条件仍由式(5.133)给出。这一稳定条件虽然是在气动力矩最大的情况下导出的，但同样适用于其他情况。

对式(5.130)进行拉氏变换后，控制方程可写为

$$\Delta\delta_\varphi(s)=a_0^\varphi\left(\frac{a_1^\varphi}{a_0^\varphi}s+1\right)\Delta\varphi(s)=a_0^\varphi(T_1s+1)\Delta\varphi(s) \tag{5.136}$$

式中 $T_1=\dfrac{a_1^\varphi}{a_0^\varphi}$，这相当于在系统中引入了一个零点。

姿态角偏差和姿态角速度偏差反馈控制的姿态控制系统框图如图 5-13 所示。

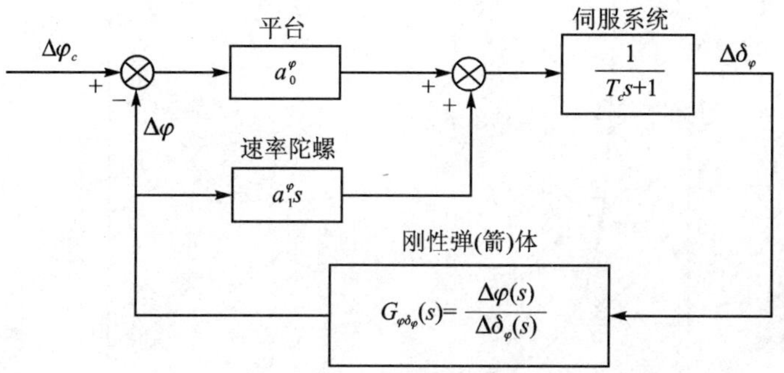

图 5-13　姿态控制系统框图

5.3.3　动、静态参数的初步选择

在控制方程中，a_0^φ 为姿态稳定装置的静态放大系数，a_1^φ 为动态放大系数。a_0^φ 的大小不仅与弹体的稳定性相关联，还与干扰作用下弹体姿态角以及所需发动机(或控制舵)摆角的大小相关联。

作用在弹体上的主要干扰是风干扰，可用附加迎角 α_w 表示，其中又以切变风的影响最大。当考虑风干扰时，刚性弹体纵向扰动运动方程可由式(5.114)改写为

$$\begin{cases}\Delta\dot{\theta}-a_{22}\Delta\theta-a_{23}\Delta\alpha-a'_{23}\alpha_w=a_{25}\Delta\delta_\varphi\\ \Delta\ddot{\varphi}-a_{44}^*\Delta\dot{\varphi}-a_{43}^*(\Delta\alpha+\alpha_w)=a_{45}^*\Delta\delta_\varphi\\ \Delta\alpha=\Delta\varphi-\Delta\theta\end{cases} \tag{5.137}$$

式中，$a'_{23}=\dfrac{Y^\alpha}{mv}$。现在首先观察切变风所引起的姿态角及发动机摆角变化与 a_0^φ 之间的关系。切变风的变化对姿态运动来说不是很快，控制作用足以使弹体姿态跟得上切变风的变化，故在式(5.137)、式(5.130)中可略去动态项，得

$$\Delta\varphi=-\frac{a_{43}^*}{a_{43}^*+a_0^\varphi a_{45}^*}(\alpha_{w1}-\Delta\theta) \tag{5.138}$$

$$\Delta\delta_\varphi=-\frac{a_0^\varphi a_{43}^*}{a_{43}^*+a_0^\varphi a_{45}^*}(\alpha_{w1}-\Delta\theta) \tag{5.139}$$

式中，α_{w1} 表示切变风产生的附加攻角。由于切变风相对于质心运动来说变化较快，故切变风作用过程中所产生的 $\Delta\theta$ 很小，可以略去，于是式(5.138)、式(5.139)就可写为

$$\Delta\varphi=-\frac{a_{43}^{*}}{a_{43}^{*}+a_{0}^{\varphi}a_{45}^{*}}\alpha_{w1} \tag{5.140}$$

$$\Delta\delta_{\varphi}=-\frac{a_{0}^{\varphi}a_{43}^{*}}{a_{43}^{*}+a_{0}^{\varphi}a_{45}^{*}}\alpha_{w1} \tag{5.141}$$

式(5.140)、式(5.141)为准稳态方程，由式(5.140)可以计算出$\frac{\Delta\varphi}{\alpha_{w1}}$与$\frac{a_0^{\varphi}|a_{45}^{*}|}{a_{43}^{*}}$之间的关系，如图5-14所示。

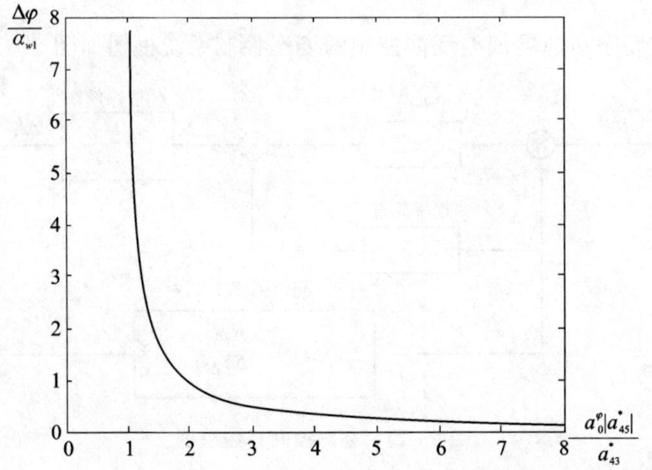

图5-14　$\frac{\Delta\varphi}{\alpha_{w1}}$与$\frac{a_0^{\varphi}|a_{45}^{*}|}{a_{43}^{*}}$的关系曲线

从图5-14可以看到，当a_0^{φ}取值使$\frac{a_0^{\varphi}|a_{45}^{*}|}{a_{43}^{*}}<2.5$时，在相同$\alpha_{w1}$作用下，$\Delta\varphi$随$a_0^{\varphi}$的减小迅速增大；而当$\frac{a_0^{\varphi}|a_{45}^{*}|}{a_{43}^{*}}>2.5$时，$\Delta\varphi$随$a_0^{\varphi}$的增大而缓慢减小。考虑到$a_0^{\varphi}$取得过大可能引起其他问题，如弹性问题、晃动运动的稳定问题、元件惯性的影响问题等，因此选择a_0^{φ}使$\frac{a_0^{\varphi}|a_{45}^{*}|}{a_{43}^{*}}=2.5$是比较合适的。发动机摆角$\Delta\delta_{\varphi}$与$a_0^{\varphi}$之间有类似于图7-8的关系，这可以从$\Delta\delta_{\varphi}$相对于$a_0^{\varphi}$的变化率上看出来，因为

$$\frac{\partial\Delta\delta_{\varphi}}{\partial a_0^{\varphi}}=-\left(\frac{a_0^{\varphi}a_{43}^{*}}{a_{43}^{*}+a_0^{\varphi}a_{45}^{*}}\right)^2\alpha_{w1} \tag{5.142}$$

其中，$\frac{\partial\Delta\delta_{\varphi}}{\partial a_0^{\varphi}}$为负值，说明$\Delta\delta_{\varphi}$随$a_0^{\varphi}$的增大而减小。在相同的切变风干扰作用下，当$\frac{a_0^{\varphi}|a_{45}^{*}|}{a_{43}^{*}}<2.5$时，$\Delta\delta_{\varphi}$随$a_0^{\varphi}$的增大而迅速减小；当$\frac{a_0^{\varphi}|a_{45}^{*}|}{a_{43}^{*}}>2.5$时，$\Delta\delta_{\varphi}$随$a_0^{\varphi}$的增大而减小就不明显了。由于弹体参数与控制系统参数在实际情况下都存在偏差，而在下偏差状态（又称下限状态，即气动稳定裕度最差的状态）下，α_{w1}所产生的$\Delta\varphi$，$\Delta\delta_{\varphi}$要比上偏差状态（上限状态）大，故在实际选取a_0^{φ}时要保证下限状态满足要求，即取

$$a_{0d}^{\varphi}=2.5\frac{a_{43d}^{*}}{|a_{45d}^{*}|} \tag{5.143}$$

式中,下标 d 表示下限状态。考虑到 a_0^φ 有相对偏差 $\Delta\bar{a}_0^\varphi$,则应取

$$a_0^\varphi = \frac{a_{0d}^\varphi}{1-\Delta\bar{a}_0^\varphi} \tag{5.144}$$

在选定静态放大系数 a_0^φ 之后,就可以着手选择动态放大系数 a_1^φ。由式(5.135)可知,a_1^φ 决定短周期运动的衰减快慢。短周期运动的振荡频率与相对阻尼近似为

$$\omega = \sqrt{-a_{43}^* - a_0^\varphi a_{45}^*},\quad \zeta = \frac{-a_1^\varphi a_{45}^*}{2\omega} \tag{5.145}$$

考虑下限状态,将式(5.143)代入式(5.145),则有

$$\frac{1}{T_1} = \frac{1.02}{\zeta}\sqrt{a_{43d}^*},\quad a_1^\varphi = \frac{\zeta}{1.02\sqrt{a_{43d}^*}}a_0^\varphi \tag{5.146}$$

众所周知,当 $\zeta \geqslant 0.5$ 时,动态调整品质比较好。考虑实际系统各元件的惯性,用等效的时间常数 T 表示它们的影响,则可修正为

$$\frac{1}{T_1 - T} = \frac{1.02}{\zeta}\sqrt{a_{43d}^*} \tag{5.147}$$

通常 $T=\frac{T_1}{4}\sim\frac{T_1}{5}$,取 $T=\frac{T_1}{4.5}$,$\zeta=0.5$ 计算,则有

$$\frac{1}{T_1} = 1.58\sqrt{a_{43d}^*} \tag{5.148}$$

或

$$a_1^\varphi = \frac{a_0^\varphi}{1.58\sqrt{a_{43d}^*}}$$

根据式(5.146)或式(5.148)计算的动态参数仅是一初步的选择。对于姿态稳定系统来说,我们主要关心的是稳定裕度的大小(它与调整品质也有一定联系),所以应根据这一要求最终确定动态放大系数。

5.3.4　俯仰(偏航)姿态稳定系统的综合

上面所讨论的控制方程为理想控制方程,忽略了控制元件的动力学特性,因此,可以通过直接求解特征方程的根来分析闭回路系统的稳定性,这在一定频段范围内还是有意义的。但当考虑了控制元件的动力学特性后,控制方程就会有高阶微分项,这时再用解析法求解闭回路系统特征方程的根就很复杂了。在这种情况下,往往采用根轨迹法、对数频率法等几何方法,根据系统开回路特性判断闭回路系统的稳定性。如果系统不稳定,则需要寻求校正装置特性,使闭回路的稳定性满足要求,这就是通常所谓的稳定系统综合。因为对数频率法简单明了,便于综合,能够考虑高阶动态项,所以本节采用对数频率法进行稳定系统综合。

为了实现理想控制方程,俯仰(偏航)姿态控制系统必须包括以下元件:

① 测量 $\Delta\varphi$ 的姿态敏感元件,通常采用平台或 3 自由度陀螺;

② 产生与 $\Delta\dot{\varphi}$ 信号成比例的元件——校正网络或速率陀螺;

③ 对 $\Delta\varphi$,$\Delta\dot{\varphi}$ 信号进行放大的元件——放大器;

④ 把电信号转换为发动机偏转的元件——执行机构,常用液压伺服机构或舵机。

当系统工作在线性范围内时,这些控制元件的动力学特性可以用传递函数来描述。以 $k_r W_r(s)$,$k_g W_g(s)$,$k_y W_y(s)$,$k_{cn} W_{cn}(s)$ 分别表示上述各元件的特性,k_r,k_g,k_y,k_{cn} 为其静态放大系数。这样就可以把理想控制方程修改为实际控制方程,其传递函数形式为

$$\Delta\delta_{\varphi} = k_r W_r(s) \cdot k_g W_g(s) \cdot k_y W_y(s) \cdot k_{cn} W_{cn}(s) \cdot \Delta\varphi$$
$$= a_0^{\varphi} W_r(s) \cdot W_g(s) \cdot W_y(s) \cdot W_{cn}(s) \cdot \Delta\varphi \tag{5.149}$$

其中，$a_0^{\varphi} = k_r k_g k_y k_{cn}$。对俯仰角偏差，若记 $G_{\varphi\delta_{\varphi}}(s) = k_0^{\varphi} W_0^{\varphi}(s)$，则有

$$\Delta\varphi = k_0^{\varphi} W_0^{\varphi}(s) \cdot \Delta\delta_{\varphi} \tag{5.150}$$

则由式(5.149)与式(5.150)可画出闭环系统的结构图如图 5-15 所示。

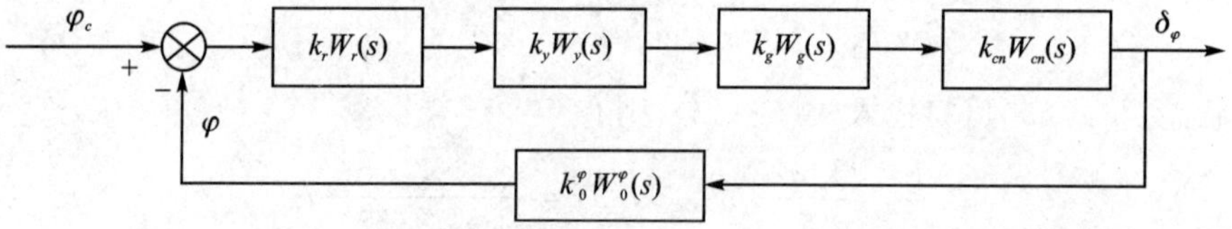

图 5-15 俯仰姿态控制系统结构图

在这个回路中，为保证闭环系统的稳定性，设计人员唯一需要确定的特性是校正网络特性。可以说，如何选择网络特性是整个综合设计的核心。为保证刚体角运动的稳定性，校正网络应起到如下几个作用：① 产生控制方程中与 $\Delta\dot{\varphi}$ 成比例的信号；② 补偿控制元件的惯性；③ 进行高频滤波。显然前两点是为实现所表示的控制规律，而后一点是为了消除因实现前两点而产生的副作用，这个副作用就是高频干扰信号得到放大，从而影响放大器及伺服机构的正常工作。而要实现③又会对①、②产生不利影响，因为实现高频滤波的同时必然引起惯性延迟。为使高频滤波作用强而引起的惯性延迟小，网络特性采用振荡环节比采用惯性环节更为有利。

下面以具体例子来说明刚体姿态稳定系统的综合。

① 计算运动方程系数：

$$a_{22} = 0.01\ \mathrm{s}^{-1},\quad a_{23} = 0.064\ \mathrm{s}^{-1},\quad a_{25} = 0.003\ \mathrm{s}^{-1}$$
$$a_{43d}^{*} = 2.5\ \mathrm{s}^{-2},\quad a_{44d}^{*} = -0.06\ \mathrm{s}^{-1},\quad a_{45d}^{*} = -1.0\ \mathrm{s}^{-2}$$

② 确定元件传递函数：

已知 $W_r(s) = 1, W_y(s) = 1$，且

$$W_{cn}(s) = \frac{1}{\left(\frac{s}{15}+1\right)\left[\left(\frac{s}{100}\right)^2 + 2\times 0.15 \times \frac{s}{100} + 1\right]}$$

$$k_0^{\varphi} W_{0d}^{\varphi}(s) = -2.45 \frac{\frac{s}{0.0615}+1}{\left(\frac{s}{0.01}-1\right)\left(\frac{s}{1.64}+1\right)\left(\frac{s}{1.52}-1\right)}$$

③ 画出弹体对数频率特性，如图 5-16 所示。

④ 计算 a_0^{φ}：

根据式(5.143)，得 $a_{0d}^{\varphi} = 2.5 \dfrac{a_{43d}^{*}}{|a_{45d}^{*}|} = 6.25$，取 $\Delta\bar{a}_0^{\varphi} = 20\%$，则 $a_0^{\varphi} = \dfrac{a_{0d}^{\varphi}}{1-\Delta\bar{a}_0^{\varphi}} = 7.8$。

⑤ 选取 $\omega_1 = \dfrac{1}{T_1}$，即 $\dfrac{1}{T_1} = 1.58\sqrt{a_{43d}^{*}} = 2.5$。

⑥ 选取网络特性：

取 $W_g(s) = \dfrac{(T_1 s+1)(T_2 s+1)}{(T_3 s+1)\left[(T_4 s)^2 + 2\zeta_4 T_4 s + 1\right](T_5 s+1)}$，其中 $T_1 = \dfrac{1}{2.5}, T_2 = \dfrac{1}{20}, T_3 =$

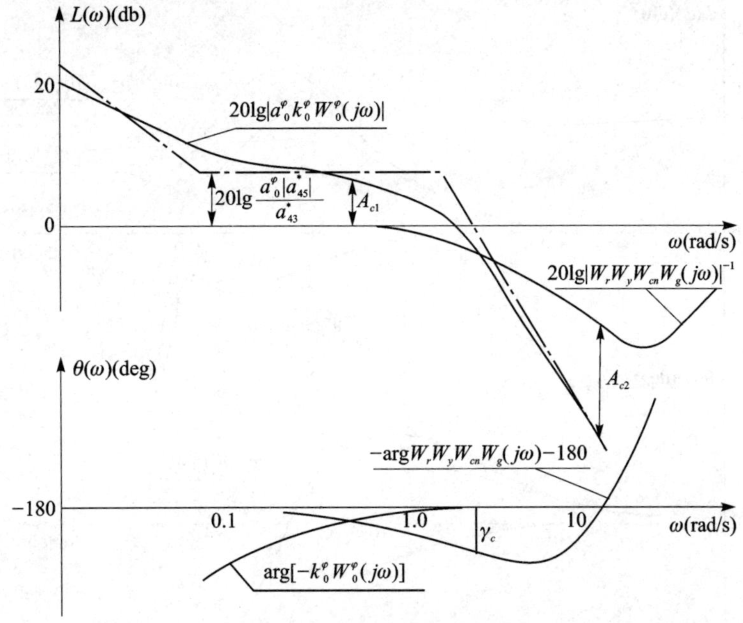

图 5-16　弹体对数频率特性

$\frac{1}{30}, T_4=\frac{1}{30}, \zeta_4=\frac{1}{2}, T_5=\frac{1}{100}$。引进 T_2 项是为了补偿伺服系统的惯性，引进 T_3, T_4 项是为了进行高频滤波。

⑦ 画出网络的对数频率特性，如图 5-17 所示。

⑧ 画出综合图。

由图 5-15 可知系统开环特性为

$$kW(s)=-a_0^{\varphi}W_r(s)W_g(s)W_y(s)W_{cn}(s)k_0^{\varphi}W_0^{\varphi}(s)$$

系统综合图即整个系统开环频率特性图，但在综合过程中需要不断修改网络特性，因此把 $a_0^{\varphi}k_0^{\varphi}W_0^{\varphi}(s)$（或 $a_0^{\varphi}k_0^{\varphi}W_0^{\varphi}(s)W_r(s)W_y(s)W_{cn}(s)$）作为固定特性，而其余特性用便于修改的倒幅相特性形式画出。开环对数频率特性为

$$\begin{aligned}L(\omega)&=20\log|kW(j\omega)|\\&=20\lg|k_0^{\varphi}W_0^{\varphi}(s)|+20\lg a_0^{\varphi}+20\lg|W_rW_yW_{cn}W_g(j\omega)|\\&=20\lg|k_0^{\varphi}W_0^{\varphi}(s)|+20\lg a_0^{\varphi}-20\lg|W_rW_yW_{cn}W_g(j\omega)|^{-1}\end{aligned}\tag{5.151}$$

$$\begin{aligned}\theta(\omega)&=\arg W(j\omega)=\arg[-W_0^{\varphi}(s)]+\arg W_rW_yW_{cn}W_g(j\omega)\\&=\arg[-W_0^{\varphi}(s)]-[-\pi-\arg W_rW_yW_{cn}W_g(j\omega)]-\pi\end{aligned}\tag{5.152}$$

式中，$-\arg W_rW_yW_{cn}W_g(j\omega)$ 与 $|W_rW_yW_{cn}W_g(j\omega)|^{-1}$ 就是倒幅相特性 $[W_rW_yW_{cn}W_g(j\omega)]^{-1}$ 的相特性与幅特性。根据式(5.151)、(5.152)画出系统综合图如图 5-16 所示。在综合图上，倒幅频特性为实际的零分贝线，而 $-\pi-\arg W_rW_yW_{cn}W_g(j\omega)$ 为实际的 $-180°$ 线。因系统参数为下限状态，故图 5-16 也被称为系统下限综合图。

⑨ 稳定性分析。

系统开环传递函数 $kW(s)$ 有两个正极点，用 p 表示正极点的数目，则 $p=2$；由系统综合图可知，当 ω 由 $0\to\infty$ 时，对应 $L(\omega)>0$，$kW(j\omega)$ 相特性正穿 $-\pi$ 线一次，因此，当 ω 由 $-\infty\to\infty$ 时，对应 $L(\omega)>0$，$kW(j\omega)$ 相特性穿越 $-\pi$ 线的次数 n 为 $n=2$；记 z 为闭环特征方

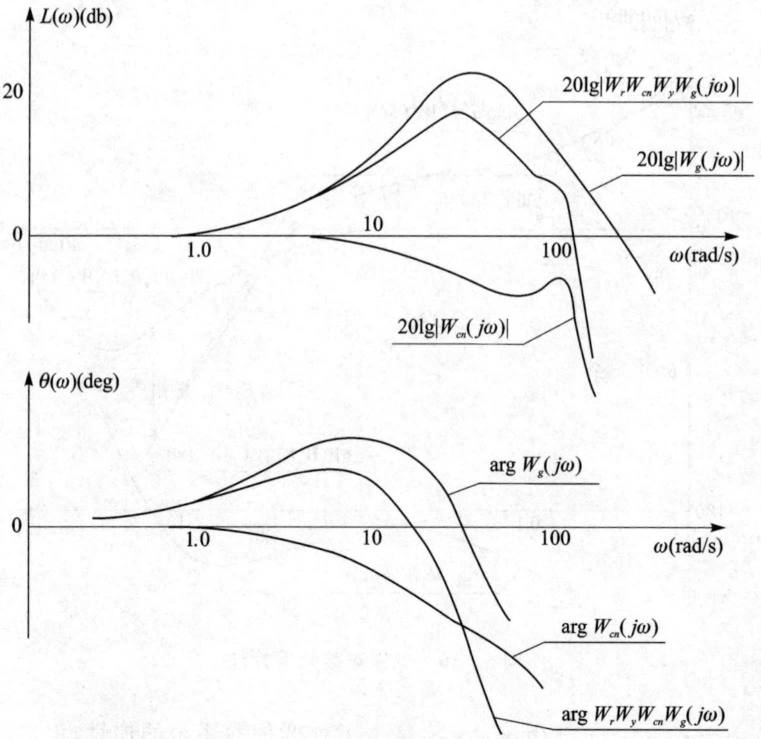

图 5-17 网络的对数频率特性

程的正根数,由稳定判据得 $z=p-n=0$,故闭环系统稳定。

设计中,常用稳定裕度来表示系统稳定的程度。由系统综合图可知,低频相特性正穿 $-\pi$ 线一次是需要的,因此,将对应的 $L(\omega)>0$ 的值称为低频幅裕度,记为 A_{c1}。A_{c1} 不仅反映保持这次穿越允许系统参数变化的程度,而且还反映 $a_0^{\varphi}|a_{45}^*|>|a_{43}^*|$ 的程度,因为幅特性渐近线之值恰好是 $20\lg\dfrac{a_0^{\varphi}|a_{45}^*|}{a_{43}^*}$。不难看出 A_{c1} 在 a_{43}^*,a_{45}^* 已定的条件下完全由 a_0^{φ} 所确定,在图 5-16 中 $A_{c1}\approx 20\lg\dfrac{(a_0^{\varphi}|a_{45}^*|)_d}{a_{43d}^*}=8$ db。高频相特性又负穿 $-\pi$ 线,这次穿越是不需要的,故对应这次穿越的 $L(\omega)$ 值必须为负值,并称其为高频幅裕度,记为 A_{c2}。

$L(\omega)=0$ 时对应的频率为刚体截频,记为 ω_c,对应的相特性与 $-180°$ 的差值为刚体相位裕度,记为 γ_c,显然 γ_c 应大于零,其大小反映了系统进行超前调整的程度,因此它与系统调整品质也是相关联的,它与 A_{c2} 分别反映 $L(\omega)>0$ 时不产生刚体高频相特性穿越 $-\pi$ 线(不应有的)所允许的相特性与幅特性的变化程度。

由图 5-16 可以得到

$$A_{c1}=7.4\ \text{db},\qquad \omega_c=2.7,\qquad A_{c2}=-16.6\ \text{db},\qquad \gamma_c=34°$$

除低频幅裕度是由 a_0^{φ} 确定之外,对其余的幅、相裕度很难提出一个统一的要求值。通常 A_{c2} 应小于 -3 db,γ_c 应大于 20°。必须指出的是,足够的稳定裕度对保证系统的稳定性与获得较好的调整品质是必要的,但过分地追求裕度可能引起其他问题,比如抗干扰问题、弹性稳定问题等。

5.4　PID 控制方法

PID 控制方法是飞行控制中最简单、最常用的一种控制系统设计方法。该方法将偏差的比例(P)、积分(I)和微分(D)通过线性组合构成控制量，从而实现对被控对象的控制，故将其称为 PID 控制。

PID 控制器的原理框图如图 5－18 所示。

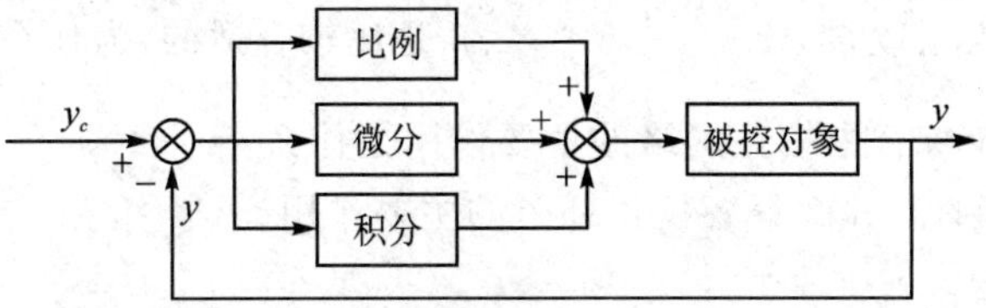

图 5－18　PID 控制器原理框图

PID 控制器是一种线性控制器，它根据给定值 $y_c(t)$ 与实际输出值 $y(t)$ 构成控制偏差：

$$e(t)=y_c(t)-y(t) \tag{5.153}$$

而 PID 控制规律为

$$u(t)=k_p\left[e(t)+\frac{1}{T_I}\int_0^t e(t)\,\mathrm{d}t+T_D\frac{\mathrm{d}e(t)}{\mathrm{d}t}\right] \tag{5.154}$$

或写成传递函数的形式为

$$G(s)=\frac{U(s)}{E(s)}=k_p\left(1+\frac{1}{T_Is}+T_Ds\right) \tag{5.155}$$

式中，k_p 为比例系数，T_I 为积分时间常数，T_D 为微分时间常数。也常记 $k_i=\dfrac{k_p}{T_I}$ 为微分系数，$k_d=k_pT_D$ 为积分系数。

简单来说，PID 控制器各校正环节的作用如下：

① 比例环节：成比例地反映控制系统的偏差信号 $e(t)$，偏差一旦产生，控制器立即产生控制作用，以减少偏差；

② 积分环节：主要用于消除系统的稳态误差，提高系统的无差度。积分作用的强弱取决于积分时间常数 T_I，T_I 越小，积分作用越强，反之越弱；

③ 微分环节：反映偏差信号的变化趋势（变化速率），并能在偏差信号变得太大之前，在系统中引入一个有效的早期修正信号，从而调节系统的动态品质，加快系统的响应速度，减少调节时间。

思考题

1. 什么是扰动运动和未扰动运动？
2. 简要解释弹体稳定性和操纵性的含义。
3. 如何利用气动力矩系数的偏导数判断导弹的纵向静稳定性？
4. 解释静稳定性和动稳定性的概念。
5. 静稳定弹体的运动一定是稳定的吗？为什么？

6. 简述纵向扰动运动特征方程式根的逐次逼近近似解法。
7. 写出特征方程式阶次 $n=4$ 时的霍尔维茨(Hurwitz)稳定判据,并给出推导过程。
8. 纵向扰动运动可以分为哪两种典型模态？各自的特点是什么？
9. 列写出弹体纵向传递函数简化过程中用到的主要假设条件。
10. 根据阻尼系数的不同取值范围,简述过渡过程的主要形式及其特点。
11. 分析纵向运动参数的过渡过程有哪些特点？
12. 写出基于姿态角偏差和姿态角速度偏差的反馈控制方程,解释各个符号的含义。
13. 选择静态放大系数 a_0^φ 使 $\dfrac{a_0^\varphi|a_{45}^*|}{a_{43}^*}=2.5$ 是比较合适的,为什么？
14. 姿态稳定系统综合中校正网络的主要作用是什么？
15. 写出 PID 控制律,并解释各校正环节的主要作用。

第 6 章　飞航导弹制导方法

6.1　飞航导弹制导概述

前述制导理论多针对弹道导弹，本章将进一步结合有翼飞航导弹的特点，阐明有翼飞航导弹飞行力学和制导的主要问题，即飞航导弹的制导律及其运动学特性。与弹道导弹相比，飞航导弹的特点主要是所攻击的目标一般为活动的点目标（如飞机、舰船、坦克、导弹等），具有良好的机动性，在大气层内飞行等特点。

随着科学技术的发展和实战的需要，为了应对高速、机动、隐身，具有各种干扰的多目标等特点的飞行器，飞航导弹采用了很多高新技术成果，具有更好的机动性，能够全天候、全方向攻击目标，并且具有一定的通用性，制导方式倾向于垂直发射或固定角度发射，且发射后不管，一般采用精确制导技术，如海湾战争中，防空导弹“爱国者”曾多次成功拦截“飞毛腿”导弹就是一个典型的应用。

6.1.1　飞航导弹与弹道导弹研究特点

根据飞航导弹的特点，就制导律研究来说，飞航导弹与弹道导弹主要存在以下几个方面的差异：① 坐标系的选择与定义；② 坐标转序；③ 所受引力特性；④ 发动机推力特性。

1. 坐标系的选择与定义

与弹道导弹坐标系相比，飞航导弹坐标系有相同的弹体坐标系和速度坐标系，不同的常用坐标系为地面坐标系 $OXYZ$。飞航导弹定义的 OX 轴在当地的水平面内可以指向任意方向，OY 轴垂直于当地水平面，OZ 轴与 OX、OY 轴组成右手系。飞航导弹还引入了常用的弹道坐标系 $O_1X_2Y_2Z_2$，其定义是原点 O_1 在导弹质心上，O_1X_2 轴指向导弹速度方向，O_1Y_2 轴在包含导弹速度矢量的当地垂直平面内与 O_1X_2 轴垂直，O_1Z_2 轴与 O_1X_2、O_1Y_2 轴组成右手系，该坐标系常用来分析研究导弹的弹道特性，从地面坐标系到弹道坐标系的坐标变换阵为

$$\begin{bmatrix} X_2 \\ Y_2 \\ Z_2 \end{bmatrix} = \boldsymbol{D}_Q \begin{bmatrix} X \\ Y \\ Z \end{bmatrix} \tag{6.1}$$

$$\boldsymbol{D}_Q = M_Z[\theta_D]M_Y[\varphi_P] = \begin{bmatrix} \cos\theta_D\cos\varphi_P & \sin\theta_D & -\cos\theta_D\sin\varphi_P \\ -\sin\theta_D\cos\varphi_P & \cos\theta_D & \sin\theta_D\sin\varphi_P \\ \sin\varphi_P & 0 & \cos\varphi_P \end{bmatrix} \tag{6.2}$$

式中，θ_D 为弹道倾角；φ_P 为航迹偏航角。

速度坐标系 $O_1X_vY_vZ_v$ 为将弹道坐标系 $O_1X_zY_zZ_z$ 绕 O_1X_z 轴旋转 ν 形成，它与地面坐标系 $OXYZ$ 的坐标系变换阵为

$$\begin{bmatrix} X_v \\ Y_v \\ Z_v \end{bmatrix} = \boldsymbol{V}_G \begin{bmatrix} X \\ Y \\ Z \end{bmatrix} \tag{6.3}$$

$$\boldsymbol{V}_G = M_X[\nu]M_Z[\theta_D]M_Y[\varphi_p] \tag{6.4}$$

式中，ν 为倾侧角。

2. 坐标转换的次序不同

除速度坐标系变换到弹体坐标系外，弹道导弹一般变换的次序是先俯仰后偏航再滚动，而飞航导弹是先偏航后俯仰再滚动，另外，飞航导弹与弹道导弹所用欧拉角符号也不完全相同。

3. 关于地球模型的假设

考虑到飞航导弹射程近，飞行时间很短，故不考虑地球自转和扁率的影响，将作用距离范围内的局部地球表面看作为平面，在该区域内将地球的重力场视为平行重力场，其方向始终平行当地铅垂方向，而大小只随高度变化，即

$$g(h) = g_0\left(\frac{R_0}{R_0+h}\right)^2 \tag{6.5}$$

式中，g_0 为地球表面的重力加速度；R_0 为地球半径；$R_0=6\ 371$ km；h 为离地面的高度。

4. 受力特性

飞航导弹一般采用固体发动机，推力矢量方向取决于发动机安装的特点，通常包括的形式有：沿弹纵轴正向；与弹纵轴平行；与弹纵轴有夹角。发动机推力的合力可以通过重心，也可以不通过重心。控制力和控制力矩一般由空气舵产生，而在大固定角度或垂直发射的拐弯段一般由发动机推力矢量控制。

飞航导弹在大气层内飞行，气动外形较复杂，一般线性范围使用迎角较大可达十几度，为了利用非线性涡升力产生很大的可用过载，这时使用迎角可达 30°以上（如“爱国者”使用迎角可达 30°，最大过载达 30 g），此时气动力矩需要考虑的因素也更为复杂。

飞航导弹在引入力矩“瞬时平衡”假设时略去了惯性力矩，相当于近似认为导弹无转动惯性，而弹道导弹在“瞬时平衡”假设中则近似认为转动角加速度很小。

5. 性能指标

飞航导弹非常关注导弹的机动性能，因此，在研究其制导律时引入了不同的性能指标，包括导弹曲率、转弯半径、需用法向加速度、需用法向过载、可用过载等。

(1) 导弹曲率、转弯半径

几何上一般用弹道的曲率 K 或曲率半径 ρ 来表示导弹的转弯半径和弯曲程度，即

$$K = \frac{1}{\rho} \tag{6.6}$$

(2) 需用法向加速度 W_{y2}

弹道的需用法向加速度可用图 6-1 表示，定义法向加速度为

$$W_{y2} = \frac{V_D^2}{\rho} \quad 或 \quad W_{y2} = V_D\dot{\theta}_D \tag{6.7}$$

其中，V_D 为导弹速度；θ_D 为速度倾角。

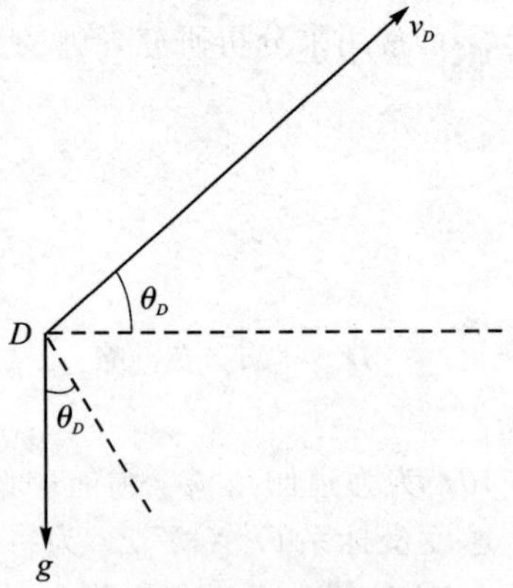

图 6-1　需用法向加速度

(3) 需用过载 $n_{y需}$

对于垂直平面运动，其弹道需用法向过载表示为

$$n_{y需}=\begin{cases}\dfrac{V_D}{g}\dot{\theta}_D & (\text{不考虑重力分量})\\[2ex] \dfrac{V_D}{g}\dot{\theta}_D+\cos\theta_D & (\text{考虑重力分量})\end{cases}$$

(4) 可用过载 $n_{y可}$

导弹可用过载定义为由导弹最大舵偏角所决定的最大法向过载，即

$$n_{y可}=\left.\frac{P\sin\alpha+Y}{g}\right|_{\delta z\max},\quad \alpha=\frac{m_z^{\delta}}{m_z^{\alpha}}\delta_{z\max}$$

其中，P 为发动机推力；Y 为导弹升力；$\delta_{z\max}$ 为最大舵偏角。可用过载表示的是导弹所具有的可用机动性，它用来提供弹道所需要的过载。

6.1.2　飞航导弹制导律简介

飞航导弹制导律(或称导引法)就是导弹攻击目标所遵循的运动学规律，它是根据目标和导弹的运动特性确定导弹质心的位置矢量或速度矢量的定向规律。导弹的制导方式有自主制导、遥控制导、寻的制导以及复合制导等。自主制导是指在飞行中不需要由目标或制导站提供信息，而是完全由弹上设备产生导引指令的制导技术。遥控制导需要导引站的辅助，是由导引站向导弹发出导引指令的一种制导方式。寻的制导是利用目标辐射或反射的能量形成导引指令控制导弹飞行的一种制导方式。当对制导系统要求较高时，如目标距离很远、要求导弹提高目标命中概率等，可以把多种制导方式以不同的方式组合起来，以提高制导系统性能，多种制导方式组合在一起使用时就是复合制导。根据组合方式的不同，复合制导可分为串联复合制导、并联复合制导、串-并联复合制导。

不同的制导方式对应着不同的制导律，从弹道实现来讲，制导律直接影响弹道的需用过载，因此制导律的运动学分析是导弹飞行力学的重要任务之一，是导弹系统和制导、控制设计中的重要课题，反映着导弹的总体性能。

为了研究制导律的运动学特性，首先做如下几点假设：

① 姿态控制系统的工作是理想的，不考虑导弹姿态运动的动态响应过程；

② 导弹的速度变化是时间的已知函数，不受导引规律的影响；

③ 目标的速度变化规律也是已知的。

为了掌握制导律的运动学特性，还必须考虑下列几个问题：

① 首先需要建立运动学弹道的数学模型，如相对运动方程、导弹运动方程、目标运动方程等；

② 导弹制导律表达式及其物理意义要清晰；

③ 需要对导引规律的弹道特性进行分析，如命中性或弹道收敛性，弹道需用法向加速度或需用过载的分布特性，尤其是遭遇点附近的大小及其变化；

④ 各种制导律的特点及选择制导律的原则。

通过对寻的制导、遥控制导等制导规律的运动学分析，通常选择导引规律的几点原则如下：

① 理论上能直接命中目标；

② 在满足导弹可用机动性指标的情况下，尽可能使导引弹道的需用法向过载分布比较合理，尤其在命中点附近的需用法向过载不能太大且其变化要小，同时留有一定的过载余量；

③ 具有尽可能大的作战空域，保证目标机动对弹道的影响为最小；

④ 抗干扰性好；

⑤ 实现上简单易行。

综合分析上述各项要求后采取切实可行的折衷方案。

不同的制导方式在具体实现时有不同的制导方法（导引法）。飞航导弹常用的导引法有基于位置的导引法和基于速度的导引法。基于位置的导引法包括三点法、前置角法等，基于速度的导引法包括追踪法、平行接近法以及比例导引法等。

6.2　飞航导弹制导方式

6.2.1　自主制导

1. 自主制导概述

(1) 自主制导概念

自主制导是指在飞行中不需要由目标或制导站提供信息，而是完全由弹上设备产生导引指令的制导技术。

自主制导系统中，导引信号的产生不依赖于目标或制导站（地面或空中的），而是仅由安装在导弹内部的测量仪器测量地球或宇宙空间的物理特性，或接收卫星信息，从而决定导弹的飞行轨迹。

自主制导主要用于地地导弹（如弹道式导弹、巡航式导弹）、空地导弹，有些地空导弹、空空导弹的初始制导也采用自主制导。需要指出的是，虽然自主制导的导弹在飞行过程中不需要地面设备的支持，但其发射前需要地面设备装订目标参数等信息，因此，自主制导的导弹不是完全意义上的自主作战。

(2) 自主制导分类

自主制导的类型很多，根据控制信号拟制方法的不同，自主制导可分为方案制导、天文制导、惯性制导、地图匹配制导、卫星制导等。

方案制导就是使导弹按预先拟制好的计划飞行的制导技术，有时也称其为程序制导。天文制导是通过测量天体相对导弹的位置而确定导弹的位置，从而将导弹引向目标的制导技术。惯性制导是指利用弹上的惯性测量元件测量导弹相对于惯性坐标系的运动参数，从而形成控制信号引导导弹完成预定飞行的制导技术。地图匹配制导又分为地形匹配制导和景像匹配制导，都是利用弹上预存的地形图或景像图，与传感器测出的地形图或景像图进行匹配处理，确定导弹的当前位置，从而形成制导指令引导导弹飞向目标的制导技术。卫星制导是采用卫星定位技术确定导弹的当前位置，从而引导导弹飞向目标的制导技术。

(3) 自主制导特点

自主制导的特点包括以下几个方面：

① 导弹发射后，导弹、发射点、目标三者之间没有直接的信号联系，也不再接收地面制导

站的指令，导弹的飞行方向和命中目标的精度完全由弹内设备决定，因此不易受到电磁、光线等干扰，其抗干扰性较强。

② 由于自主制导的导弹发射后，一般不能再改变预定的弹道，故自主制导的导弹只能对付固定目标或已知飞行轨迹的目标，不能攻击活动目标。因此，自主制导一般用于地地导弹或空地导弹。

③ 自主制导系统的制导精度主要取决于弹上制导设备的精度。因此其精度受弹上测量设备的制造水平限制。

2. 方案制导

(1) 方案制导原理

所谓方案，就是根据导弹飞向目标的既定轨迹拟制的一种飞行计划。方案制导系统则能引导导弹按这种预先拟制好的计划飞行。方案制导系统实际上是一个程序控制系统。

方案制导系统一般由方案机构和弹上控制系统两个部分组成。方案制导的核心是方案机构，由传感器和方案元件组成。传感器是一种测量元件，可以是测量导弹飞行时间的计时机构，也可以是测量导弹飞行高度的高度表等，并能按一定规律控制方案元件的运动。方案元件可以是机械的、电气的、电磁的或电子的，一般为函数电位计或凸轮机构。弹上控制系统还有俯仰、偏航、滚动三个通道的测量元件，不断测出导弹的俯仰角、偏航角以及滚转角。当导弹受到外界干扰处于不正确姿态时，相应通道的测量元件就会产生稳定信号，并和控制信号综合后，操纵相应的舵面偏转，使导弹按预定方案确定的弹道稳定飞行。

导弹发射后，传感器不断将导弹的飞行时间送给方案元件，方案元件则输出一个与导弹飞行时间相对应的俯仰控制信号，并将其送入弹上控制系统俯仰通道的测量元件中，与实际俯仰角信号进行比较。出现偏差时，将测量元件输出的信号送入执行机构，使其操纵舵面偏转，从而改变导弹的俯仰角，使其按预定方案连续地变化，直到导弹的俯仰角达到预定的数值。

(2) 方案制导的应用

方案制导在一些飞航式导弹、弹道式导弹的初始段经常采用。图 6-2 所示为一飞航式导弹在初始段方案飞行的情况。导弹在发射后一开始为爬升段，到 A_1 点开始转平飞，在 A 点开始作平飞，到 C 点方案飞行结束转入末制导飞行，末制导段可以采用自动寻的制导或其他制导方法。如图 6-2 所示的方案飞行的弹道基本上由两段组成：第一段是爬升段，第二段是平飞段。

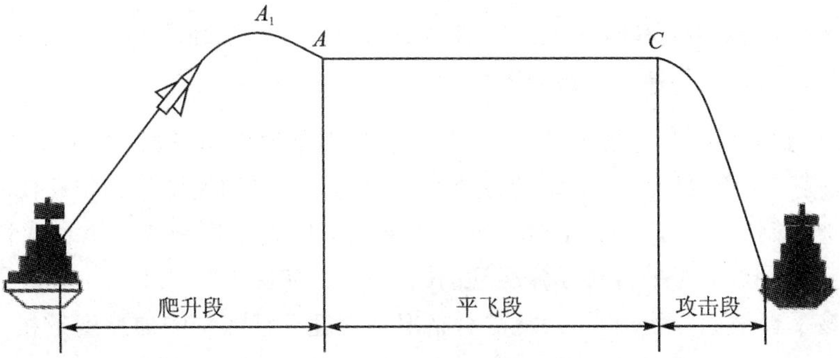

图 6-2　飞航式导弹的方案飞行

除在上述飞航式导弹上采用方案制导外，在弹道式导弹的主动段一般也采用这种制导方法。一些地空导弹在初始段(垂直飞行、转弯)也可采用方案制导,当其升至一定高度转弯后,再用其他制导方式。

3. 惯性制导

(1) 惯性制导原理

惯性制导是利用弹上的惯性器件测量导弹相对惯性空间的运动参数,并在给定运动初始条件下,自主地形成导引指令控制导弹飞行的一种制导技术。

从惯性制导的概念可以看出,它是一种不依赖于任何外界信息,也不向外辐射能量,完全自主的制导方式,这就决定了惯性制导具有下述优势:

首先,它的工作不受外界电磁干扰的影响,也不受电波传播条件所带来的工作环境限制(可全球运动),这就使它不但具有很好的隐蔽性,而且其工作环境不仅包括空中、地球表面,还包括水下,这对军事应用来说有很重要的意义。其次,它除了能够提供载体的位置和速度数据,还能给出航向和姿态角数据,因此,其提供的导航与制导数据十分完全。除此之外,惯性制度导又具有数据更新率高、短期精度和稳定性好的优点。

惯性制导是弹道导弹和巡航导弹的主要制导方式,也常用于中远程防空导弹的中制导段。

经典力学中的牛顿三大定律是惯性制导的力学基础。研究牛顿定律可以发现,任何物体的运动状态都可以用加速度来表征,而加速度可由导弹上的加速度计来测量。加速度计可以在三个相互垂直的方向上测出导弹质心运动的加速度分量,如果初始速度和初始位置已知,则用积分装置将加速度分量积分一次得到速度分量,再积分一次可得到坐标分量。因此,通过弹上的加速度计和积分计算装置,可以计算导弹在每一时刻的速度和位置。把这些参数与理论弹道的对应值比较,便能得出偏差量,从而形成导引指令,控制导弹按理论弹道飞行,这就是惯性制导的基本原理。

① 惯性测量

需要特别注意的是,惯性制导要求的加速度是相对惯性坐标系的绝对加速度。而对于飞行中的导弹,实际测量的是所有非引力加速度,即视加速度。

测量导弹飞行加速度的仪表称为加速度计。假定导弹飞行的绝对加速度为 a,则安装在导弹上的加速度计的测量质量(亦称惯性质量)的加速度也是 a。已知测量质量有一个加速度分量为地球引力加速度 g,它的总加速度为 a,则必存在一个视加速度分量(记为 $\dot{W}$),显然

$$a = \dot{W} + g \tag{6.8}$$

就是说,若质量为 m 的导弹在地球引力场中运动的合成加速度为 a,则它必受到 $m\dot{W}$ 的作用力,这个作用力正是加速度计敏感到的力,因为质量 m 是已知的常量,所以利用加速度计的测量值可以得到非引力加速度 $\dot{W}$,为了与导弹的绝对加速度相区别,称 $\dot{W}$ 为视加速度。

惯性测量另一个重要问题是测量的方位基准问题。实际加速度计和陀螺仪在导弹上有两种安装方式,惯性制导也因此分为平台式惯性制导和捷联式惯性制导。平台式惯性制导是安装在陀螺稳定平台上,由于平台对导弹运动的隔离作用,实际上是在平台上建立了惯性坐标系的方位基准,该平台被称为物理平台,故这种情况下加速度计测得的加速度是相对惯性坐标系的值,直接积分计算就可得到导弹相对惯性空间的速度和位置。捷联式惯性制导是将惯性器件直接与弹体固连,测得的是相对弹体坐标系的加速度。因此要想得到惯性坐标系中的视加速度,还必须经过弹体坐标系到惯性坐标系的坐标转换,这个工作实际上是由计算机完成的。

与物理平台相对应，这种惯性坐标系方位基准的实现方法常被称为数学平台。

② 惯性导航计算

惯性导航是一个常用的术语，它的内涵包括了惯性测量和导航参数（如载体的速度、位置等）的计算。由于具有前述的诸多优点，故惯性导航的应用是非常广泛的，国外一些国家已在各类飞机（包括预警机、战略轰炸机、运输机、战斗机等）、水面船只、航空母舰和潜艇普遍装备了惯导，甚至有些坦克、装甲车以及地面多种车辆也装备了惯导。

如前所述，因为导弹在飞行中引力加速度不能用惯性测量方法测出，所以需要建立引力场模型，通过计算获得。导航计算的基本公式为式（6.9），导航计算的原理如图 6－3 所示。

$$\ddot{r} = \dot{W} + g(r) \tag{6.9}$$

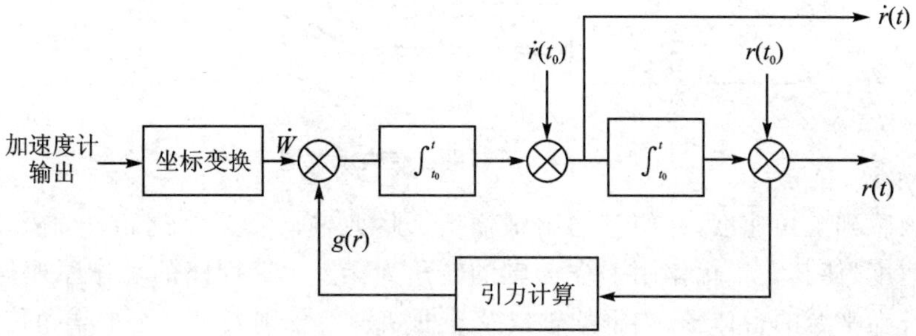

图 6－3　惯性导航计算方块图

计算引力加速度需要的矢径 r 可以对方程两次积分得到，这样就使导航计算具有反馈性质。

根据坐标系构建方法的不同，惯性制导可分为平台式惯性制导和捷联式惯性制导两大类。图 6－3 中“坐标变换”方块表示捷联式惯导系统的情况，加速度计输出要由弹体坐标系向惯性坐标系转换，平台式惯导系统则不需要该功能方块。

（2）平台式惯性制导

陀螺稳定平台能够在承受较大的外负荷力矩及干扰力矩的情况下起到自由陀螺仪的作用，从而为其上的加速度计提供某一惯性空间坐标系的方位基准和良好的力学环境。

在惯性制导系统中应用的陀螺稳定平台可以给导弹提供惯性坐标系的方位基准，从而在导弹上完成下述主要功能：

一是测量弹体相对于惯性坐标系的姿态角，将其进行坐标变换后，为姿态控制系统提供姿态稳定信号，以控制弹体的姿态稳定。

二是给加速度计提供重力惯性方位基准，使加速度计测量出弹体相对惯性坐标系的飞行加速度，从而为惯性制导系统提供导航数据，以控制弹体的飞行弹道。

① 陀螺稳定平台的结构和稳定原理

图 6－4 所示为典型的三轴陀螺稳定平台结构示意图。图中 A_x，A_y，A_z 为互相正交安装的 3 个加速度计；S_b，S_i，S_e 分别为安装在台体轴、内环轴以及外环轴上的 3 个角度传感器；M_x，M_y，M_z 为 3 个力矩马达。3 个单自由度陀螺仪的转轴如图 6－4 所示，敏感轴分别与正交坐标系 xyz 的坐标一致。陀螺仪、信号放大器 V 以及力矩马达分别构成 3 套独立的，以陀螺仪为敏感元件，以台体和框架为稳定对象的自动调节系统。

当平台受到绕 x 轴的力矩（主要是摩擦力矩）时，平台台体绕 x 轴产生角速度，陀螺仪 G_x

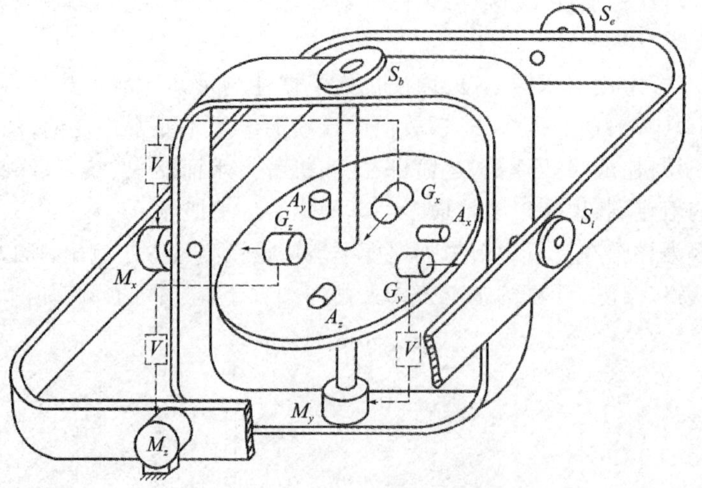

图 6-4　三轴平台结构示意图

的敏感轴便敏感到此角速度，并使其输出轴输出。将此输出信号传送给 x 轴力矩马达，从而产生反转角速度，使其在干扰作用下绕 x 轴的转角为零。y，z 回路的工作原理与 x 回路的工作原理相同。在平台的台体轴、内框架轴以及外框架轴上分别安装 3 个框架角传感器，它们的输出为与导弹弹体相对陀螺稳定平台的转角成比例的电压信号。

② 平台式惯性制导原理

一般的平台式惯性制导系统结构如图 6-5 所示。陀螺稳定平台（由陀螺仪和平台台体组成）提供惯性坐标系的方位基准，加速度表 A_x，A_y，A_z 用于测量 3 个方向上的加速度，进行两次积分后得到导弹当前位置，计算机将当前位置与程序弹道计算机计算的程序弹道或预存储的弹道进行比较，获得导弹弹道偏差，然后根据弹道偏差产生制导指令，舵机执行指令改变弹体的姿态，从而修正弹道偏差。

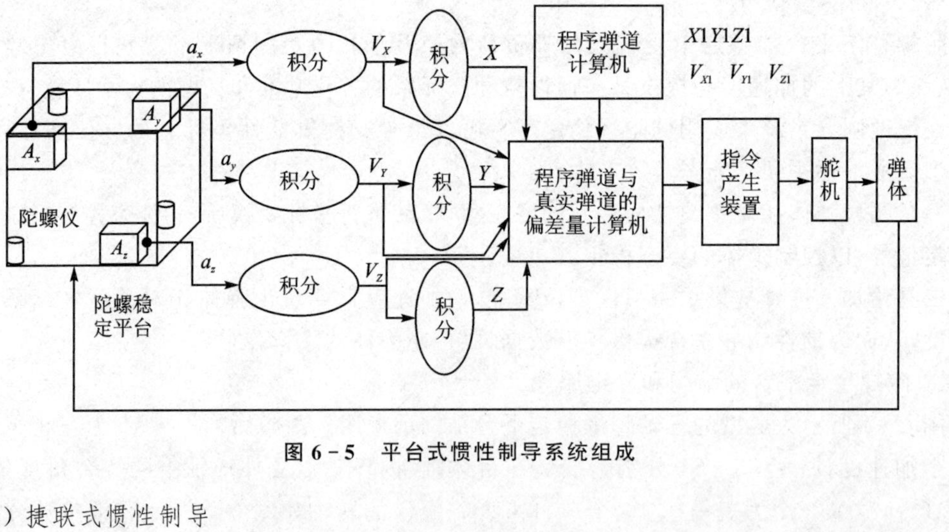

图 6-5　平台式惯性制导系统组成

(3) 捷联式惯性制导

前述可知，陀螺稳定平台为加速度计提供了惯性坐标系的测量基准，但这种平台要求精度高，且体积大、成本高，维护也比较困难。能否把平台的作用在计算机中实现呢？20 世纪 60 年代初，人们就对这个问题进行了研究，实验证明，这种想法是可行的。70 年代后，随着大容量、高速小型数字计算机和微型计算机的出现，捷联惯性制导系统得到了广泛应用和发展。

“捷联”这一术语译自英语“strapdown”，是用带子束住的意思，这里表示将陀螺仪组件和加速度计组件直接“捆绑”在导弹上，因此，捷联式惯性制导系统不再采用物理的稳定平台，但“平台”的概念依然存在，且是实现捷联式惯性制导系统的关键问题，只不过它是用数学描述的，且由计算机完成了平台的作用，即在计算机中建立一个相当于物理平台的“数学平台”。

4. 地图匹配制导

地图匹配制导技术是在高精度侦察技术、计算机技术、数字图像处理技术、制导技术等基础上发展起来的一门综合性新技术，现在它已成功地运用到巡航导弹和弹道导弹的制导系统中，大大改善了这些导弹的命中精度。目前应用的有两种地图匹配制导方法：地形匹配制导和景像匹配制导。地形匹配制导利用地形信息进行制导，又称地形等高线匹配制导；景像匹配制导则利用景像匹配区域的景像信息进行制导。二者的基本原理相同，都是利用弹上计算机(相关处理器)预存的地形图或景像图(基准图)，与导弹飞行到预定位置时携带的传感器测出的地形图或景像图进行比较，确定出导弹当前位置偏离预定位置横、纵向偏差，从而形成制导指令，将导弹引向预定的区域或目标。

(1) 地形匹配制导系统

地球表面一般是起伏不平的，因此一个地点的地理位置可以用它周围地形的等高线来确定，一般选择地面上边长为几千米的矩形区域作为匹配区，并将其划分为许多的正方形网格，网格的边长一般为 20～60 m，其值主要取决于被攻击目标的大小和战斗部的威力。通过卫星或飞机测量获得匹配区的地形数据，记录下每个网格的地形高度的平均值，这样就可以得到一个网格化的，表示地形高度的数字地图，并将其存入弹上计算机。

当导弹飞经匹配区时，弹上的气压高度表测量导弹相对于海平面的基准高度，雷达高度表测量导弹相对地面的垂直高度，两高度之差就是该地点的地形高度。经数次测量，可得到实际弹道下方的地形高度数据带，将它与计算机中的数字地图进行比较，达到最佳匹配时，则可确定出实际弹道在数字地图中的位置，将此位置与预定弹道的位置比较，可求得导弹的横、纵向位置偏差，由此形成导引指令，控制导弹准确飞向目标。地形匹配的原理如图 6-6 所示。

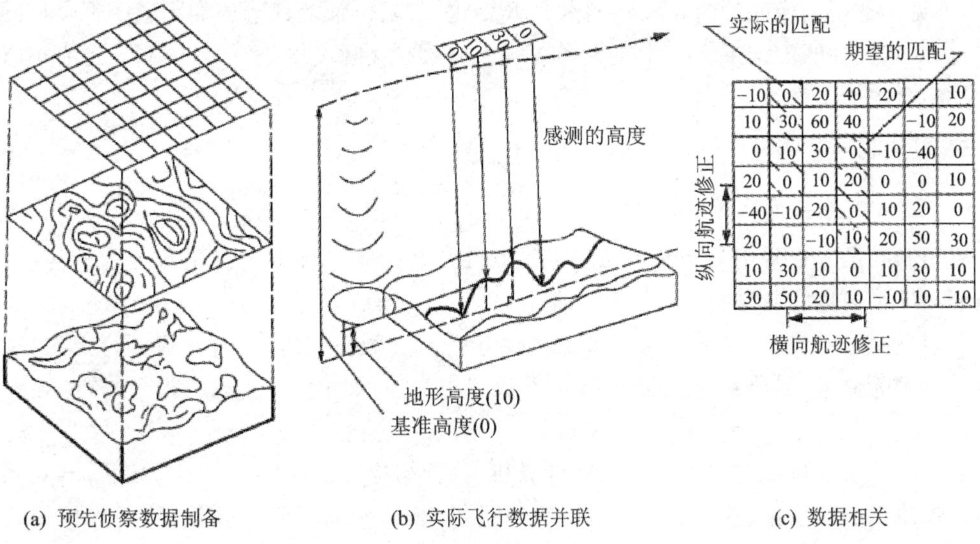

图 6-6　地形匹配原理示意图

由前述可知，匹配区数字地图中必须包含实际弹道数据带，否则匹配将无法进行，也就是说，判断导弹是否进入匹配区是很重要的问题，这一般要由惯性制导系统来解决，因此地形匹配一般作为惯性制导的辅助制导系统，目的是修正惯性制导中陀螺仪漂移和加速度计测量误差的累计，以获得更高的制导精度。

(2) 景像匹配制导系统

景像匹配制导是“数字式景像匹配区域相关制导”的简称，多用于巡航导弹和弹道导弹的末制导。它与地形匹配制导的原理相似，但所用的匹配信息不是网格的地形高度平均值，而是景物图像的平均光强度值。为实现这种制导，需要在导弹发射前通过侦察获得目标区域的光学图像，并将图像分成若干正方形小单元，单元边长一般为几米，把每个单元的平均光强度换算成相应的数值，从而构成反映各单元光线强弱的数字式景像地图，并存储在导弹的计算机中。当导弹飞临目标区域上空时，弹上的成像探测器开始工作，实时获得地面上的景物图像，经过实时数字化处理后也形成数字式景像地图，与弹上存储的地图进行比较，得到相对目标的位置修正量，从而准确命中目标。巡航导弹不但在目标区域进行景像匹配，还往往在临近目标的预定弹道上也选择若干光学特征明显的地区作为景像匹配区，从而可进一步提高落点精度。

现代技术条件下，成像探测器的种类可以有很多，除了可见光电视摄像，还有雷达、红外等多种成像技术，它们可构成各种景像匹配制导，再加上同一地域对于不同的探测器所表现的图像特征不同，因此在实际应用中各有优缺点，需要依据具体情况选择。例如，“潘兴Ⅱ”弹道导弹采用的是雷达成像，“战斧”巡航导弹则采用的是可见光电视摄像。

以地图匹配制导作为辅助，能显著提高惯性制导系统的精度，而且精度与导弹的射程和飞行时间无关。在强调远程精确打击的今天，地图匹配制导技术具有十分重要的意义，巡航导弹已经充分体现了其价值，在弹道导弹方面的应用前景也非常广阔。当然，与任何制导技术一样，地图匹配制导也有一些固有缺陷。由于地形信息的精度受大气压力的影响很大，因此地形匹配制导只能在低空飞行时才能保证精度，离地高度超过 300 m 其精度就会明显降低，超过 800 m 则可能完全失去作用。其次，在平坦的地区和海面，由于地形变化不大，故不能准确定位，地形匹配制导就不适合。景像匹配在精度方面比地形匹配要高一个数量级，但也有缺点，例如，可见光电视图像匹配时，季节变化、气候变化、太阳位置及其造成的阴影等都会使图像发生变化，对相关性匹配结果会产生很大的影响。如果在夜晚攻击，景像匹配制导还必须有照明装置的配合才能工作。

5. 卫星制导

(1) 卫星制导基本原理

卫星制导是一种常用的制导方法。卫星制导是利用定位导航卫星确定导弹的运动参数，从而形成导引信息的制导技术。

在卫星制导系统中，导弹的制导系统接收卫星定位系统的信号，对导弹进行定位，从而得到导弹的实际弹道，制导系统根据实际弹道和理想弹道的偏差产生导引指令，控制导弹飞向目标。

卫星制导系统包括定位/导航设备、计算机、执行结构等组成部分。卫星定位/导航系统首先确定弹体当前的位置，并与预先设定的弹道进行比较，从而得到偏差量，然后根据偏差量对导弹的姿态进行调整，控制导弹的飞行。

(2) GPS 制导系统

导弹上的 GPS 制导系统利用全球定位系统(GPS)对导弹进行定位,并根据 GPS 提供的定位信息得到导弹的实际弹道,引导导弹飞向目标。

GPS 是英文 Global Positioning System 的字头缩写词。它的含义是,利用导航卫星进行测试和测距,以完成全球定位。它是美国国防部为军事目的建立旨在彻底解决海上、空中和陆地运载工具的导航和定位问题的制导系统。

GPS 提供两种服务：一种是精密定位服务(PPS),使用 P 码,定位精度为 10 m 左右,只供美国及盟国的军事部门和特许的民用部门使用。另一种是标准定位服务(SPS),使用 C/A 码,定位精度为 100 m 左右,向全世界开放。

GPS 系统由空间部分(导航卫星)、地面控制部分、用户设备三部分组成。

空间部分具有 21 颗工作卫星和 3 颗备用卫星。分布在六个轨道面上,轨道倾角 55°,两个轨道面之间在经度上相隔 60°,每个轨道面上分布 4 颗卫星,如图 6－7 所示。在地球的任何地方,至少可以同时见到 4 颗以上卫星。

地面控制部分包括监测站、主控站以及注入站。监测站在卫星过顶时收集卫星播发的导航信息,对卫星进行连续监控,并收集当地的气象数据等;主控站主要职能是根据各监测站送来的信息计算各卫星的星历和卫星钟修正量,并以规定的格式编制成导航电文,以便通过注入站注入卫星;注入站的任务是在卫星过顶时,把上述导航信息注入给卫星,并负责监测注入的导航信息是否正确。

用户设备包括天线、接收机、微处理器、控制显示设备等,有时也称其为 GPS 接收机。GPS 接收机中的处理器功能包括：控制接收机;选择卫星;校正大气层传播误差;修正多普勒频率;接收测量值;定时收集卫星数据;计算位置、速度等。

GPS 卫星设备接收卫星发布的信号,根据历表信息,可以求得每颗卫星发射信号时的位置。用户设备测量卫星信号的传播时间,并求出卫星到观测点的距离。如果用户装备有与 GPS 系统时间同步的精密钟,那么仅用 3 颗卫星就能实现三维导航定位。这时以 3 颗卫星为中心,以所求得的到 3 颗卫星的距离为半径,作三个球面,观测点就位于球面的交点上。

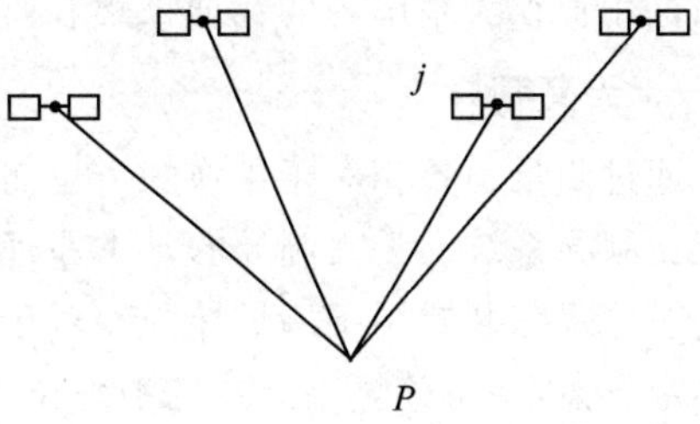

图 6－7　卫星定位与授时示意图

考虑到接收机的钟差后,只要测量 4 颗卫星的伪距,并建立方程组,就能解得观测点的三维位置和用户钟偏差。如图 6－7 所示,导航卫星播发无线电导航信号,位于 P 点处的接收机接收此信号,并测量信号由卫星到接收机的传播时延,将传播时延与光速相乘得伪距。同时测量接收机至 4 颗卫星的伪距,由已知卫星位置,即可求出接收机的位置及钟差。这就是卫星定位与授时的基本原理。

伪距测量方程如下：

$$\rho^j = |\boldsymbol{r}^j - \boldsymbol{r}_p| + c \cdot \delta t_p + \varepsilon^j \tag{6.10}$$

其中,j 为卫星编号,$j=1,2,3,4,\cdots,n$,n 为测量卫星颗数,$n\geqslant 4$;ρ^j 为对应 j 号卫星的伪距测量值;$\boldsymbol{r}^j$ 为 j 号卫星的已知位置矢量;$\boldsymbol{r}_p$ 为未知的接收机位置矢量;c 为真空中光速;δt_p 为未知的接收机钟差;ε^j 为偶然测量误差。依据最小二乘法求解 n 个类似于式(6.10)的测量方程，即可解得接收机的位置矢量 $\boldsymbol{r}_p$ 和钟差 δt_p。

(3) 北斗卫星制导系统

北斗卫星制导系统利用北斗卫星定位系统给导弹进行定位，确定导弹当前位置与预定弹道偏差，引导导弹飞向目标。

北斗卫星导航系统采用和全球定位系统相似的体制和技术，即分为空间部分、地面监测及数据处理、用户接收机三大部分。

北斗三号卫星导航系统由用户端、空间端以及地面端三部分组成。空间端包括 5 颗静止轨道卫星(Geostationary Orbit)和 30 颗非静止轨道卫星，其中 30 颗非静止轨道卫星又细分为 27 颗中轨道卫星和 3 颗倾斜同步卫星。地面端包括监测站、注入站以及主控站等若干个地面站。

北斗卫星导航定位系统与 GPS 相比具有以下特点：

① 独立自主，不受他国的控制和限制，可靠性、可用性、安全性较有保证。美国目前取消了限制，但仍可随时掺入干扰信号降低定位精度，甚至对其他国家用户关闭使用权。俄罗斯的卫星定位系统本应由 24 颗卫星组成，但因经济困难无力补网，目前只有少数卫星在轨，不能独立组网。

② 符合国情、投资少、周期短、高仰角覆盖。美国耗资 120 亿美元，历时 16 年，虽能全球覆盖但由于轨道低而使得用户的遮蔽角大，在山区使用就会受到限制；俄罗斯耗资 30 多亿美元，历时 20 多年，总体性能与美国相当，但未达到美国的精度，至今星座因残缺不全而不能独立使用。北斗三号卫星导航系统建设历时 11 年，由于卫星星座中有位于我国上空的静止轨道卫星，地面用户基本都处于高仰角工作状态，故特别适合我国及周边高山地区的使用。

③ 独具双向移动数据通信的功能。用户通过接收信号可以确定自己的位置，但要让乙方也知道该位置，还需要配备国际海事卫星组织卫星终端或手机等通信工具。北斗用户通过双向通信每次可传送一定字数的短信，这对于某些用户来说是极其需要和至关重要的，特别适合集团性用户在大范围内的数据采集和监控管理，以及抢险救灾等突发事件。

6. 天文制导

通过测量恒星相对于导弹的方位而确定导弹的位置，并对导弹实施导引，这种制导系统称为天文制导系统。天文制导的基本原理是利用测量恒星的方法来确定导弹在地面上的位置。

星体跟踪装置用于测量导弹相对于恒星的相对方位，计算机参照导弹发射时的初始数据和预定方案，便可计算出导弹的地理位置。计算机将预定弹道与当前地理位置进行比较，形成导弹控制信号，送给控制系统控制导弹按预定弹道飞行。高度表用于导弹按预定高度飞行。

天文制导定位原理如下：

设弹体位于地球上的 M 点(这里考虑的都是在东经的情况)，该点的经纬度分别为 λ 和 φ，如图 6-8 所示。其中，本初子午线的定义是根据 1884 年国际经度会议，将通过格林尼治天文台原址的经线选定为经度起始面的经线。

设 S 为某星体，已测得星体 S 的高度角 h 和方位角 A，如图 6-9 所示，其中，高度角是星视线 MS 与 S 点处水平面的夹角，方位角是星视线的水平投影与 M 点处北向之间的夹角。

以 M 点为球心(由于星体到地球的距离远远大于地球到机体的距离，故可以认为 M 与地心 O 重合)，以无穷大为半径作圆球，则该圆就是天球，如图 6-10 所示。

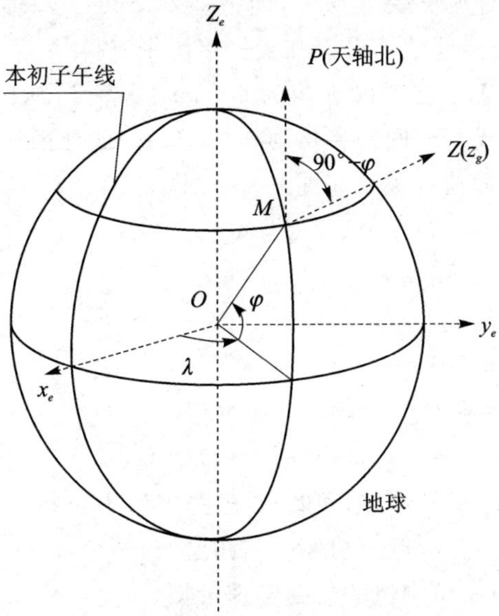

图 6-8　弹体在地球上的经纬度

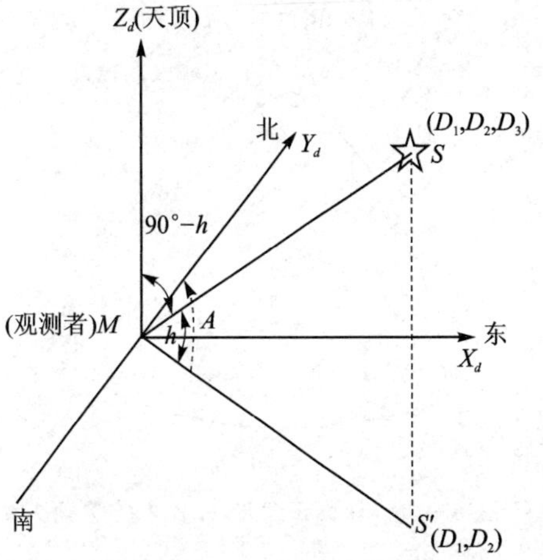

图 6-9　星体 S 的方位角和高度角

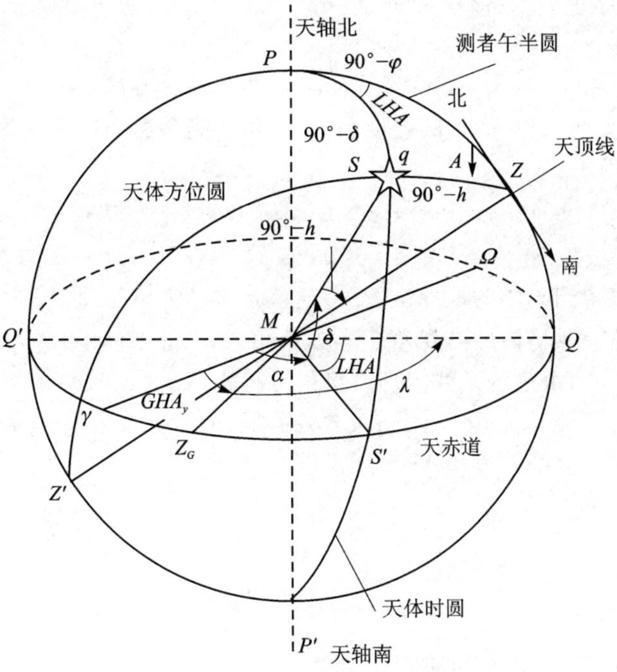

图 6-10　天体 S 在天球中的位置

如图 6-10 所示，过 M 点且平行于地球赤道面的平面截天球所得的圆为天球赤道；地球的公转平面截天球所得的圆为天球黄道；天球赤道平面与天球黄道平面的交线与天球相交得到两个交点，其中一点为春分点 γ，另一点为秋分点 Ω。由于地球的自转和公转相对于惯性空间是恒定的，故春分点和秋分点是惯性空间内的两个固定点。又由于春分点位于无穷远处，故地球上的任何一点与春分点的连线可看作是重合的。

过 M 点平行于地球自转轴的直线为天轴；M 点处的垂线为 M 点处的天顶线。

设春分点为 γ，星视线 MS 在天球赤道内的投影的延长线为 MS'，即为 $\angle\gamma MS'=\alpha$ 星体的天球赤经，称 $\angle SMS'=\delta$ 为星体的赤纬，星体的赤经赤纬值均可以在天文年历中查得。

根据上面的定义可以知道：星视线 MS 与天顶线 MZ 之间的夹角为 $90°-h$；天轴北 MP 与天顶线 MZ 间的夹角为 $90°-\varphi$；天轴北 MP 与星视线 MS 间的夹角为 $90°-\delta$。因此球面三角形 PSZ 中的边角关系如图 6-11 所示，其中

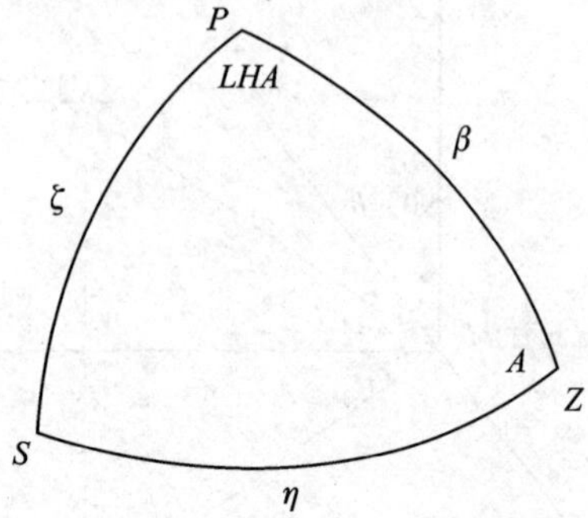

图 6-11 球面三角形 *PSZ* 中的边角关系

$$\left.\begin{aligned} P &= LHA = \lambda + GHA_y - \alpha \\ \eta &= 90° - h \\ \beta &= 90° - \varphi \\ \xi &= 90° - \delta \end{aligned}\right\} \tag{6.11}$$

h 和 A 分别为星体 S 的高度角和方位角；LHA 为天体的地方时角；GHA_y 为春分点格林时角；α 和 δ 分别为星体 S 的赤经赤纬，可以在天文年历中查得；λ 和 φ 分别为弹体 M 点处的经度和纬度。

根据球面三角中边的余弦定理可得

$$\cos\eta = \cos\beta\cos\zeta + \sin\beta\sin\zeta\cos P \tag{6.12}$$

将式(6.11)代入式(6.12)中得

$$\cos(90° - h) = \cos(90° - \varphi)\cos(90° - \delta) + \sin(90° - \varphi)\sin(90° - \delta)\cos LHA \tag{6.13}$$

化简为

$$\sin h = \sin\varphi\sin\delta + \cos\varphi\cos\delta\cos(\lambda + GHA_y - \alpha) \tag{6.14}$$

式(6.14)说明，要想求得 M 点的经度和纬度，需要测量两个以上星体的高度角 h_1，h_2，这样才有

$$\left.\begin{aligned} \sin h_1 &= \sin\varphi\sin\delta_1 + \cos\varphi\cos\delta_1\cos(\lambda + GHA_y - \alpha_1) \\ \sin h_2 &= \sin\varphi\sin\delta_2 + \cos\varphi\cos\delta_2\cos(\lambda + GHA_y - \alpha_2) \end{aligned}\right\} \tag{6.15}$$

根据式(6.15)就可以得到载体的地理位置了，这就是多星定位原理。

也可以同时测量一颗星体的高度角 h 和方位角 A，以此来确定弹体的 λ 和 φ，这就是所谓的单星定位算法。同理，由边的余弦定理又可得方程式：

$$\cos\zeta = \cos\beta\cos\eta + \sin\beta\sin\eta\cos Z \tag{6.16}$$

将式(6.11)代入式(6.16)中得方程式

$$\cos(90° - \delta) = \cos(90° - \varphi)\cos(90° - h) + \sin(90° - \varphi)\sin(90° - h)\cos A \tag{6.17}$$

化简为

$$\cos A = \frac{\sin\delta - \sin\varphi\sin h}{\cos\varphi\cos h} \tag{6.18}$$

联立式(6.16)和式(6.18)就可求出 φ 和 λ。

6.2.2 遥控制导

相对于自主制导而言，遥控制导可以对付机动目标，制导过程包含目标和导弹运动参数的测量、指令的计算和传输、导弹受控飞行等过程。因此，遥控制导的制导系统更加复杂，形式更加多样。

1. 遥控制导概述

(1) 遥控制导系统的组成

遥控制导系统主要由观测跟踪装置、导引指令形成装置、导引指令传输装置(波束制导系统中没有此设备)以及弹上控制系统等组成。图 6－12 所示给出了遥控指令制导系统俯仰通道的一般组成,对于双通道或三通道控制方式的导弹,偏航通道的组成和原理是类似的。

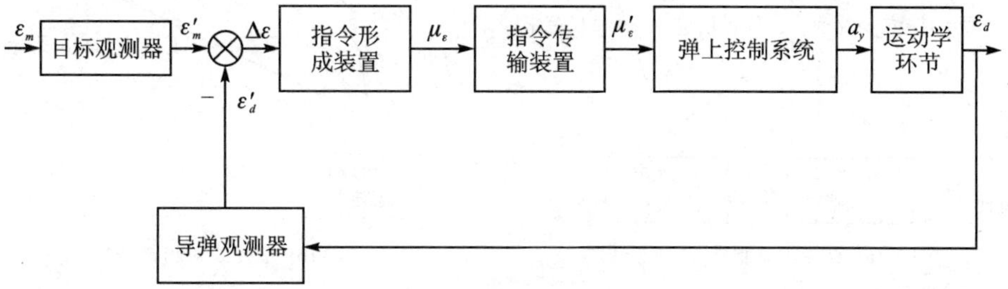

图 6－12　遥控指令制导系统俯仰通道组成

① 弹目观测器

弹目观测器是指对导弹和目标进行探测、跟踪、测量运动参数的装置。弹目观测器在工程中可以有多种类型,如雷达、导弹询问/应答装置、测角仪等。弹目观测器输出按某种导引方法形成导引指令所需要的导引信息,如三点法导引需要的导弹和目标的偏差角信号,前置角法导引需要的偏差角信号和导弹与目标的距离等。图 6－12 反映的是导弹观测器和目标观测器分别观测的情况,且观测值中包含有误差。

② 指令形成装置

指令形成装置的功能是依据导引信息和预先确定的导引方法形成导引指令。该装置在波束制导系统中位于导弹上,而在指令制导系统中则位于制导站上。

③ 指令传输装置

指令传输装置的功能是将指令可靠地传送到导弹上。指令传输装置可理解为一种有特殊要求的通信装置。随着军事需要的不断变化和技术的进步,指令传输装置的类型也越来越多,例如,采用无线方式的雷达装置、无线电视装置、激光传输装置等,以及早期采用有线方式的导线装置、光纤装置等。

④ 弹上控制系统

所有制导系统的弹上控制系统在功能和组成上都是类似的,目的都是为了实现导弹的受控飞行。

⑤ 运动学环节

运动学环节不是一种物理装置,它主要反映弹体输出参数(如法向加速度、位置等)与制导站弹目观测器测量的导弹高低角偏差、方位角偏差之间存在的固有的力学及几何关系。

(2) 遥控制导系统的分类

遥控制导系统的类型较多,按照不同分类依据可以分为不同类型。概括来说,常用的分类方法主要是根据指令形成装置的位置、弹目观测器、指令传输装置等的不同来区分。

① 根据指令形成装置的位置分类

制导站发送给导弹的导引信息可能是导引指令,也可能只是波束能量信息(也有的称导弹位置信息，是因为当导弹在波束中飞行时能够敏感到波束能量信号，从而获知其在波束中的位置信息）。由此，根据导引指令在制导系统中形成的位置不同，遥控制导可分为遥控指令制导和遥控波束制导两大类，如图 6-13 所示。

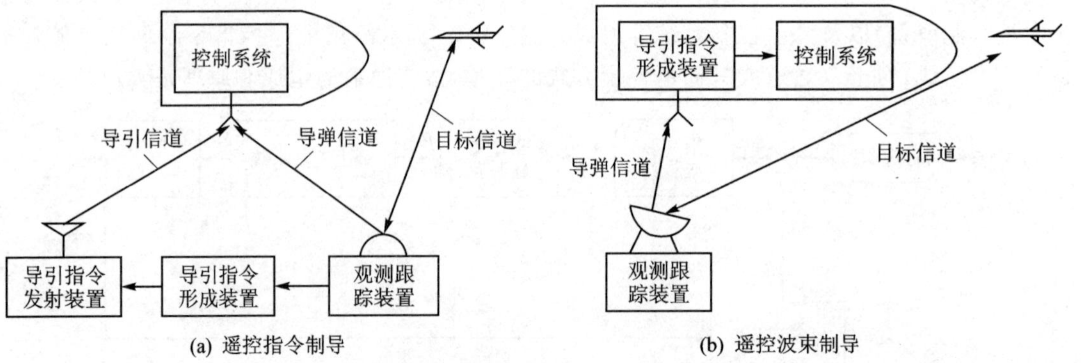

图 6-13　根据指令形成装置的位置分类遥控制导系统

遥控指令制导是指从制导站向导弹发出导引指令信号，并将信号发送给弹上控制系统，从而把导弹引向目标的一种遥控制导方式。其制导设备可分为制导站导引设备和弹上控制设备两部分。制导站设备包括目标和导弹的测量跟踪装置、指令形成装置、指令发射装置等；弹上设备包括指令接收装置、弹上控制系统等。

遥控波束制导又称驾束制导。在遥控波束制导系统中，制导站只发出引导波束，导弹在引导波束中飞行，由弹上制导系统感受其在波束中的位置并形成导引指令，最终将导弹引向目标。

② 根据指令传输装置分类

指令传输是遥控指令制导系统的关键问题，有多种技术实现装置可以选择。指令传输装置可分为有线指令制导和无线指令制导两大类。有线指令制导一般采用导线传输指令，现在也可以采用光纤传输，因此有线指令制导又可分为导线传输指令制导和光纤传输指令制导。而无线指令制导则包括激光指令制导和无线电指令制导两类。

③ 根据弹目观测器分类

在指令制导方面，常说的雷达指令制导、光电指令制导等，实际是依据弹目观测器的不同而进行的分类，前者采用雷达，后者采用光电装置。其中光电指令制导又可以进一步分为光学指令制导、电视指令制导、红外指令制导等。

在波束制导方面，目前应用较广的是雷达波束制导和激光波束制导，前者又分为单雷达波束制导和双雷达波束制导。单雷达波束制导设备简单，但只能采用三点法导引；双雷达波束制导设备较复杂，但既可采用三点法导引，也可采用前置角法导引。总的来看，雷达波束制导由于技术性能的原因，现在已经很少有装备采用了。

2. 有线指令制导

有线指令制导多用于反坦克导弹，即在制导过程中，导弹与制导站之间以有线的形式进行信息和指令的传输，以此跟踪和制导导弹攻击目标。根据传输介质的不同，有线指令制导一般分为导线传输指令制导和光纤传输指令制导。

(1) 导线传输指令制导

目前，第 1 代和第 2 代反坦克导弹大多采用导线传输指令制导。第 1 代反坦克导弹是指国外 20 世纪 50～60 年代的产品，采用目视瞄准与跟踪、三点法导引、手动操纵、有线传输指令的制导方式，其控制回路原理如图 6-14 所示。

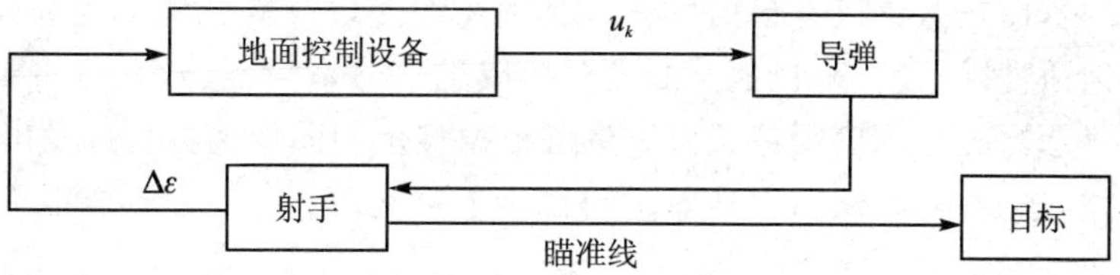

图 6-14　第 1 代反坦克导弹控制回路方框图

当导弹发射后，射手目视飞行中的导弹与目标的相对位置关系，保持瞄准具、导弹、目标三点始终在一条直线上，若导弹偏离瞄准线，则射手凭经验估计出偏差量 $\Delta\varepsilon$，并用手操纵控制盒上的手柄，由地面控制设备给出控制指令 u_k，指令 u_k 通过导线传输至导弹上，由弹上控制设备将控制指令转换成控制力，从而将导弹控制到瞄准线上来，使导弹最终击中目标。

第 2 代反坦克导弹是指国外 20 世纪 60～70 年代初的产品，采用目视瞄准、红外(电视)测角仪自动跟踪导弹、三点法导引、有线传输指令的制导方式，其控制回路原理如图 6-15 所示。

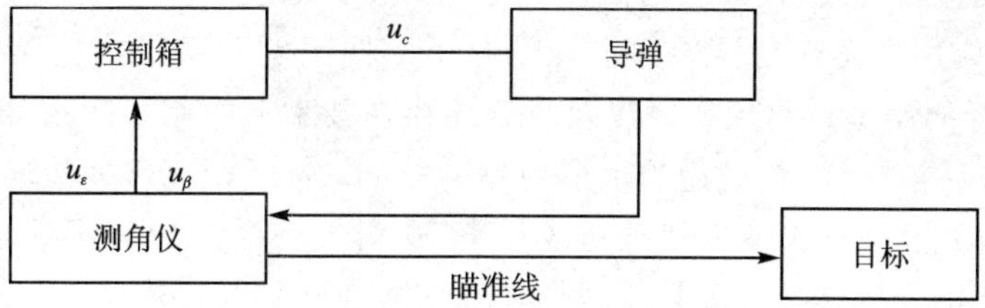

图 6-15　第 2 代反坦克导弹控制回路方框图

当导弹发射后，射手只需将光学瞄准镜的十字线中心对准目标即可。若导弹偏离瞄准线，与瞄准镜同轴安装的测角仪便能自动测量导弹与瞄准线的偏差角，并将此偏差送给控制箱，控制箱自动产生控制指令，经制导导线传输至导弹上，纠正导弹的飞行偏差，直至导弹命中目标。装备我军的某型反坦克导弹属于第 2 代产品，导弹发射初始段，由于导线受力较大，故制导导线分层地缠绕在壳体上，并且层间涂有粘接剂，防止导线松散，并保证一定的放线解脱力。

导线传输指令制导的优点是指令传输准确可靠、抗干扰能力强；缺点是受制导导线及放线拉力限制，导弹最大射程较近、飞行速度较低，对作战区域地物要求高。

(2) 光纤传输指令制导

光纤传输指令制导与导线传输指令制导形式上相同，不同的是光纤传输指令制导的导弹向前飞行时，从弹体内拉出的是一根细光纤，而不是普通的导线。操纵手通过这根光纤向导弹发出控制指令，控制导弹击中目标。

与电缆通信、微波通信等电通信方式相比，光纤通信具有以下几个方面的优越性：

① 传输频带极宽，通信容量大；

② 光纤传输损耗低，传输距离远；

③ 光纤体积小，质量轻，可绕性强，便于运输和敷设；

④ 输入与输出之间电隔离，能抗电磁干扰，防闪电雷击；

⑤ 几乎无信号泄露和串音，安全可靠，保密性强。

由于光纤通信具有以上特点，故非常适用于导弹制导。采用光纤制导的导弹之所以能跟踪目标，是因为这种导弹除了装有发动机、战斗部以及控制系统，一般还在导弹头部安装成像式寻的器光传感器，如电视摄像机、红外成像传感器等，它们起到眼睛的作用。实际上，导弹并不是瞄准目标发射，而是垂直或者根据目标大致所在的方位倾斜发射。当导弹飞到一定的高度，寻的器看到地面情况，先将来自地面的光变换成电信号，然后通过光纤将电信号下行传回发射装置，并在显示器上显示出图像。操纵员可根据显示的图像选择目标发出指令，并通过光纤将指令再上行传送给导弹，从而引导导弹到目标上。在飞行末段，导弹可以自动跟踪目标，最后把目标摧毁。

光纤制导技术有别于其他形式的制导技术，在战术运用中具有很强的优势，具体表现在以下几个方面：① 相对于导线制导导弹，光纤的体积小、质量轻、强度高，传输信号的容量大，信号衰减慢，可大大增加导弹的射程；② 相对于被动寻的红外（或电视）成像制导导弹，光纤制导对导弹的空间和重量限制较小，有利于构成数据处理容量大和功能复杂的系统；③ 相对于主动激光寻的、主动雷达寻的以及被动红外寻的制导导弹，光纤制导导弹的抗电磁干扰的能力很强，在飞行过程中不会发射讯号，光纤数据链很难受干扰；④ 光纤制导导弹在发射前不需要精确识别并跟踪目标，因此，在理论上没有作战距离的限制；⑤ 由于操纵员在导弹的整个飞行过程中不需要持续瞄准目标，故操纵员的战场生存能力得到了提高。

但是，在实际应用中光纤制导导弹也暴露出了一些问题和不足，主要表现在以下四个方面：① 高强度光纤的制造、结合、缠绕以及释放还存在技术上的瓶颈问题，因此限制了导弹的速度和射程；② 弹后拖根线，势必遭受地形地物的影响；③ 近距离作战情况下，导弹需要同时拥有两种不同的弹道：平直式弹道和抛物线弹道，这对导弹系统提出了更高的要求；④ 装有红外或电视导引头的光纤制导导弹易受战场环境烟雾和雨雪等自然环境条件影响。

3. 无线电制导

(1) 无线电指令制导概念

无线电指令制导是指利用无线电信道把控制导弹飞行的指令从导弹以外的制导站发送到导弹上，并引导导弹按导引方法所确定的航线飞向目标的制导方式。

① 无线电指令制导系统的基本任务

无线电指令制导系统常用于地空导弹中，其基本任务如下：

搜索与选择目标。根据上级敌情通报或远程警戒雷达的情报进行空间搜索，并及时发现目标。若发现是群目标，则应从中选择对我方威胁最大、最易拦截的某一目标。

观测和跟踪目标。连续观测目标坐标（高低角 ε_T、方位角 β_T 及斜距 r_T），并控制雷达天线光轴对准目标。

控制发射和观测导弹。掌握时机实时控制和发射导弹，连续测量导弹坐标（高低角 ε_M、方位角 β_M 及斜距 r_M），并控制雷达天线光轴对准目标。

引导导弹飞向目标。根据目标、导弹的坐标及导引方法，形成导引指令传递给导弹，弹上控制设备根据指令的要求，操纵导弹飞向目标。

发射一次指令。当导弹与目标具有一定距离时，制导站发出无线电信号，弹上无线电引信解除保险，并使引信装置工作，以便及时引爆战斗部。

② 无线电指令制导系统分类

根据目标坐标的获取方法不同，无线电指令制导可分为两类，一类是从地面制导站观测目标与导弹的指令系统，如雷达跟踪指令制导系统；另一类是从导弹上观测目标的指令系统，如

TVM 指令制导系统。

③ 无线电指令制导回路结构

无线电指令制导系统是以导弹为控制对象的闭环回路。典型的制导回路是由导弹和目标测量设备、指令形成设备、指令传输设备、自动驾驶仪、弹体环节、弹体反馈设备及导弹运动学环节等组成。自动驾驶仪一般包括限幅放大器、综合放大器及舵机执行机构等部分。

以气动控制的轴对称导弹俯仰通道为例，它是典型的负反馈自动调节系统，如图 6-16 所示。导弹和目标测量设备测得的俯仰角误差信号 $\Delta\varepsilon$ 被输入到指令形成设备后，指令形成设备按所选定的导引方法进行变换、运算、综合形成导引指令，并将输出的俯仰指令信号电压送往指令传输设备，指令传输设备对指令信号进行编码、调制后，再将指令信号从指令发射天线发射出去，指令信号经过空间传播被弹上接收天线接收，再经过弹上接收机解调、解密、译码等处理，被还原后的指令信号被发送给自动驾驶仪的限幅放大器，同时弹体反馈设备测得的弹体反馈信号也被送入限幅放大器，经限幅放大器综合后形成控制信号，控制信号经综合放大器放大后输出给执行机构，最后执行机构根据控制信号操纵弹体的舵面转动，改变弹体的俯仰角。

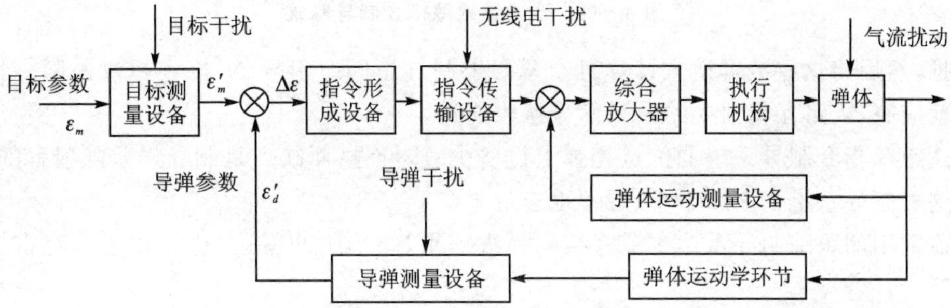

图 6-16　无线电指令制导回路

弹体反馈设备用来测量导弹姿态角变化，通常由速率陀螺仪(或积分陀螺仪)及微分网络组成。其反馈作用增大了控制导弹的阻尼，稳定了由气流扰动等引起的导弹扰动运动。导弹运动学环节是指弹体环节输出参数与导弹测量设备的输入参数两者之间的数学关系式，通常用变系数非线性微分方程描述。综上可知，制导回路中存在变参量环节及非线性环节，分析制导系统全过程的工作特性时，就需要知道参数的变化规律。分析制导系统在某一阶段内的动态特性，并假设导弹飞行偏差不大，输入信号未超出系统的线性范围，可将制导系统简化为常系数的线性系统。必须指出，目标干扰、导弹干扰、无线电干扰等也会影响制导回路的稳定，因此在目标测量设备、导弹测量设备及无线电传输设备中必须采取相应的抗干扰措施。

(2) 雷达跟踪指令制导系统

雷达跟踪指令制导系统有双雷达跟踪与单雷达跟踪两种指令制导系统。

在双雷达跟踪指令制导系统中，如图 6-17 所示，目标跟踪雷达不断跟踪目标，通过目标的反射信号获取目标的瞬时坐标信息，并将其送入计算机；导弹跟踪雷达用来跟踪导弹并将测量的导弹坐标数据送入计算机。计算机根据送来的目标与导弹瞬时坐标及导引方法形成导引指令，编码后用无线电发射机传送给导弹，从而控制导弹飞向目标。

在单雷达跟踪指令系统中，目标的跟踪与双雷达跟踪系统一样，不同的是跟踪的导弹上装有应答机，导弹进入制导雷达波束后，制导站不断地向导弹发射询问信号，弹上接收机将询问信号送入应答机，应答机向制导系统发射应答信号，制导雷达根据应答信号跟踪导弹并测量其

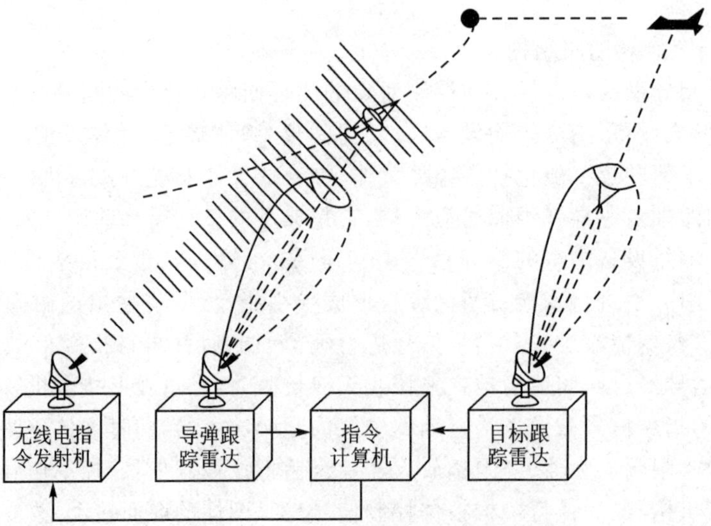

图 6-17　双雷达跟踪指令制导系统

坐标数据，然后将这些数据送入计算机。若要求制导站同时引导 N 枚导弹攻击同一目标，则制导站就应有 N 路互相独立的导弹信号接收通道。

雷达跟踪指令制导系统的优点是弹上设备少、质量轻；而缺点是制导误差随射程的增大而增大。这种制导系统大多用于中、近程地空导弹。

目前常用的跟踪制导雷达主要有线扫描跟踪雷达、单脉冲雷达、边扫描边跟踪雷达、相控阵雷达等。

4. 激光指令制导

激光指令制导是利用激光传输控制指令的一种视线制导技术，可以作为有线指令制导的换代技术。20 世纪 70 年代，美国开始研究激光指令制导技术，但到目前为止，仅使用激光指令制导技术的导弹型号数量很少。美国和瑞士联合研制的"阿达茨"导弹将激光指令制导作为复合制导手段之一，与激光波束制导组合使用。我国自行研制的某型车载反坦克导弹则为激光指令制导的典型代表，下面以该型反坦克导弹为例介绍激光指令制导系统的工作原理，其制导原理图如图 6-18 所示。

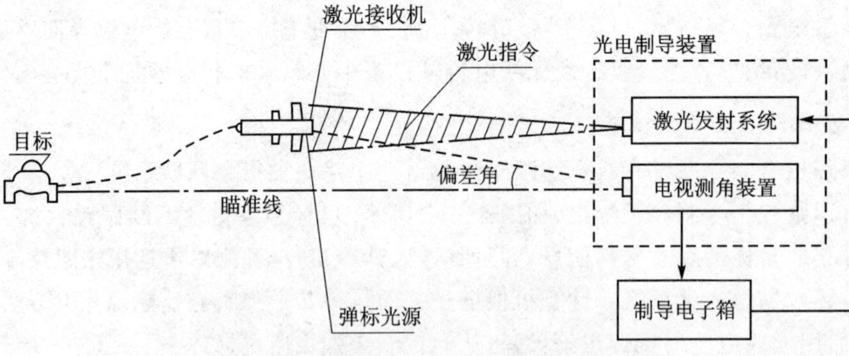

图 6-18　某型车载反坦克导弹制导原理图

整个制导过程包括电视测角和激光传输指令两部分。地面系统用光学瞄准系统瞄准并跟踪目标，同时飞行中的导弹也在其视场内，通过电视测角仪检测并解算出导弹偏离瞄准线的角度偏差，并将此信号传送给制导电子箱；制导电子箱将其角偏差信息编制成具有一定检错和纠错能力的信道编码指令输送到激光发射机；激光发射机的调制器将其信道编码编制成具有一定抗干扰能力的数字编码信息，用该编码信息触发激光驱动电路，使半导体激光器发射出与该信息相对应的激光脉冲串。激光脉冲按所要求的视场通过光学天线被发射出去，经过大气通道传送到高速飞行导弹弹尾的激光接收机上，接收机将接收到的激光信息波经光电转换、微弱信号放大、解调等电路，将其还原成信道编码指令，并输送给解码器使之变为角度偏差，从而控制导弹飞向目标并准确击中目标。

与有线制导相比，激光传输指令系统去掉了导弹尾部的线，使得导弹的射程、飞行速度得到了提高，同时也继承了光纤通信的绝大部分优点。但是，激光的主要缺点是其波长较短，大气对其信号的吸收和散射较强，因此，激光的大气穿透能力较差，并且其性能对气候甚为敏感，当大气中有雨、尘埃、雾、霾等因素影响时，会严重降低激光信号的性能。

5. 激光波束制导

在波束制导系统中，由制导站发出引导波束引导导弹在波束中飞行，当导弹偏离引导波束光轴时，根据偏离的大小和方向，导弹自己形成引导指令，控制导弹飞回引导波束光轴，直至击中目标。这种遥控制导技术也叫驾束制导。目前应用较广的是激光波束制导和雷达波束制导。

激光波束制导适合在近距离（一般 10 km 以内）通视条件下使用。所谓通视是指发射点与目标之间构成的一条无遮蔽的直视空间。采用激光波束制导时，导弹在发射前必须完成对目标的瞄准和跟踪，并确定导弹发射点与目标之间的瞄准线。为保证导弹沿瞄准线"轨迹"飞行，激光束的中心线必须沿着瞄准线投射到目标。图 6-19 所示为便携式激光波束制导系统。

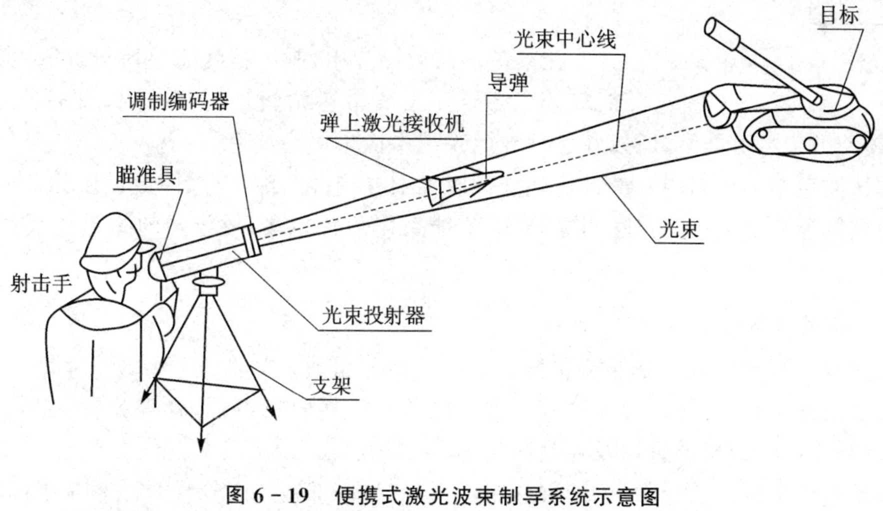

图 6-19　便携式激光波束制导系统示意图

激光波束制导具有瞄准与跟踪、激光发射与编码、弹上接收与译码、角误差指令形成与控制四大功能。其基本工作原理是：利用光学系统瞄准目标形成瞄准线，并把它作为坐标基准线，当目标移动时，瞄准线不断跟踪目标。同时，将激光束的中心线与瞄准线重合，并将光束在瞄准线的垂直平面内进行空间编码后向目标方向照射，弹上的激光接收机接收到激光信息并译码，测出导弹偏离瞄准线的方向和大小，从而形成控制指令，控制导弹沿着光束的中心线（瞄准线)飞行直至击中目标。

激光波束制导的主要优点包括光束可以非常窄,制导精度高,不易受干扰,弹上制导部件比较简单。但由于受功率及目视的限制,故一般只用在近程的战术导弹上。

6. 雷达波束制导

雷达波束制导和激光波束制导的原理是相同的,只不过将激光波束换成了雷达波束。雷达波束制导分为单雷达波束制导和双雷达波束制导。使用单雷达波束制导时,制导站用一部雷达跟踪目标并引导导弹;使用双雷达波束制导时,制导站用两部雷达,一部跟踪目标,测得目标的运动参数,并传送给计算机,根据选用的导引方法,计算机控制另一部雷达引导波束的光轴指向,引导导弹在波束内飞行直至击中目标。

(1) 单雷达波束制导系统

使用单雷达波束制导时,由一部雷达同时完成跟踪目标和引导导弹的任务,如图 6－20 所示。在制导过程中,雷达向目标发射无线电信号,目标回波被雷达天线接收,通过天线收发开关将目标回波送入接收机,接收机将输出信号直接送给目标跟踪装置,目标跟踪装置驱动天线转动,使波束的等信号线指向目标。

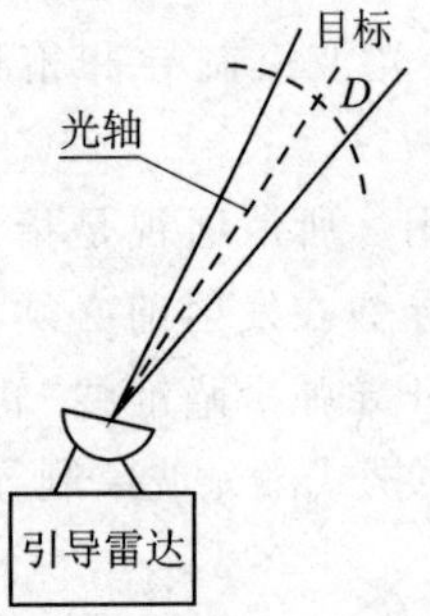

图 6－20　单雷达波束制导

如果导弹沿波束中的等信号线飞行,则在波束旋转一个周期内,导弹接收到的信号幅值不变。如果导弹飞行偏离等信号线,则导弹接收到的信号幅值随波束的旋转而发生周期性变化,这种幅值变化的信号就是调幅信号。导弹接收到调幅信号后,经解调装置解调,并将其与基准信号进行比较,从而在指令形成装置中形成控制指令信号,控制回路则根据指令信号的要求操纵导弹,纠正导弹的飞行偏差,使其沿波束的等信号线飞行。

在单雷达波束制导中,制导精度随导弹与雷达距离的增加而降低。在导弹飞离雷达站较远时,为了保证较高的导引精度,就必须使波束尽可能窄,所以在这种导引系统中应采用窄波束。

单雷达波束制导仅采用一部雷达就能同时导引导弹并跟踪目标,因此设备比较简单,但由于这种波束制导只能采用三点法引导导弹,不能采用前置角法,故导弹的弹道比较弯曲,制导误差大。

(2) 双雷达波束制导系统

双雷达波束制导系统由制导站和弹上设备两部分组成。如图 6－21 所示,制导站通常包括目标跟踪雷达、引导雷达以及计算机。弹上设备包括接收机、信号处理装置、基准信号形成装置、控制指令信号形成装置以及控制回路等。

在双雷达波束制导系统中,一部雷达跟踪目标,另一部雷达引导导弹。系统组成较单雷达波束制导系统复杂,而且需要有测距装置。不过,由于系统有两部雷达,故双雷达波束制导既可以采用三点法,也可以采用前置角法,相比于单雷达波束制导系统,双雷达波束制导系统的使用更加灵活,应用更加广泛。不论采用三点法,还是采用前置角法,弹上设备都是控制导弹沿波束的等信号线飞行,因此弹上设备的工作情况都是一样的。

不论单雷达波束制导,还是双雷达波束制导,把导弹引向目标的导引精度在很大程度上取决于跟踪目标的准确度,而跟踪目标的准确度不仅与波束宽度和发射机稳定性有关,还与反射

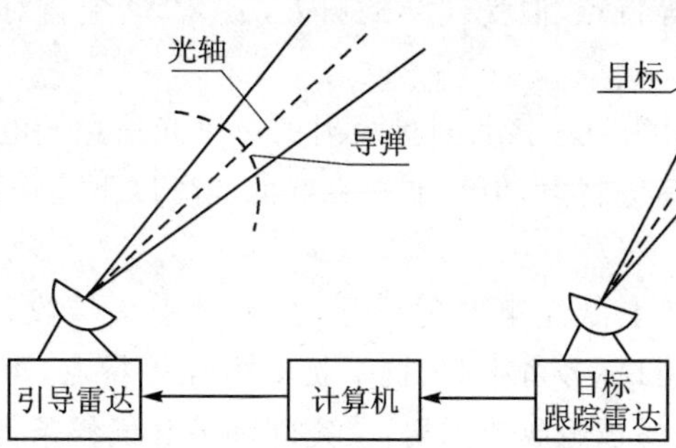

图 6-21　双雷达波束制导

信号的起伏有关。雷达在跟踪目标时，跟踪雷达接收装置的输出端产生反射信号的起伏，反射信号起伏与目标的类型、大小及其运动特性都有关。由于雷达波束制导系统相对比较简单，有较高的导引可靠性，故它广泛应用于地空、空空以及空地导弹，也可以用来导引地地弹道导弹在弹道初始段的飞行。

雷达波束制导系统作用距离的大小主要取决于跟踪目标雷达和导弹引导雷达的作用距离的大小，而且受气象条件影响很小，其优点是：沿同一波束可以同时导引多枚导弹。但由于在导弹飞行的全部时间中，跟踪目标的雷达波束必须连续不断地指向目标，在结束对某一个目标攻击之前，是不可能把导弹引向其他目标的。雷达波束制导系统的缺点是：导弹离开引导雷达的距离越大，即导弹越接近目标时，导引的准确度越低，而此时正是要求提高准确度的时候。为了解决这一问题，在导弹攻击远距离目标时，可以采用波束制导与指令制导、主动、半主动或被动寻的制导组合的复合制导系统。

6.2.3　寻的制导

自主制导的导弹一般只限于攻击静止目标，遥控制导的导弹虽然也可以攻击活动目标，但是控制精度随着导弹接近目标而下降，所以人们寻求一种随着导弹与目标间距离的缩短而控制精度更高的方法，这样就有了寻的制导。

1. 寻的制导概述

(1) 寻的制导概念

寻的制导也被称为自寻的制导或自导引，它是一种利用导引头接收目标辐射或反射能量而获取导引信息的制导方式。寻的制导具有较高的制导精度，且精度一般不随作用距离的增加而降低，因此它多用于空空导弹、空地导弹、地空导弹、舰空导弹、反坦克导弹的制导以及远程导弹的末制导。

寻的制导系统主要由导引头和控制系统组成。导引头是寻的制导系统的关键部件，它根据来自目标的能量（热辐射、激光反射波、无线电波等）自动跟踪目标，并给导弹控制系统提供导引指令，为导弹引信和发射架提供必要的信息；控制系统用来稳定导弹的角运动，并根据导引指令产生适当的导弹横向机动力，保证导弹在任何飞行条件下都能按导引规律逼近目标。

(2) 寻的制导分类及特点

① 按目标辐射或反射的能量形式分类

红外寻的制导：由弹上导引头直接接收目标的红外辐射。红外寻的制导具有空间分辨率高、制导精度高、抗干扰能力强等特点，但受气候影响大，云雾、烟尘会对红外辐射造成很大衰减，不能全天候工作。

电视寻的制导：由弹上导引头直接接收目标反射的可见光信息。电视寻的制导具有工作可靠、空间分辨率高、制导精度高等特点，但只能在良好的能见度下工作，易受强光和烟幕弹的干扰，不能全天候工作。

激光寻的制导：由弹外或弹上激光束照射目标，弹上导引头接收目标反射的激光信息。激光寻的制导具有制导精度高、目标分辨率高、抗干扰能力强等特点，可以与其他寻的制导兼容，结构简单，成本较低，但激光易被吸收或散射，受空间环境和气候条件的影响较大。

微波寻的制导：由弹上导引头接收目标辐射或反射的微波信息。微波寻的制导具有全天候性能，并且作用距离较远，主要工作在厘米波段，但微波寻的制导的空间分辨率低，跟踪精度和下视能力受到限制。

毫米波寻的制导：由弹上导引头接收目标辐射或反射的毫米波信息。其频谱位于红外与微波之间，兼有这两种频谱的特点，与微波寻的制导相比，毫米波寻的制导的空间分辨率高、制导精度高，具有良好的低空和下视能力，抗干扰能力强；但毫米波在大气中的传输损耗比微波大。它与红外、电视寻的制导相比，主要优点是可在云雾、烟尘条件下正常工作，也能夜间作战，具有全天候性能。

② 按有无照射目标的能量及能源所在位置分类

主动式寻的制导：由弹上导引头发射能量照射目标，并接收目标的反射能量。其优点是目标照射、探测、跟踪、指令形成等都在弹上完成，不需要外界的支援即可自动追踪和飞向目标；主动寻的的收发信号装置在一起，便于实现波形、频率的捷变，能提高导引头抗干扰和识别目标的能力。缺点是弹上制导设备复杂，作用距离受弹上照射源的限制，射程较短。

半主动式寻的制导：由弹外制导站发射能量照射目标，弹上导引头接收目标的反射能量。它要求制导站照射源在发射导弹前跟踪、照射目标，并在导弹发射后始终保持对目标的跟踪，直至命中目标。其优点是弹上制导设备简单，并且由于照射源不受弹上条件约束，故有较远的作用距离。缺点是依赖外界的照射源，照射源载体的活动受到限制。

被动式寻的制导：由弹上导引头直接接收目标本身辐射或反射的能量。其基本特点是以被动探测为基础，不需要照射源照射目标，而只需要探测目标本身发出的信号。因此其优点是导弹攻击目标时的隐蔽性好、设备简单、制导精度较高。缺点是对目标的辐射或散射特性依赖大，易受目标背景环境的干扰。

2. 红外寻的制导

(1) 红外点源寻的制导

红外点源寻的制导是把探测与跟踪到的目标辐射的红外线作为点光源处理，故称为红外点源寻的制导或红外非成像寻的制导。红外点源寻的制导利用弹上红外点源导引头接收目标的红外线辐射能量，通过光电转换和滤波处理，把目标从背景中识别出来，自动探测、识别和跟踪目标，引导导弹飞向目标。

红外点源导引头主要由红外光学系统、调制器、红外探测器及制冷器、信号处理电路、伺服系统等部分组成，如图 6－22 所示。其中，红外光学系统、调制器、红外探测器及制冷器组成红外位标器。

当红外点源导引头开机后，伺服系统驱动红外位标器在一定角度范围进行搜索。红外光

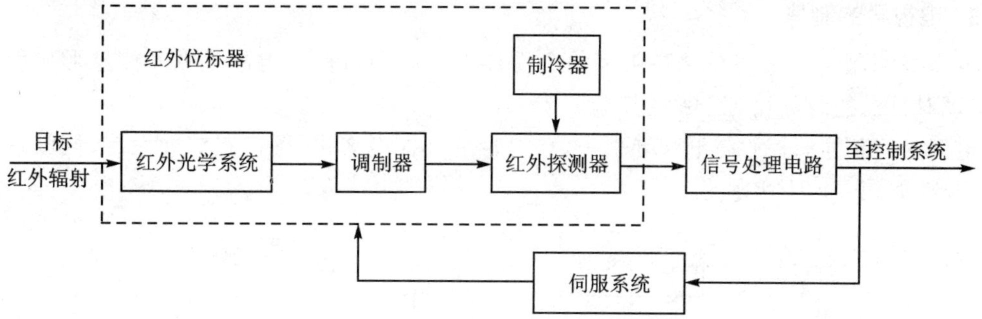

图 6－22 红外点源导引头组成框图

学系统不断将目标和背景的红外辐射接收并汇聚起来送给调制器。调制器将目标和背景的红外辐射信号进行调制，并在此过程中进行光谱滤波和空间滤波，然后将信号传给红外探测器。探测器把红外信号转换成电信号，电信号经由信号处理电路后，探测器根据目标与背景噪声及内部噪声在频域和时域上的差别，鉴别出目标，同时红外导引头自动转入跟踪，并在方位和俯仰两个方向上跟踪目标。在红外导引头跟踪目标的同时，由方位、俯仰两路输出控制电压给控制系统，从而控制导弹向目标飞行。

(2) 红外成像寻的制导

红外成像寻的制导是利用弹上红外成像导引头探测目标的红外辐射，根据获取的红外图像进行目标捕获与跟踪，并将导弹引向目标。

红外成像又称热成像，红外成像技术就是把物体表面温度的空间分布情况变为按时间顺序排列的电信号，并将其以可见光的形式显示出来，或将其数字化存储在存储器中，为数字机提供输入，通过数字信号处理方法来分析这种图像，从而得到目标信息。红外成像制导技术探测的是目标和背景间微小的温差或辐射频率差引起的热辐射分布情况，它具备在各种复杂战场环境下自主搜索、捕获、识别和跟踪目标的能力，代表了当代红外制导技术的发展趋势。

红外成像导引头主要由红外摄像头、图像跟踪处理器以及伺服系统等部分组成，如图 6－23 所示。

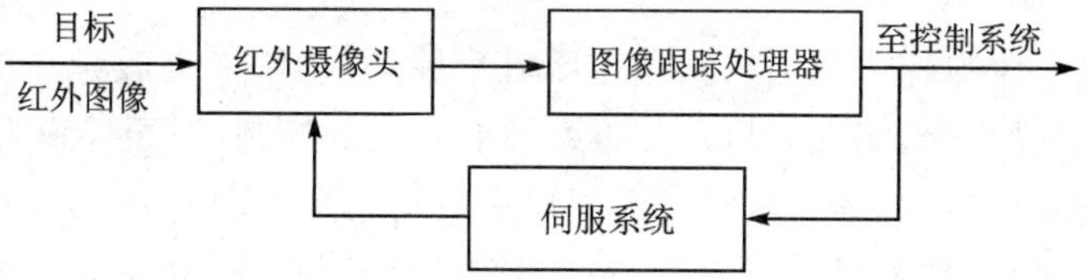

图 6－23 红外成像导引头组成框图

导弹发射前，由控制站的红外前视装置搜索和捕获目标，根据视场内各种物体热辐射的差别在控制站显示器上显示出图像。一旦目标的位置被确定，导引头便跟踪目标(可在发射前锁定目标，或在发射后通过传输指令来锁定目标)。导弹发射后，摄像头获取目标的红外图像并对其进行处理，从而得到数字化的目标图像，经过图像处理和图像识别后，摄像头区分出目标与背景信号，识别出真目标并抑制假目标。同时，跟踪装置按预定的跟踪方式跟踪目标，并送出摄像头的瞄准指令和制导系统的导引指令，引导导弹飞向预定的目标。

3. 电视寻的制导

电视寻的制导是由装在导弹头部的电视导引头利用目标反射的可见光信息形成引导指令，实现对目标的跟踪和对导弹的控制。

电视寻的制导的核心是电视导引头，它主要由电视摄像机、图像跟踪处理器、伺服系统等部分组成，如图 6-24 所示。

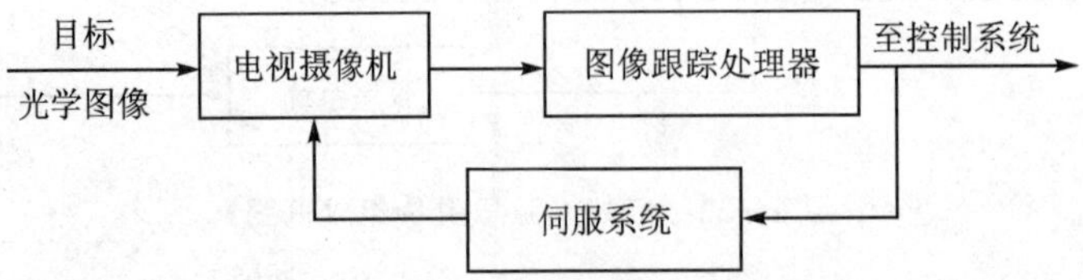

图 6-24 电视导引头组成框图

导弹对准目标方向发射后，电视摄像机把被跟踪的目标光学图像转换为视频信号，图像跟踪处理器从视频信号中提取目标位置信息，并输出驱动伺服系统的信号，以使电视摄像机光轴对准目标。当光轴与弹轴不重合时，图像跟踪处理器给出与偏角成比例的控制电压，并传送给控制系统，使弹轴与光轴重合，从而使导弹实时对准目标，引导导弹直接摧毁目标。

电视摄像机是电视导引头的敏感探测单元，位于导弹弹头的前部，其主要功能是实现系统的光电转换，为系统提供表征外界背景与目标信息的视频信号。电视摄像机主要由光学镜头、摄像器件(摄像管或 CCD，包括各自的驱动电路)、视频处理和输出电路等部分组成，如图 6-25 所示。

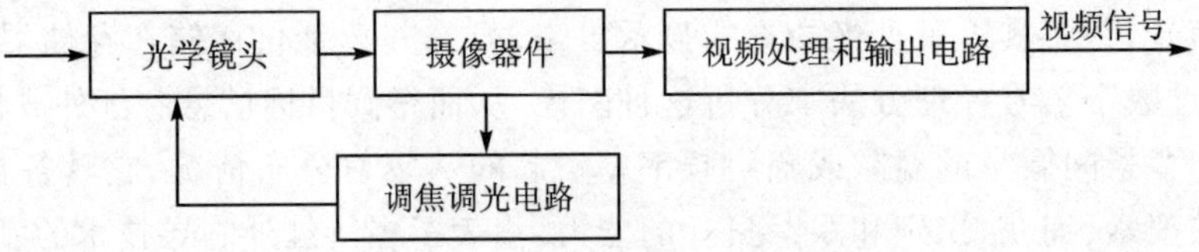

图 6-25 电视摄像机组成框图

4. 激光寻的制导

激光寻的制导是由弹外或弹上的激光器照射目标，并利用弹上激光导引头接收目标反射的激光，从而形成引导指令，实现对目标的跟踪和对导弹的控制，引导导弹飞向目标。

按照激光源所在位置的不同，激光寻的制导有主动和半主动之分。目前，应用较多的是激光半主动寻的制导系统，它由弹上设备(激光导引头和控制系统)和制导站的激光目标指示器组成，如图 6-26 所示。

激光目标指示器主要由激光器和光学瞄准器等组成。只要瞄准器的十字线对准目标，激光器发射的激光束就能照射到目标上，因为激光的发散角较小，所以能准确地照射目标。激光照射在目标上形成的光斑的大小由照射距离和激光束发散角决定。

激光导引头主要由光学系统、激光探测器、信号处理电路以及伺服系统等组成。光学系统接收目标反射的激光，滤除其他光源的干扰，使激光器发射的特定波长的激光汇聚在探测器上，从而探测器将接收到的激光信号转换成电信号输出。

为了提高抗干扰能力，并且在导引头视场内出现多个目标时也能准确地攻击指定的目标，激光器射出的是经过编码的激光束，导引头中有与之相对应的解码电路，在有多个目标的情况

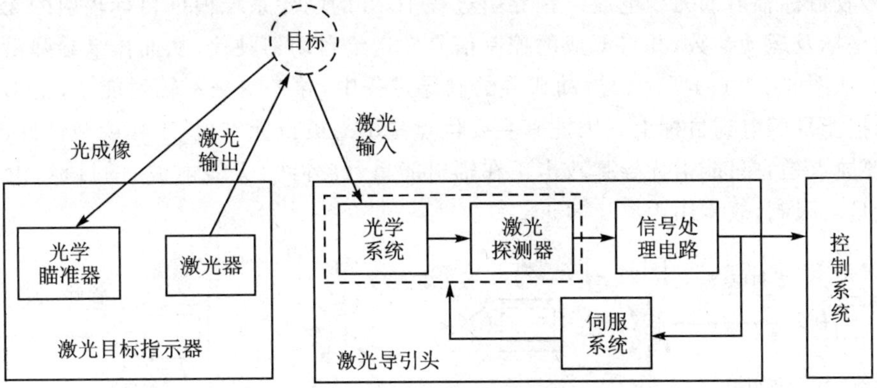

图 6－26　激光半主动寻的制导系统组成框图

下，按照各自的编码，导弹只攻击与其对应的指示器指示的目标。为了夜间工作的需要，激光指示器还可配置前视红外系统。

5. 微波寻的制导

微波寻的制导也叫雷达自动导引或自动瞄准，它是利用装在导弹上的设备接收目标辐射或反射的无线电波，实现对目标的跟踪并形成引导指令，引导导弹飞向目标的一种制导方式。在制导过程中，微波寻的制导需要不断地观测和跟踪目标，并将形成的控制信号送入自动驾驶仪，操纵导弹飞向目标。制导站只起选择目标、发射导弹的作用，有时也提供照射目标的能源。导弹发射后，观测和跟踪目标、形成控制指令以及操纵导弹飞行都是由弹上设备完成的。

微波寻的制导系统工作时，需要接收目标辐射或反射的无线电波，这种无线电波可能是由弹上雷达辐射后经目标反射的，也可能是由其他地方专门的雷达辐射后经目标反射的，或者是由目标直接辐射的。根据能量来源的位置不同，微波寻的制导系统可分为主动式微波寻的制导系统、半主动式微波寻的制导系统、被动式微波寻的制导系统三种。

(1) 主动式微波寻的制导系统

主动式微波寻的制导系统的导弹上装有雷达发射机和雷达接收机。弹上雷达主动向目标发射无线电波，寻的制导系统根据目标反射回来的无线电波确定目标的坐标及运动参数，并将形成的控制信号发送给自动驾驶仪，从而操纵导弹沿理论弹道飞向目标，如图 6－27(a)所示。主动式微波寻的制导系统的主要优点是导弹在飞行过程中完全不需要弹外设备提供任何能量或控制信息，即做到“发射后不管”；其主要缺点是弹上设备复杂，设备的质量、尺寸受到限制，因而这种系统的作用距离不可能很大。

(2) 半主动式微波寻的制导系统

半主动式微波寻的制导系统的雷达发射机装在地面(或飞机、军舰)上，雷达发射机向目标发射无线电波，寻的制导系统根据装在弹上的接收机接收的目标反射电波确定目标的坐标及运动参数，并将形成的控制信号发送给自动驾驶仪，从而操纵导弹沿理论弹道飞向目标，如图 6－27(b)所示。半主动式微波寻的制导系统的主要优点是由于在导弹以外的制导站设置了大功率照射能源，故作用距离较远，并且弹上设备比较简单，质量和尺寸也比较小。其缺点是导弹在杀伤目标前的整个飞行过程中，制导站必须始终照射目标，因此易受干扰和攻击。

(3) 被动式微波寻的制导系统

被动式微波寻的制导系统是利用目标辐射的无线电波进行工作的。导弹上装有雷达接收机,用来接收目标辐射的无线电波。在导引过程中,寻的制导系统根据目标辐射的无线电波确定目标的坐标及运动参数,并将形成的控制信号发送给自动驾驶仪,从而操纵导弹沿理论弹道飞向目标,如图 6-27(c)所示。被动式寻的制导过程中,导弹本身不辐射能量,也不需要别的照射能源把能量照射到目标上。因此其主要优点是不易被目标发现,工作隐蔽性好,弹上设备简单;主要缺点是它只能引导导弹攻击正在辐射能量(红外线、无线电波)的目标,由于受到目标辐射能量的限制,故作用距离比较近。

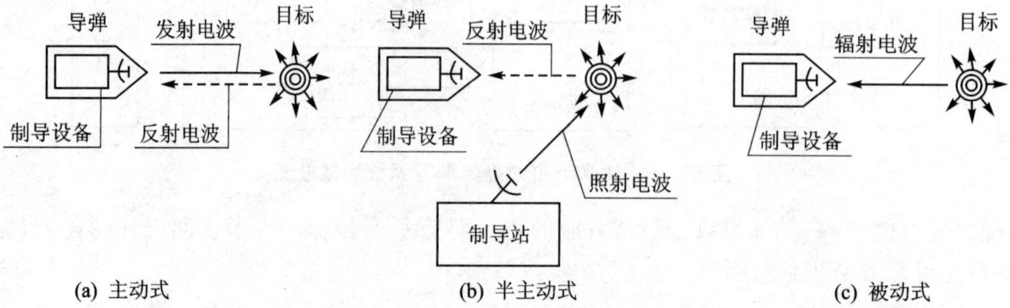

图 6-27　微波寻的制导的类型

6. 毫米波寻的制导

毫米波段处于电磁频谱的微波波段和远红外波段之间,其频率为 30～300 GHz,即相当于 1～10 mm 波长。

多年来,人们一直寄希望于通过毫米波改进多种制导系统的能力。其原因如下:目前微波段的应用已拥挤不堪;毫米波制导系统比微波(特别是厘米波)制导系统的制导精度高,比光电制导系统(波长为 0～15 μm)更不易受气候条件的影响。毫米波的频谱介于微波和光波之间,因此毫米波探测系统既具有微波的全天候的特点,又具有光学探测系统的精度高的特点,在雷达导弹制导等领域具有广阔的应用前景。

毫米波寻的制导具有如下优点:

① 分辨能力强

雷达分辨目标的能力取决于天线波束宽度,波束越窄,则分辨率越高。当天线尺寸一定时,毫米波导引头的波束宽度比微波的要窄得多,因此毫米波导引头能提供很高的测角精度和角分辨率。

② 抗干扰能力强

采用窄波束技术后,电磁波所照射的背景(地面、海面等)区域的面积变窄,由背景产生的杂乱回波的影响自然减弱。毫米波工作频率高、频谱宽,可使用频率多。除非预先知道,否则很难干扰。

③ 多普勒频率分辨率高

由于毫米波的波长短,同样速度的目标,毫米波雷达导引头产生的多普勒频率要比微波雷达大得多,故毫米波雷达导引头的多普勒分辨率高,从背景杂波中区分运动目标的能力强,对目标的速度鉴别性能强。

④ 具有目标识别和攻击点选择能力

由于毫米波段分辨率高,故通过回波处理能够获得目标的精细形状与结构特性,提高了分辨多目标及其要害部位,以及从复杂背景中分辨出目标的能力。被动式毫米波依靠目标和背景辐射毫米波能量的差别鉴别目标。电导率大的物质如金属、水、人体等对毫米波的反射率大，辐射率小；电导率小的物质如土壤、沥青等对毫米波的反射率小，辐射率大。因此，从利用辐射率的不同来鉴别金属目标和其他物质的能力来看，毫米波比红外要好。从毫米波辐射计可以清楚看出金属目标比非金属目标的亮度低得多。即使在绝对温度相同的情况下，辐射计也可以明显区分出金属目标和非金属目标。

⑤ 在不利气候条件和恶劣战场环境中工作性能好

毫米波段位于光波段和微波波段之间，它在大气窗口波段上工作时，在雨雾条件下的衰减较微波波段大，但较红外、电视等制导方式则要小得多。毫米波穿透云、雨、雾、尘和稀疏树林的能力远胜于红外及可见光，具有昼夜和有限全天候能力。

在四个大气衰减较小的传播“窗口”内，毫米波透过大气的损失比较小，穿透战场烟尘的能力比较强。其中心频率分别为 35 GHz，94 GHz，140 GHz 以及 220 GHz。目前毫米波制导使用较多的是 35 GHz，94 GHz 这两个窗口。在一般的条件下，94 GHz 导引头跟踪性能比 35 GHz 好，但从作用距离方面来看，由于主动式 35 GHz 导引头传播衰减比 94 GHz 小，故 35 GHz 导引头的作用距离较远。美国的 SEATRACKS 毫米波雷达的工作频率为 35 GHz，STARTLE 毫米波雷达的工作频率为 94 GHz。

⑥ 制导设备体积小、质量轻

微波、毫米波的元器件的大小基本上与波长成一定比例，所以毫米波元器件尺寸比微波小。因此毫米波寻的制导装置体积小、质量轻、功耗小，有利于做成模块化。小尺寸的毫米波器件易于在弹上集成化，有利于减少导弹的体积和重量。

毫米波制导的主要缺点是探测目标距离短，即使在晴朗的天气，导引头所能达到的探测距离也很有限。

6.3 基于位置的导引法

基于位置的导引法主要用于遥控制导。遥控制导的基本组成包括三个主要部分：导引站、导弹、目标。基于位置的导引法就是将这三者位置关系作为约束条件，从而获得导引规律。在导引律研究中，将导引站、导弹以及目标视为质点，根据这三个质点的空间位置关系应遵循的准则而给出的数学描述就是导引方程。

6.3.1 含有导引站的相对运动方程

假设导引站、导弹以及目标均在同一平面内运动，则导弹和目标相对于导引站的位置关系如图 6－28 所示。图中，C 为导引站，M 为导弹，T 为目标，V_C，V_M，V_T 分别为导引站、导弹以及目标的速度，θ_C，θ_M，θ_T 分别为导引站、导弹以及目标相对于同一基准线的速度倾角，r_M，r_T 分别表示导弹和目标相对于导引站的距离，q_M，q_T 分别表示导弹和目标相对于导引站的视线角。

根据图 6－28 所示的相对位置关系，导弹相对于导引站的相对运动方程为

$$\left.\begin{aligned}\dot{r}_M &= V_M\cos(q_M-\theta_M)-V_C\cos(q_M-\theta_C)\\ r_M\dot{q}_M &= -V_M\sin(q_M-\theta_M)+V_C\sin(q_M-\theta_C)\end{aligned}\right\}\tag{6.19}$$

而目标相对于导引站的相对运动方程为

$$\left.\begin{aligned}\dot{r}_T &= V_T\cos(q_T-\theta_T)-V_C\cos(q_T-\theta_C)\\ r_T\dot{q}_T &= -V_T\sin(q_T-\theta_T)+V_C\sin(q_T-\theta_C)\end{aligned}\right\} \tag{6.20}$$

上述方程是考虑导引站运动的情况，若导引站固定不动，则只需令 $V_C=0$ 即可。在式(6.19)和式(6.20)的四个方程中，已知参数是 V_T,θ_T,V_M，未知参数是 r_M,r_T,θ_M,q_M,q_T，显然未知数数目多于方程数目。若想确定导弹的运动规律，必须附加一个约束方程，使得未知数的数目与方程的数目相等，这个约束方程即为导引方程。不同的导引法给出的导引方程也不同。

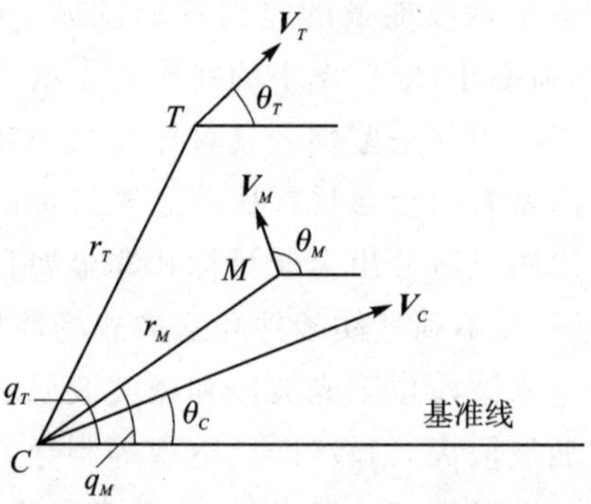

图 6-28　含导引站的交战几何关系

6.3.2　三点法

三点法又称目标重合法或视线法，是使导引站、导弹、目标始终保持在一条直线上的一种导引方法。由图 6-29 可知，若要求导引站、导弹、目标在一条直线上，则导引方程为

$$q_M=q_T=q \tag{6.21}$$

此时，导弹相对于目标的相对距离为 $r=r_T-r_M$。为了保证导弹能够命中目标，则必须使得相对距离 r 逐渐减小，即要求

$$\dot{r}=\dot{r}_T-\dot{r}_M=V_T\cos(q-\theta_T)-V_M\cos(q-\theta_M)<0 \tag{6.22}$$

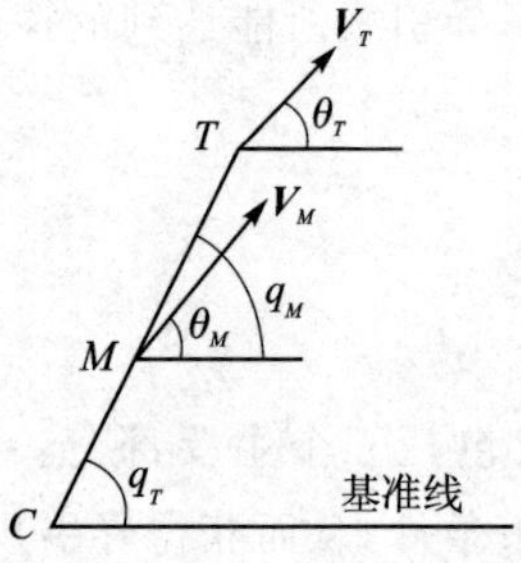

图 6-29　三点法对应的交战几何关系

考虑一种特殊情况，即认为导弹和目标的速度方向相同，即 $\theta_T=\theta_M$，则必须要求 $V_M>V_T$，即此时导弹的速度至少要大于目标的速度才能命中目标。

若目标在空间内做快速机动，为了保证导弹始终在目标和导引站确定的连线上，则必须保证导弹具有足够的法向加速度已进行机动，因此，三点法对于导弹的法向过载需求较大。

在各种导引方法中，三点法应用的比较早，这种方法的优点是技术实施比较简单，特别是在采用有线指令制导的条件下，抗干扰性能强。但按照三点法的要求，导弹飞行弹道的曲率较大，目标机动带来的影响也比较严重。当目标横向机动或迎面攻击目标时，导弹越接近目标，需用的法向过载越大，弹道越弯曲，因为此时目标的角速度逐渐增大。这对于采用空气动力控制的导弹攻击高空目标很不利，因为随着高度的升高，空气密度迅速减小，舵效率降低，由空气动力提供的法向控制力也大大下降，导弹的可用过载就可能小于需用过载而导致脱靶。

6.3.3　前置角法

前置角法是要求导弹在与目标相遇前的飞行过程中，任意瞬时均处于导引站和目标连线的一侧，直至与目标相遇。相对目标运动方向而言，导弹与导引站的连线应超前于目标与导引站连线某个角度，故导引方程为

$$q_M=q_T+\Delta q \tag{6.23}$$

其中，Δq 为前置角。

为了获得较为平直的弹道，通常要求导弹在接近目标时 $\dot{q}_M$ 趋于零，因此，前置角可取为导弹与目标相对距离的函数，即

$$\Delta q = C_q r \tag{6.24}$$

其中，C_q 为前置系数，可取为常数，也可以取为某种函数形式。前置系数取法不同，则可演化出多种不同的导引方法。当取为零值($C_q=0$)时，则为三点法。显然，随着前置系数的取法不同，可获得具有不同运动特性的导弹飞行轨迹。因此，前置角法的重点是选择合适的前置系数变化规律。

若要求弹道较为平直，可要求在命中点 $r=0$ 处 $\dot{q}_M=0$，而对式(6.24)求导得

$$\Delta\dot{q} = \dot{q}_M - \dot{q}_T = \dot{C}_q r + C_q \dot{r} \tag{6.25}$$

则有 $C_q = -\dfrac{\dot{q}_T}{\dot{r}}$，此时导引方程变为

$$q_M = q_T - \frac{\dot{q}_T}{\dot{r}} r \tag{6.26}$$

与三点法相比，前置角法所需测量的信息较多，导引方程的解算也较为复杂，并且系统结构复杂，抗电子干扰性能差。但通过前置系数的设计，可在一定程度上实现对飞行弹道的曲率和目标机动影响的调整，从而改善制导精度。

6.4　基于速度的导引法

基于速度的导引法多用于寻的制导，因此，随着寻的制导和复合制导技术的发展，它的实际应用也日益广泛。寻的制导是一种仅涉及导弹与目标相对运动的制导方式，因此，在运动学上也只涉及导弹与目标的相对运动方程。基于速度的导引法就是约束这种相对运动的一种准则，例如，它可以是对导弹速度矢量或相对距离矢量(或称目标视线)提出的特定要求。显然，基于速度的导引法所需设备大多设置在弹上，因此，弹上设备较复杂。但是，在改善制导精度方面，这种导引方法有较大的作用。

6.4.1　弹目相对运动方程

假设导引站、导弹以及目标均在同一平面内运动，则导弹和目标相对于导引站的位置关系如图 6-30 所示。图中，M 为导弹，T 为目标，V，V_T 分别为导弹和目标的速度，θ，θ_T 分别为导弹和目标相对于同一基准线的速度倾角，η，η_T 分别为导弹和目标的速度前置角，$\boldsymbol{a}_n$，$\boldsymbol{a}_T$ 分别为导弹和目标的法向过载矢量，r 表示弹目相对距离，q 表示弹目视线角。

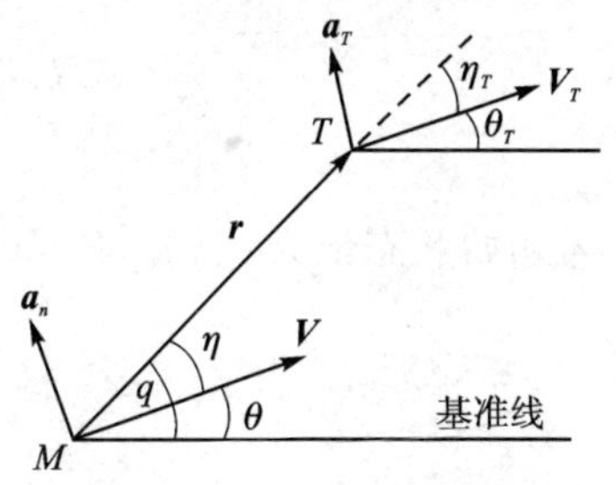

图 6-30　弹目相对运动几何关系

根据图 6-30 所示的相对运动几何关系，显然有

$$\left.\begin{aligned} \eta &= q - \theta \\ \eta_T &= q - \theta_T \end{aligned}\right\} \tag{6.27}$$

弹目相对运动方程为

$$\left.\begin{aligned} \dot{r} &= V_T\cos(q-\theta_T) - V\cos(q-\theta) = V_T\cos\eta_T - V\cos\eta \\ r\dot{q} &= -V_T\sin(q-\theta_T) + V\sin(q-\theta) = -V_T\sin\eta_T + V\sin\eta \end{aligned}\right\} \tag{6.28}$$

式中，已知参数是 V_T,θ_T,V，未知参数是 r,q,η，显然，必须附加一个约束方程才能确定导弹的运动规律，这个约束方程即为导引方程。

6.4.2 追踪法

追踪法又称追踪曲线法，该方法以视线为基准，要求导弹速度矢量方向在导引过程中始终指向目标，如图 6-31 所示，其导引方程为

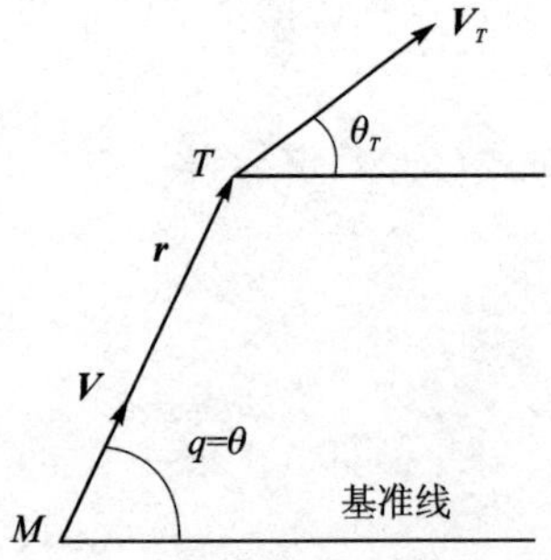

图 6-31　追踪法对应的弹目相对运动几何关系

$$q=\theta \tag{6.29}$$

若导弹速度为常值，目标速度为常值且沿基准线飞行，则弹目相对运动方程由式(6.28)变为

$$\left.\begin{aligned}\dot{r}&=V_T\cos q-V\\ r\dot{q}&=-V_T\sin q\end{aligned}\right\} \tag{6.30}$$

则易得

$$\frac{\mathrm{d}r}{r}=\frac{V_T\cos q-V}{-V_T\sin q}\mathrm{d}q \tag{6.31}$$

对式(6.31)积分得

$$\int\frac{1}{r}\mathrm{d}r=\int-\frac{\cos q}{\sin q}\mathrm{d}q+\frac{V}{V_T}\int\frac{1}{\sin q}\mathrm{d}q \tag{6.32}$$

令 $u=\tan\dfrac{q}{2}$，$P=\dfrac{V}{V_T}$，则式(6.32)积分得

$$\ln r=-\ln\sin q+P\int\frac{1}{u}\mathrm{d}u+c \tag{6.33}$$

进一步整理得

$$\ln(r\sin q)=P\ln\left(\tan\frac{q}{2}\right)+c \tag{6.34}$$

即

$$r=k\cdot\frac{\left(\tan\dfrac{q}{2}\right)^{P}}{\sin q}=k\cdot\frac{\left(\sin\dfrac{q}{2}\right)^{P-1}}{2\left(\cos\dfrac{q}{2}\right)^{P+1}} \tag{6.35}$$

若初始状态记为 r_0,q_0,P_0，将其代入式(6.35)则可确定 k 的值，进而可得

$$r=r_0\cdot\frac{\left(\cos\dfrac{q_0}{2}\right)^{P_0+1}}{\left(\sin\dfrac{q_0}{2}\right)^{P_0-1}}\cdot\frac{\left(\sin\dfrac{q}{2}\right)^{P-1}}{\left(\cos\dfrac{q}{2}\right)^{P+1}} \tag{6.36}$$

由于 $r\dot{q}=-V_T\sin q$，则有

$$\dot{q}\cdot q=-\frac{V_T}{r}q\sin q<0 \tag{6.37}$$

这意味着 $\lim\limits_{t\to\infty}q=0$，根据这一条件可分析导弹的命中性。当 $\lim\limits_{t\to\infty}q=0$ 时，得到

$$\lim_{t\to\infty}r=\begin{cases}0, & P>1\\ c, & P=1\\ \infty, & P<1\end{cases} \tag{6.38}$$

显然，为了保证导弹命中目标，必须满足 $P>1$，即导弹的速度至少要大于目标的速度。

同时，导弹法向过载为 $a_n=\frac{V\dot{\theta}}{g}=\frac{V\dot{q}}{g}=-\frac{VV_T}{gr}\sin q$，将式(6.36)代入法向过载表达式得到

$$a_n=-\frac{2VV_T}{gr_0}\cdot\frac{\left(\sin\frac{q_0}{2}\right)^{P_0-1}}{\left(\cos\frac{q_0}{2}\right)^{P_0+1}}\cdot\frac{\left(\cos\frac{q}{2}\right)^{P+2}}{\left(\sin\frac{q}{2}\right)^{P-2}} \tag{6.39}$$

于是有

$$\lim_{t\to\infty}a_n=\begin{cases}0, & P<2\\ c, & P=2\\ \infty, & P>2\end{cases} \tag{6.40}$$

显然，从可实现的角度看，必须满足 $P<2$，否则导弹弹道末端法向过载过大，存在需用法向过载超出可用法向过载的情况。

综上可知，导弹采用追踪法攻击目标时，命中条件是 $1<P=\frac{V}{V_T}<2$，即导弹若想命中目标，速度必须大于目标的速度，但又不能超过目标速度的 2 倍，否则可能由于需用法向过载超出可用法向过载而脱靶。

追踪法的特点是技术实施简单易行，抗电子干扰能力较强。但该导引法的弹道特性存在严重缺点，因为导弹的绝对速度始终指向目标，相对速度总是落后于目标视线，所以不管从哪个方向发射，导弹总是要绕到目标的后面去命中目标，这样导致导弹的弹道较为弯曲(特别是在命中点附近)，需用法向过载较大，要求导弹具有很高的机动性。同时，考虑到追踪法命中点处的法向过载、速度比受到严格限制，导弹不能实现全向攻击。因此，追踪法目前应用较少。

6.4.3　平行接近法

平行接近法又被称为瞬时遭遇点法。该导引方法要求在制导过程的任意瞬间，均保持目标视线在空间平行移动(即视线转率为零)，故称平行接近法。如图 6-32 所示，平行接近法要求导弹速度矢量和目标速度矢量在目标视线垂线方向上的投影必须始终保持相等。或者说，在任意瞬时，导弹的速度矢量必须指向瞬时遭遇点，故又称瞬时遭遇点法。所谓瞬时遭遇点指的是在任意瞬时，当假设目标和导弹由此瞬时开始均保持等速直线运动时导弹与目标的遭遇点。

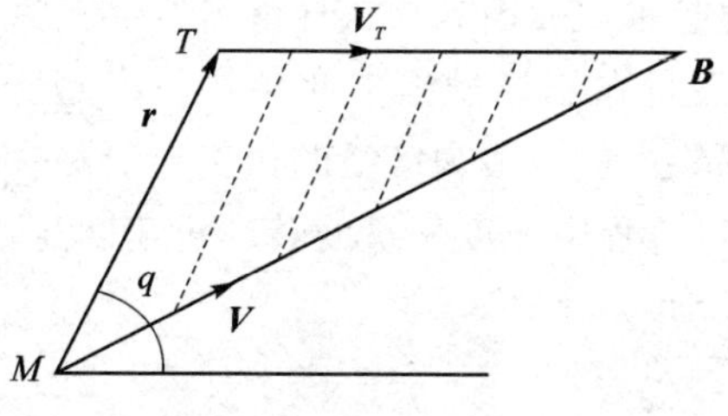

图 6-32　平行接近法对应的弹目相对运动几何关系

平行接近法的导引方程为

$$q=q_0 \quad 或 \quad \dot{q}=0 \tag{6.41}$$

根据上述导引方程，易得

$$r\dot{q}=-V_T\sin(q-\theta_T)+V\sin(q-\theta)=0 \tag{6.42}$$

则

$$\theta=q-\sin^{-1}\left[\frac{V_T}{V}\sin(q-\theta_T)\right] \tag{6.43}$$

显然，当目标作直线飞行时，θ_T 为常数，且导弹与目标的速度比 $P=\dfrac{V_T}{V}$ 为常数，则 θ 为常数，即导弹的飞行弹道是直线。

弹道命中目标的前提条件是弹目相对距离逐渐变小，即 $\dot{r}<0$，根据式(6.28)可知，即

$$V\cos\eta > V_T\cos\eta_T \tag{6.44}$$

为保证各种情况下的命中性，需满足 $V>V_T$。再根据导引方程 $\dot{q}=0$ 及式(6.28)可知

$$-V_T\sin(q-\theta_T)+V\sin(q-\theta)=0 \tag{6.45}$$

考虑到 $V>V_T$，则有 $\theta>\theta_T$。

当导弹和目标均作等速飞行时，对式(6.42)求导得

$$V_T\dot{\theta}_T\cos(q-\theta_T)-V\dot{\theta}\cos(q-\theta)=0 \tag{6.46}$$

故此时导弹法向过载与目标法向过载之比满足

$$\frac{a_n}{a_T}=\frac{V\dot{\theta}}{V_T\dot{\theta}_T}=\frac{\cos(q-\theta_T)}{\cos(q-\theta)}<1 \tag{6.47}$$

这说明导弹的需用法向过载总是小于目标机动的法向过载。这对于导弹攻击目标的过程来说十分有利。这一结论是在假设导弹和目标均作等速飞行时获得的，实际上，对于目标机动、导弹变速飞行的情况，导弹的需用法向过载一般也不超过目标机动的法向过载。

各种导引方法中，平行接近法是比较理想的导引方法，与其他导引方法相比，平行接近法的导弹飞行弹道比较平直、曲率比较小；当目标保持等速直线运动，导弹速度保持常值时，导弹的飞行弹道为直线；当目标机动，导弹变速飞行时，导弹的飞行弹道曲率较其他方法小，且弹道需用法向过载不超过目标机动的法向过载，即受目标机动的影响较小。但是，保持这些优点的前提是在制导过程中，任何时刻都必须严格准确地实现导引方程，因此需要很多精确的测量信息，这使得系统结构很复杂，抗电子干扰性能差，系统实现较为困难。

6.4.4 比例导引法

以上两种导引法中，对于追踪法，由于速度前置角为零，故遭遇点附近需用法向加速度很大，而且对速度比有严格的要求；对于平行接近法，在一般情况下，其速度前置角是变化的，虽然需用法向过载较小，但实现起来比较困难。这样就需要寻找另外一种导引规律，使速度前置角是变化的，但能易于实现，而且在制导过程中使导弹最终趋于平行接近法对应的碰撞弹道上，这种制导律就是在寻的制导中应用最为广泛的比例导引法。

比例导引法是指导弹飞行过程中速度矢量的转动角速度与目标视线的转动角速度成比例的一种导引方法，其导引方程为

$$\dot{\theta}=N\dot{q} \tag{6.48}$$

式中，N 为比例系数或称导航比；$\dot{q}$ 为视线转率。若 N 为常数，则可得到积分形式的导引方程为

$$\theta(t)=\theta_0+N[q(t)-q_0] \tag{6.49}$$

从这一导引方程的形式可以看出，比例导引法是以零视线转率为基准，把视线转率当作基本的独立变量，欲使导弹速度矢量方向的变化与视线转率成正比，实质上就是通过控制导弹速度矢量方向，使导弹速度矢量垂直视线的分量接近或等于目标速度矢量在垂直视线的分量，从而使导弹最终趋于平行接近法对应的碰撞弹道上。当 N 取不同值时，可以获得不同形式的导引律，其中追踪法和平行接近法都可以视为比例导引法的特殊情况。

当 $N=1$ 时，若 $\theta_0=q_0$，则始终有 $\theta=q$，此时对应于追踪法。

当 $N\to\infty$ 时，要求 $\dot{q}=0$，此时对应于平行接近法。

因此，比例导引法可以视为介于追踪法和平行接近法之间的一种更一般的导引方法，其弹道特性也应介于两者之间。下面重点分析一下比例导引法的弹道特性。

如果 $\dot{q}$ 随时间的增加而逐渐趋于 0，那么比例导引弹道最终将趋于平行接近法的碰撞弹道而命中目标，这种特性被称为弹道的收敛性。弹道的收敛性可以用来说明比例导引的命中性。下面来重点分析一下 $\dot{q}$ 随时间的变化规律。

为简化研究的问题，假设目标做匀速直线飞行，导弹做匀速飞行。对式(6.28)中第二式求导得

$$\begin{aligned}\dot{r}\dot{q}+r\ddot{q}&=-V_T\cos(q-\theta_T)\cdot(\dot{q}-\dot{\theta}_T)+V\cos(q-\theta)\cdot(\dot{q}-\dot{\theta})\\&=\dot{\theta}_TV_T\cos(q-\theta_T)-\dot{\theta}V\cos(q-\theta)-[V_T\cos(q-\theta_T)-V\cos(q-\theta)]\dot{q}\\&=\dot{\theta}_TV_T\cos(q-\theta_T)-\dot{\theta}V\cos(q-\theta)-\dot{r}\dot{q}\end{aligned}\tag{6.50}$$

整理式(6.50)可得

$$2\dot{r}\dot{q}+r\ddot{q}=\dot{\theta}_TV_T\cos(q-\theta_T)-\dot{\theta}V\cos(q-\theta)\tag{6.51}$$

将导引方程 $\dot{\theta}=N\dot{q}$ 代入式(6.51)得

$$2\dot{r}\dot{q}+r\ddot{q}=\dot{\theta}_TV_T\cos(q-\theta_T)-N\dot{q}V\cos(q-\theta)\tag{6.52}$$

即

$$\ddot{q}+\frac{1}{r}[2\dot{r}+NV\cos(q-\theta)]\dot{q}=\frac{1}{r}\dot{\theta}_TV_T\cos(q-\theta_T)\tag{6.53}$$

考虑到目标做直线飞行，则 $\dot{\theta}_T=0$，固有

$$\ddot{q}+\frac{1}{r}[2\dot{r}+NV\cos(q-\theta)]\dot{q}=0\tag{6.54}$$

为了使 $\dot{q}$ 随时间的增加而逐渐趋于 0，需要满足 $\dot{q}\ddot{q}<0$，则要求

$$2\dot{r}+NV\cos(q-\theta0>0\tag{6.55}$$

由于 $\cos(q-\theta)>0$，则要求导航比 N 满足

$$N>\frac{-2\dot{r}}{V\cos(q-\theta)}\tag{6.56}$$

令 $N'=-N\dfrac{V\cos(q-\theta)}{\dot{r}}$，则上述不等式变为

$$N'>2\tag{6.57}$$

其中，称 N' 为有效导航比。式(6.57)说明，当有效导航比满足 $N'>2$ 时，比例导引法对应的弹道是收敛的。

如图 6-33 所示，导弹在视线方向的过载记为 a_r，则

$$a_r=a_n\cos(q-\theta)\tag{6.58}$$

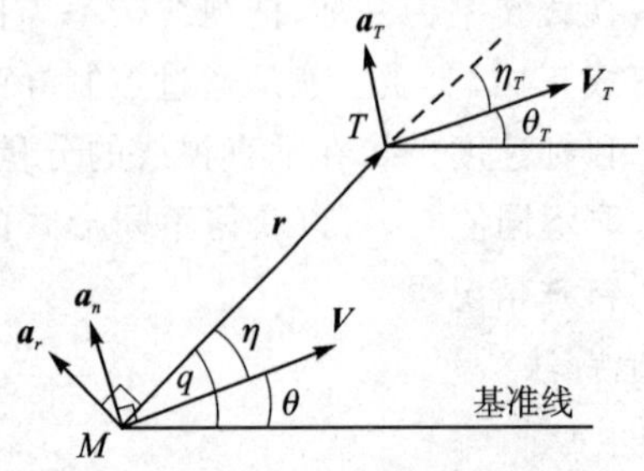

图 6-33　导弹在视线方向的过载

由于 $a_n=\frac{V}{g}\dot{\theta}=\frac{V}{g}N\dot{q}$，则有

$$a_r=\frac{V}{g}N\dot{q}\cos(q-\theta) \tag{6.59}$$

定义 $V_c=-\dot{r}$ 为接近速度，则有

$$a_r=-N\frac{V\cos(q-\theta)}{\dot{r}}\frac{V_c}{g}\dot{q}=N'\frac{V_c}{g}\dot{q} \tag{6.60}$$

可见有效导航比对应于导弹在视线方向的有效法向过载。这就是有效导航比的物理含义。另外，导航比或有效导航比也有上限限制，主要受到导弹可用法向过载的限制。

比例导引法的显著优点是在满足 $N'>2$ 的条件下，$\dot{q}$ 随时间的增加而逐渐趋于 0，弹道前段较弯曲，充分利用弹道的机动能力，而弹道后段较为平直，导弹具有较充裕的机动能力。比例导引法优点多且实现容易，因而在工程上得到了广泛的应用。但是比例导引法还有一个明显的缺点，即导弹命中点处的需用法向过载受导弹速度和攻击方向的影响。

思考题

1. 对比分析飞航导弹与弹道导弹制导控制方法研究的异同。
2. 飞航导弹有哪些常用的制导方式？
3. 飞航导弹有哪些常用的自主制导方式？对比分析其各自特点。
4. 飞航导弹有哪些常用的遥控制导方式？对比分析其各自特点。
5. 飞航导弹有哪些常用的寻的制导方式？对比分析其各自特点。
6. 简述平台式惯性制导系统中平台可以保持对惯性空间指向不变的原理。
7. 什么是“数学平台”？
8. 简述卫星定位的基本原理。
9. 推导含有导引站的相对运动方程。
10. 简述三点法与前置角法的含义和导引方程，对比分析其各自的特点。
11. 简述追踪法与平行接近法的含义和导引方程，对比分析其各自的特点。
12. 追踪法的命中性条件是什么？解释其物理含义。
13. 简述比例导引法的导引方程和弹道收敛性条件。
14. 简述比例导引法中有效导航比的物理含义。

第 7 章　飞航导弹控制方法

7.1　飞航导弹控制方式

7.1.1　飞航导弹控制方式的分类

根据导弹的受力与运动之间的关系可知，为了改变导弹的飞行方向，可改变垂直于速度矢量的控制力，而控制力的改变可通过改变空气动力、推力或直接力的大小和方向来实现。这些控制力可以按照实现的操纵元件的不同进行分类，主要包括空气动力控制、推力矢量控制、直接力控制等；还可以从控制的数学原理对控制力进行分类，包括直角坐标控制和极坐标控制。

后续小节中会详细介绍空气动力控制、推力矢量控制以及直接力控制，本小节先介绍一下直角坐标控制和极坐标控制。

(1) 直角坐标控制(STT 控制)

所谓直角坐标控制，是指导弹的控制力是由两个互相垂直的分量组成。直角坐标控制又被称为 STT 控制，其中 STT 是 Skid to Turn 的缩写。这种控制多用于"十"字型和"×"字型舵面配置的导弹。下面以空气动力控制的导弹来说明直角坐标控制的原理。设导弹的迎角 α 和侧滑角 β 较小，可认为弹体坐标系与速度坐标系重合，如图 7-1 所示。

假若某时刻制导设备发现导弹位于理想弹道位置 O 以外的 D 点。取 O 为原点，在垂直导弹速度矢量 $\boldsymbol{V}_d$ 平面内的垂直和水平方向作 Oy_1，Oz_1 轴。在 y_1Oz_1 坐标系内，制导设备立即产生使导弹向左和向上的两个导引指令，两对舵面偏转，出现舵升力对导弹重心的力矩(操纵力矩)，于是导弹绕 Oz_1、Oy_1 转动，产生相应的 α、β 及升力和侧力。该升力和侧力对导弹重心取矩，该力矩与操纵力矩方向相反，当两者平衡时，导弹停止转动。因此，舵偏角一定时，导弹的 α、β 角也一定，导弹产生的升力 Y_c 和侧力 Z_c 也一定。而 Y_c，Z_c 产生法向加速度 a_y 和横向加速度 a_z 使导弹改变飞行方向，飞向理想弹道。

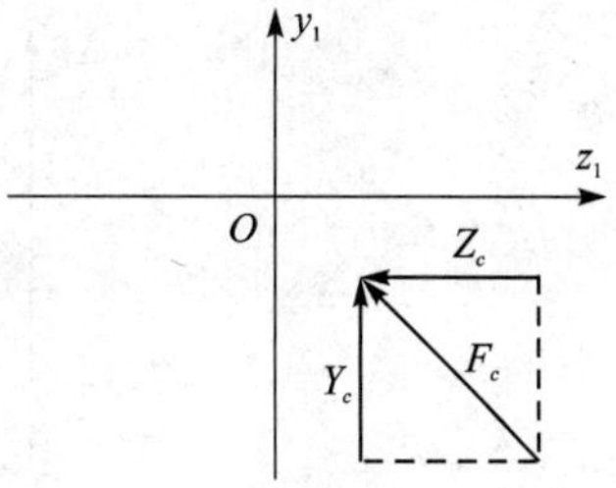

图 7-1　导弹直角坐标控制

用直角坐标控制的导弹在垂直和水平方向有相同的控制性能，且任何方向控制都很迅速。但需要两对升力面和操纵舵面，由于导弹不滚转，故需要 3 个操作机构。目前，气动控制的导弹大都采用直角坐标控制。

(2) 极坐标控制(BTT 控制)

极坐标控制又被称为 BTT 控制，其中 BTT 是 Bank to Turn 的缩写。如图 7-2 所示，导引指令使导弹产生一个大小为 $|F_c|$ 的力，方向由相对于某固定方向(如轴 Oy_1)的夹角 φ 确定。F_c 的大小由俯仰舵控制，φ 角由副翼控制。导引指令作用后，副翼使导弹向某一方向滚

动，俯仰舵使导弹产生控制力 F_c，从而改变导弹飞行方向，飞向理想弹道。极坐标控制一般用于有一对升力面和舵面的飞航式导弹或“一”字式导弹。

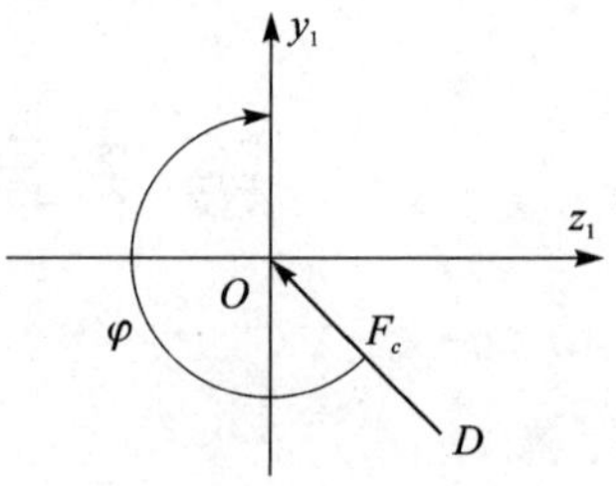

图 7－2　极坐标控制

7.1.2　空气动力控制方式

空气动力的各种控制方法与导弹纵向气动布局密切相关，如尾翼控制、旋转弹翼控制、鸭翼控制分别对应正常式、全动弹翼式以及鸭式气动布局。

1. 尾翼控制

图 7－3 所示是尾翼控制正常式布局导弹的法向力作用状况。静稳定条件下，在控制开始时，由舵面负偏转角 $-\delta$ 产生一个使头部上仰的力矩，舵面偏转角始终与弹身迎角增大方向相反，舵面产生的控制力的方向也始终与弹身迎角产生的法向力增大方向相反，因此导弹的响应特性比较差。图 7－4 所示为旋转弹翼控制、鸭翼控制、尾翼控制响应特性的比较，从图中可以看出，正常式布局的响应是最慢的。

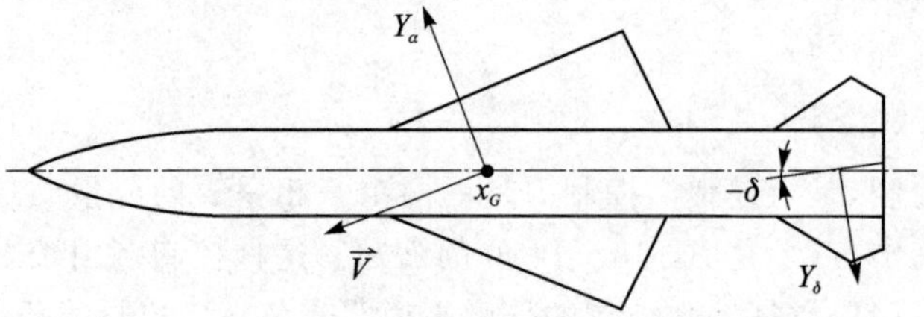

图 7－3　正常式布局法向力作用状况

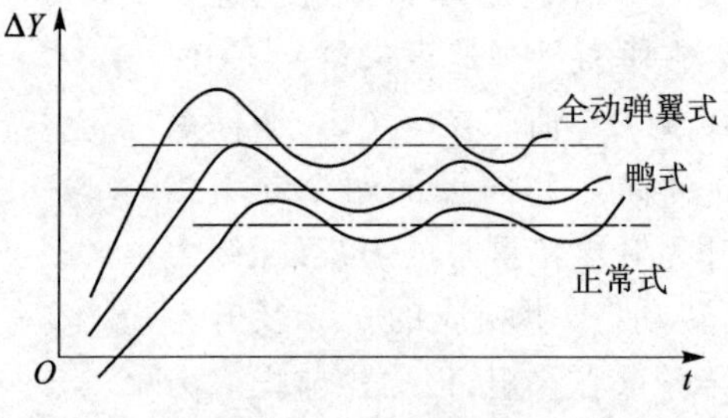

图 7－4　响应特性的比较

由于正常式布局舵偏角与迎角方向相反，整个弹体的合成法向力是迎角产生的法向力减去舵偏角产生的法向力，即

$$Y = Y_\alpha - Y_\delta \tag{7.1}$$

因此，正常式布局的升力特性也总是比鸭式布局和全动弹翼式布局要差。由于舵面受前面弹翼下洗影响，故其效率也有所降低。此外，尾舵有时不能提供足够的滚转控制。

正常式布局的主要优点是尾舵的合成迎角小，从而减小了尾舵的气动载荷和舵面的铰链力矩。因为总载荷大部分集中在位于质心附近的弹翼上，所以可大大减小作用于弹身的弯矩。由于弹翼是固定的，对后舵面带来的洗流干扰要小些，故尾翼控制布局的空气动力特性比旋转弹翼控制、鸭翼控制布局更为线性，这对要求以线性控制为主的设计来说具有明显的优势。此外，由于舵面位于全弹尾部，离质心较远，故较小的舵面面积即可产生足够的控制力矩。在设计过程中，改变舵面尺寸和位置对全弹基本气动力特性影响很小，这一点对总体设计十分有利。

2. 鸭翼控制

鸭翼控制方法的优点是控制效率高，舵面铰链力矩小，能降低导弹跨声速飞行时过大的静稳定性。从总体设计观点看，鸭翼控制方法的舵面离惯性测量组件、导引头、弹上计算机近连接电缆短，敷设方便，避免了将控制执行元件安置在发动机喷管周围的困难。

鸭翼控制方法的主要缺点是当舵面做副翼偏转，对导弹进行滚转控制时，在弹翼上产生的反向诱导滚转力矩减小，甚至完全抵消了鸭舵的滚转控制力矩，使得舵面难以进行滚转控制。因此，鸭式布局的飞航导弹可以采用旋转飞行方式，这样就不需要进行滚转控制；或者采用辅助措施进行滚转控制，如在弹翼后设计副翼；或者设法减小诱导滚转力矩，使鸭舵能够进行滚转控制。

采用旋转飞行方式的鸭式布局导弹，俯仰和偏航控制可只用一个控制通道来完成，这就简化了控制系统，为导弹的小型化创造了条件。因此，鸭式布局的旋转弹一般都是小型的飞航导弹，甚至是便携式导弹，如中国的 HN－5、俄罗斯的 SA－7、美国的"毒刺(Stinger)"等单兵便携式防空导弹。采用其他辅助滚转控制措施的导弹有中国的 HQ－7 导弹，由一对副翼产生滚转控制力矩；美国的"响尾蛇"系列空空导弹，由安装在稳定尾翼梢部的四个陀螺舵产生滚转控制力矩。

3. 旋转弹翼控制

图 7－5 所示是全动弹翼布局导弹法向力作用状况。从图可见，当全动弹翼偏转 δ 角时，产生正的(当整个弹体的等效升力 Y_W 位于质心之前时)或负的(当 Y_W 位于质心之后时)俯仰力矩。若忽略尾翼升力，由静平衡可得(在线形范围内)

$$m_z = m_z^\alpha \cdot \alpha_b + m_z^\delta \cdot \delta = 0 \tag{7.2}$$

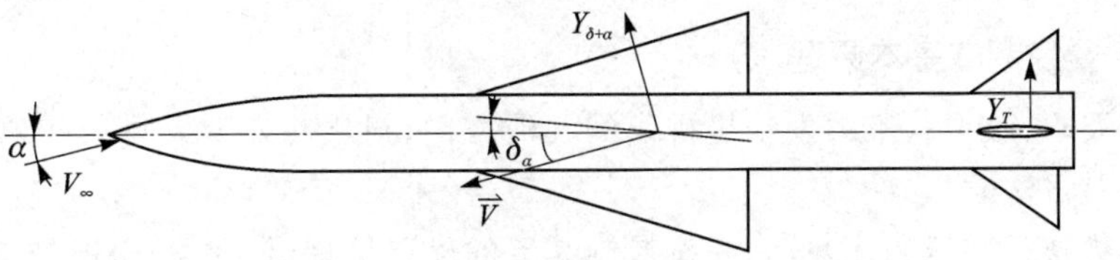

图 7－5　全动弹翼布局法向力作用状况

于是平衡迎角为

$$\alpha_b = -\frac{m_z^\delta \cdot \delta}{m_z^\alpha} \tag{7.3}$$

或

$$\left(\frac{\alpha}{\delta}\right)_b = -\frac{m_z^\delta}{m_z^\alpha} \tag{7.4}$$

对于静稳定气动布局来说，$m_z^\alpha<0$，所以当 $m_z^\delta>0$ 时，$\left(\frac{\alpha}{\delta}\right)_b>0$；当 $m_z^\delta<0$ 时，$\left(\frac{\alpha}{\delta}\right)_b<0$；当 $m_z^\delta=0$ 时，$\left(\frac{\alpha}{\delta}\right)_b=0$。

全动弹翼式布局的主要优点如下：

① 由于导弹依靠弹翼偏转及迎角两个因素产生法向力，且弹翼偏转产生的法向力所占比例大，故导弹飞行时不需要很大的迎角。这对带有进气道的冲压发动机和涡喷发动机的工作

是有利的。

② 对指令的反应速度比较快。只要弹翼偏转，马上就会产生机动飞行所需要的法向力。

这是因为弹翼偏转本身就能产生过载 n_y，不像正常式布局，操纵面偏转的方向并不对应于过载 n_y 的方向，操纵面偏转后需要再依靠迎角才能产生需用过载，导弹从舵面偏转至某一迎角下平衡，需要一个时间较长的过渡过程。全动弹翼式布局的过渡过程时间要短得多，控制力的波动也比正常式布局的要小。

③ 对质心变化的敏感程度比其他气动布局要小。在飞行过程中，质心的改变将引起静稳定性的变化，稳定性的变化要引起平衡迎角 α_b 的改变，这就改变了平衡升力($C_{Lb}=C_L^\alpha \cdot \alpha_b + C_L^\delta \cdot \delta$)。平衡升力 C_{Lb} 改变太大会产生不允许的过载，对于正常式或鸭式布局，$C_L^\alpha \cdot \alpha_b$ 远大于 $C_L^\delta \cdot \delta$，α_b 对 C_{Lb} 的影响很大。对于全动弹翼式布局，$C_L^\alpha \cdot \alpha_b$ 与 $C_L^\delta \cdot \delta$ 接近，α_b 的变化对 C_{Lb} 的影响不太大，不会产生大的过载变化。

④ 质心位置可以在弹翼压力中心之前，也可以在弹翼压力中心之后，因此降低了对气动部件位置的限制，便于合理安排。

全动弹翼式布局的主要缺点如下：

① 弹翼面积较大，气动载荷很大使得气动铰链力矩相当大，要求舵机的功率比其他布局要大得多，这样将使舵机的质量和体积有较大的增加。

② 由于控制翼布置在质心附近，故全动弹翼的控制效率通常是很低的。此外，弹翼转到一定角度时，弹翼与弹身之间的缝隙加大，将使升力损失增加，控制效率进一步降低。

③ 迎角和弹翼偏转角的组合影响使尾翼产生诱导滚转力矩，该诱导滚转力矩与弹翼上的滚转控制力矩方向相反，从而降低了全动弹翼的滚转控制能力。

7.1.3 推力矢量控制方式

1. 推力矢量控制的基本原理

根据指令要求，改变从推力发动机排出的气流方向，对飞行器姿态进行控制，这种方法称为推力矢量控制方法。

与空气动力执行装置相比，推力矢量控制装置的优点是只要导弹处于推进阶段，即使在高空飞行和低速飞行段，它都能对导弹进行有效的控制，并且使导弹获得很高的机动性能。推力矢量控制不依赖于大气的气动压力，但是当发动机燃烧停止后，它就不能操纵了。

(1) 推力矢量控制的应用场合

需要采用推力矢量控制的导弹武器系统有如下几种情况：

① 在弹道式导弹的垂直发射阶段，如果不用姿态控制，那么一个微小的主发动机推力偏心(而这种偏心是不可避免的)都将会使导弹翻滚。因为这类导弹一般很重，且燃料质量占总质量的 90%以上，必须缓慢发射以避免动态载荷，而这一阶段空气动力控制是无效的，所以必须采用推力矢量控制。

② 垂直发射的飞航导弹在发射后要迅速转弯，以便能够在全方位上拦截目标，由于此时导弹速度较低，故必须采用推力矢量控制。

③ 有些近程导弹的发射装置和制导站隔开了一段距离，为使导弹发射后快速进入有效制导范围，就必须使导弹在发射后能立即实施机动，因此也需要采用推力矢量控制。

④ 机动性要求很高的高速导弹。

(2) 推力矢量控制系统的性能描述

推力矢量控制系统的性能大体上可分为以下 4 个方面。

① 喷流偏转角度：喷流可能偏转的角度。

② 侧向力系数：侧向力与未被扰动时的轴向推力之比。

③ 轴向推力损失：装置工作时所引起的推力损失。

④ 驱动力：为达到预期响应须加在这个装置上的总的力。

喷流偏转角和侧向力系数用来描述各种推力矢量控制系统产生侧向力的能力。对于靠形成冲击波进行工作的推力矢量控制系统来说，通常用侧向力系数和等效气流偏转角来描述产生侧向力的能力。

当确定驱动机构尺寸时，驱动力是一个必不可少的参数。另外，当进行系统研究时，用驱动力可以方便地描述整个伺服系统和推力矢量控制装置可能达到的最大闭环带宽。

2. 推力矢量控制的实现方式

(1) 燃气舵

燃气舵是最早应用于导弹控制的一种推力矢量式执行机构。其基本结构是在火箭发动机喷管的尾部对称地放置 4 个舵片。对于一个舵片来说，当舵片没有偏转角时，舵片两侧气流对称，不会产生侧向力；当舵片偏转某一角度时，则会产生侧向力。当 4 个燃气舵片偏转的方向不同时，可使飞行器产生俯仰、偏航以及滚动 3 个方向所需要的侧向力。燃气舵的剖面大多采用对称的菱形翼面，如图 7－6 所示。

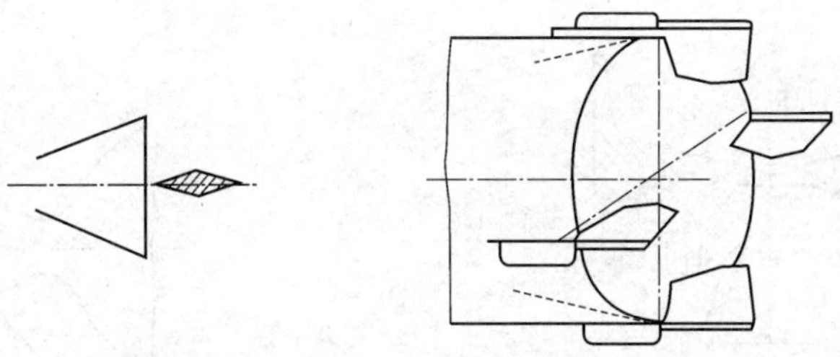

(a) 燃气舵　　(b) 4片燃气舵布置

图 7－6　燃气舵原理

燃气舵在偏转为零时也存在相当大的阻力，即存在较大的推力损失，这是燃气舵的一个主要缺点。

燃气舵具有结构简单、致偏能力强、响应速度快等优点。但燃气舵的工作环境比较恶劣，存在着严重的冲刷烧蚀问题，不宜长时间工作。如法国的 MICA 空-空导弹、各种弹道导弹都是采用燃气舵来对导弹进行控制。

(2) 摆动喷管

这一类实现方法包括所有形式的摆动喷管及摆动出口锥的装置。在这类装置中，整个喷流偏转主要有以下两种：

① 柔性喷管

图 7－7 给出了柔性喷管的基本结构。它实际上就是装在火箭发动机后封头上的一个喷管层压接头，由许多同心球形截面的弹胶层和薄金属板组成，弯曲形成柔性的夹层结构。这个接头轴向刚度很大，而在侧向却很容易偏转。用它可以实现传统的发动机封头与优化喷管的

对接。

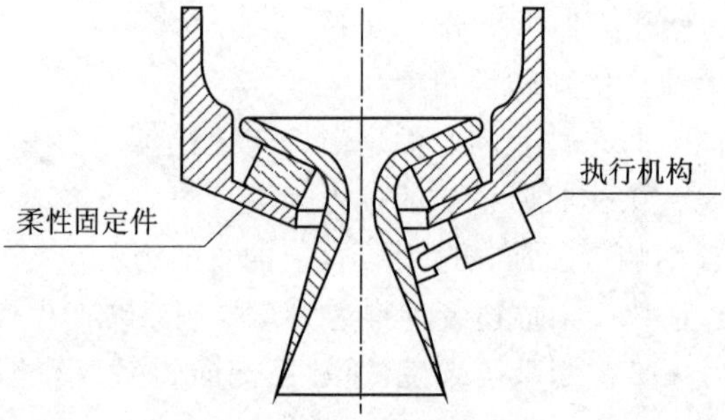

图 7-7　柔性喷管的基本结构

② 球窝喷管

图 7-8 所示给出了球窝式摆动喷管的一般结构形式。其收敛段和扩散段被支撑在万向环上，该装置可以围绕喷管中心线上的某个中心点转动。延伸管或者后封头上装有一套有球窝的筒形夹具，使收敛段和扩散段可在其中活动。球面间装有特制的密封圈，以防高温高压的燃气泄漏。舵机通过方向环进行控制，以提供俯仰和偏航力矩。

(3) 侧向流体二次喷射

侧向流体二次喷射是通过喷管的侧壁向喷管内喷流气体或液体，从而达到偏转喷气流并产生操纵力矩的目的，如图 7-9 所示。这种方法的优点是不需要活动的发动机构件或喷管构件。

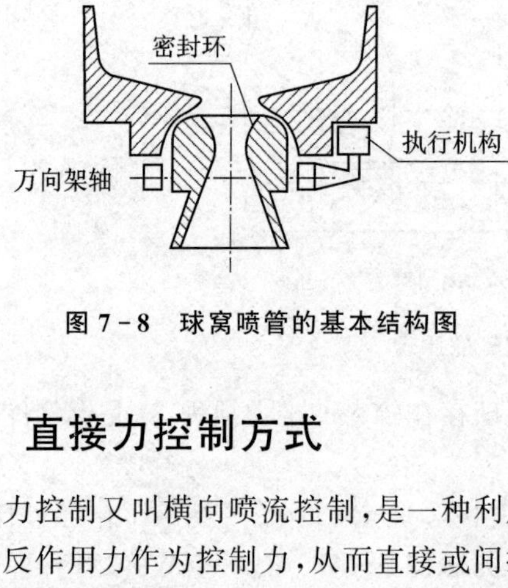

图 7-8　球窝喷管的基本结构图

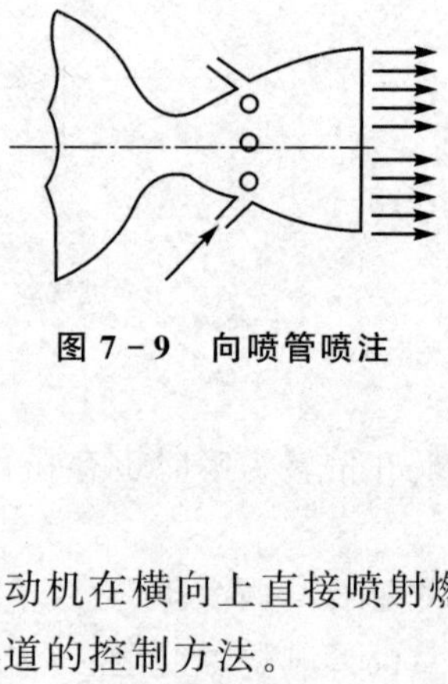

图 7-9　向喷管喷注

7.1.4　直接力控制方式

直接力控制又叫横向喷流控制，是一种利用弹上火箭发动机在横向上直接喷射燃气流，以燃气流的反作用力作为控制力，从而直接或间接改变导弹弹道的控制方法。

依据操纵原理的不同，直接力控制可分为力矩操纵方式和力操纵方式，如图 7-10 所示。

(1) 力矩操纵方式

力矩操纵方式是指横向喷流装置纵向配置在远离导弹质心的位置，因此横向喷流装置产生的控制力可以迅速改变导弹姿态，从而改变导弹迎角(或侧滑角)和气动升力(或气动侧向力)，最终改变法向力和导弹的弹道。

力矩操纵方式直接力控制与推力矢量控制在控制原理上是一样的，因此力矩操纵方式具有和推力矢量控制同样的响应速度快的优点，区别在于：① 前者既可以放置在导弹的后段构成正常式气动布局，也可以放置在导弹的前段构成鸭式气动布局；② 前者的控制作用不会因

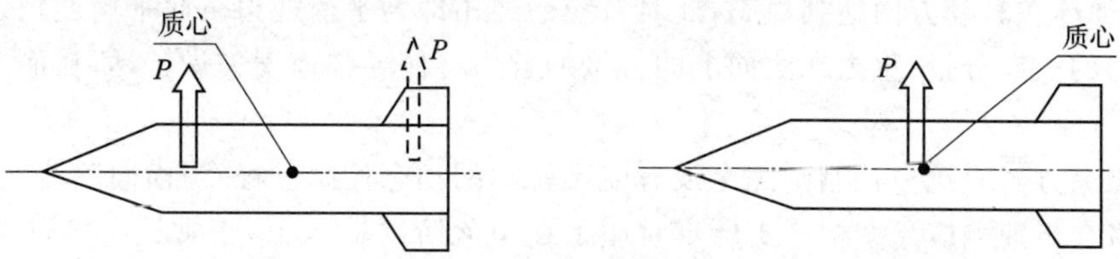

图 7-10　横向喷流装置安装位置示意图

发动机工作停止而受到影响，这在导弹飞行末段具有非常重要的意义。美国的爱国者三型(PAC-3)地空导弹武器系统的增程拦截弹就采用了力矩操纵方式直接力控制与空气动力控制的复合控制技术，在导弹的前段轴对称地配置了多达 180 个固体脉冲发动机，用于导弹的快速姿态控制。

(2) 力操纵方式

力操纵方式是指横向喷流装置在纵向上配置在导弹质心的位置或质心位置附近，且喷口轴对称配置，因此横向喷流装置产生的控制力即为法向力，直接用于改变导弹的弹道。

由牛顿定律和导弹制导基本原理，有

$$mv\dot{\theta} = F \tag{7.5}$$

即

$$\dot{\theta} = \frac{F}{mv} \tag{7.6}$$

式中，m 为导弹质量；v 为导弹飞行速度；$\dot{\theta}$ 为弹道倾角变化率；F 为横向喷流装置产生的控制力。

可见，在力操纵方式下，导弹的机动性与质量、速度成反比，而与直接力成正比。在下述几种情况下可以优先采用力操纵方式直接力控制。

① 低初速导弹初始段控制的情况

四微发射是指减少导弹发射时产生的声、光、尾喷火焰及烟雾的发射方式，它能使导弹适应封闭空间发射和降低发射时被探测的概率，是当前和未来反坦克导弹追求的目标之一。这种导弹在设计时不得不把发射药量取得很小，结果使导弹的发射初速很低，一般只有十几米每秒。

由式(7.6)，可对力操纵方式直接力控制和空气动力控制的机动性进行对比。前者弹道倾角变化率与速度是反比关系，低速时控制效率反而更高，而后者却是正比关系，低速时控制效率下降，因此前者更适合四微发射导弹的控制。法国 600 m 射程的近程反坦克导弹艾利克斯(Eryx)和法、德、英联合研制的 2 km 射程的中程反坦克导弹崔格特(Trigat-MR)都采用了这种技术。

② 简易制导弹药的情况

为简化结构和降低成本，简易制导弹药也常采用力操纵方式直接力控制进行弹道修正。例如，俄罗斯的 152 mm 激光末修炮弹(Santimeter)、120 mm 激光末修迫弹 BETA 就采用了这种技术。

③ 需要导弹快速响应的情况

无论是空气动力控制、推力矢量控制，还是力矩操纵方式的直接力控制，从制导的基本原理上来说，都是首先产生控制力矩使弹体转动并生成迎角，当迎角对应的恢复力矩与控制力矩相平衡时,弹体在转动方向达到稳态,此时对应的迎角即为平衡迎角。此平衡迎角产生的气动升力与推力的法向分量、重力在法向上的分量的合力将使导弹速度矢量转动,从而实现对弹道的控制。

而力操纵方式直接力控制则完全没有姿态转动的动态控制过程,当横向喷流装置喷射时,弹体过载将会迅速响应。图 7-11 所示对比了在单元阶跃输入下,正常式空气动力控制与力操纵方式直接力控制下弹体的法向过载变化。

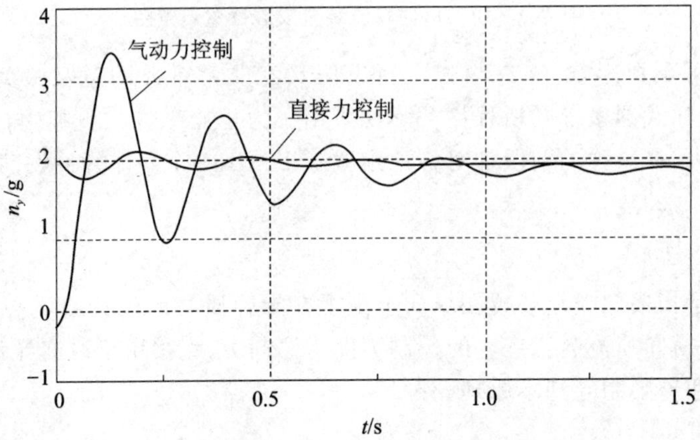

图 7-11 正常式舵和直接力控制两种输入下弹体的法向过载变化

由图 7-11 可见,正常式空气动力控制的响应是瞬时的(实际响应的时间常数一般为 5～20 ms),力操纵方式直接力控制则由于弹体(无自动驾驶仪时)或自动驾驶仪的惯性,响应有明显的滞后(时间常数一般为 150～350 ms,比前者大 1～2 个数量级)。

随着空中威胁越来越严重,空袭目标的速度越来越快、机动性越来越强,必然要求反空袭的导弹动态响应时间常数足够小、可用过载足够大,因此力操纵方式直接力控制技术得到了越来越多的应用。图 7-12 对比了空气舵控制和空气舵/直接力复合控制在对付高速高机动目标时的不同结果。前者因为控制系统反应过慢而脱靶,后者则利用直接力控制快速机动命中目标。采用空气舵/直接力复合控制的有欧洲多国联合研制的面空导弹系统的“紫苑”Aster 15 和 Aster 30 导弹,导弹质心附近有 4 个横向喷嘴;俄罗斯 C-300 面空导弹系统的 9M96E 和 9M96E2 导弹,导弹质心附近有 24 个横向喷嘴,据称可附加产生高达 20～22 个短时过载。

力操纵方式的缺点有如下几个方面:一是由于横向喷流与导弹飞行气流的相互干扰非常复杂,单独的力操纵方式控制在控制效率和控制精度方面还需要解决较多的难题;二是受弹上体积质量限制,横向喷流工作的时间一般较短,产生的控制力相比导弹气动升力要小,因此,在实际工程中要么在小型导弹上单独使用力操纵方式,要么将力操纵方式与其他控制方法进行复合控制,且让力操纵方式只工作在关键的弹道末段。

7.2 姿态稳定回路设计

本节在概述导弹姿态控制回路的基础上,重点讨论导弹滚转控制和俯仰(偏航)控制的原理。

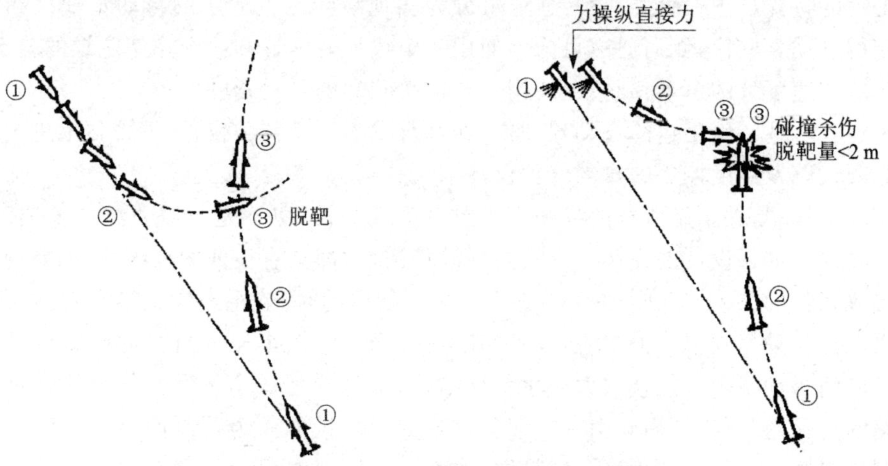

图 7－12　直接力控制导弹拦截机动目标示意图

7.2.1　姿态稳定回路的组成与功能

1. 姿态稳定回路的一般组成和分类

通常，把姿态控制系统中除导弹弹体的部分称为自动驾驶仪。如此一来，自动驾驶仪是控制器，弹体就是受控对象。比较特别的是惯性制导系统，由于自动驾驶仪的测量结果还用于制导计算，其功能被涵盖在惯性制导系统中，故一般不明确提自动驾驶仪的概念。

非滚转导弹的姿态运动可分解为俯仰、偏航以及滚转运动，其中滚转控制回路(或称倾斜回路)一般是独立的。对于轴对称的非滚转导弹，通常用迎角和侧滑角作为控制量来获得不同方向和大小的法向控制力，即采用直角坐标控制(STT)方式。如果导弹采用“＋”字型气动布局，俯仰回路和偏航回路一般是相同的和独立的，通常被统称为侧向控制回路。对于“×”字型气动布局的导弹，没有偏航与俯仰回路之分，因为导弹的偏航运动和俯仰运动都由两个相同回路(通常称为 I 回路和 II 回路)的合成控制来实现，但习惯上仍将 I 回路和 II 回路称为侧向控制回路。因此，轴对称的非滚转导弹需要两个侧向控制回路和一个滚转控制回路。

对于面对称的非滚转导弹，一般采用极坐标控制(BTT)方式，因此需要一个滚转控制回路和一个侧向控制回路。

对于滚转导弹，则采用单通道控制方式，因此只有一个侧向控制回路。

对于每一个回路，自动驾驶仪是导弹姿态控制系统的核心，一般由敏感元件、放大器(控制器)以及舵机系统(执行机构)组成，它通常通过操纵导弹的气动控制面、推力矢量或直接力来控制导弹的姿态运动。常用的敏感元件有自由陀螺仪、测速陀螺仪以及线加速度计等，它们分别用于测量导弹的姿态角、姿态角速度以及线加速度等。放大器由计算机和控制电路组成，用于实现信号的综合运算、变换、放大和自动驾驶仪工作状态的转换等功能。舵机系统的功能是根据控制信号去控制相应气动控制面的运动或改变推力矢量的方向。

按所采用的控制方法分类，自动驾驶仪可分为侧滑转弯自动驾驶仪和倾斜转弯自动驾驶仪。

按俯仰、偏航、滚转三个通道的相互关系，自动驾驶仪可分为三个通道彼此独立的自动驾驶仪和通道之间存在交联的自动驾驶仪。对三个通道彼此独立的自动驾驶仪，根据滚转通道和侧向通道的特点再进行分类，滚转通道可分为实现滚转位置稳定的自动驾驶仪和实现滚转速度稳定的自动驾驶仪；侧向通道可分为使用一个线加速度计和一个速率陀螺的自动驾驶仪、使用两个线加速度计的自动驾驶仪、使用一个速率陀螺的自动驾驶仪等。

另外还有一些特殊用途的自动驾驶仪，如垂直发射自动驾驶仪，用惯性技术进行方位控制的自动驾驶仪以及高度控制的自动驾驶仪等。

在实际工程中，并不是所有的导弹都需要自动驾驶仪，更不是都需要结构复杂、功能完备的自动驾驶仪。如果设计的弹体具有很高的静稳定性，即具有很低的操纵性（如静稳定度达到或超过弹体全长的5%），例如，在压心或质心有小量移动时，静稳定度也不会有很大变化的导弹就可以取消自动驾驶仪。很多飞行高度基本保持不变，攻击慢速目标的反坦克导弹就是这种类型。取消自动驾驶仪能够大大简化系统结构，降低导弹成本。稍微复杂的是只引入人工阻尼回路的自动驾驶仪，如用导引头框架角信号的微分近似作为控制回路阻尼信号的美国铜斑蛇末制导炮弹，用姿态陀螺角信号的微分作为控制回路阻尼信号的美国海尔法导弹等都是简化自动驾驶仪的成功范例。

2. 姿态稳定回路的功能

从结构上来说，姿态稳定回路是以导弹弹体为控制对象，并作为制导回路的执行机构而存在。因此，一方面要根据导弹弹体的特性，有针对性地改善其动态特性，另一方面还要充分满足制导回路的要求。概括来说，姿态稳定回路的作用主要有两个：一是能够在各种干扰作用下，稳定导弹的姿态运动，为精确制导创造必要的条件；二是根据导引指令的要求，改变导弹姿态，进而改变导弹的质心运动，使导弹沿某种弹道飞行，实现导弹的精确制导。姿态稳定回路的功能具体可概括为如下几点。

(1) 稳定弹体轴在空间的角位置

对于非滚转导弹，制导系统一般要求滚转角保持为零或接近于零，但由于导弹弹体的滚转运动是静不稳定的，因此在滚转通道上，必须有稳定滚转角的设备，否则导弹在飞行过程中一旦受到干扰将产生滚转，控制指令坐标系与弹上执行坐标系之间的相对关系将会受到破坏，导致其指令执行发生错乱，控制作用失效。在俯仰通道和偏航通道上，也需要导弹的姿态角在干扰作用下能够保持稳定。

(2) 执行导引指令，操纵导弹的质心沿基准弹道飞行

姿态稳定回路作为制导回路的执行机构，首先会利用接收的导引指令与实际姿态角计算得到姿态偏差，再对姿态偏差进行适当变换放大，从而操纵控制面偏转或改变推力矢量方向，使弹体产生需要的法向过载，并使导弹的质心沿基准弹道飞行，最终命中目标。

(3) 对静不稳定导弹进行稳定

弹体在空气动力的作用下，可能是静稳定的，可能是中立稳定的，也可能是静不稳定的。对于中立稳定或静不稳定的弹体，或者在导弹飞行过程中的某一阶段为中立稳定或静不稳定的弹体，可以靠姿态控制回路使之成为等效静稳定的导弹。

(4) 增大弹体绕质心角运动的相对阻尼系数，改善制导系统过渡过程品质

以俯仰控制回路为例，弹体的相对阻尼系数是由气动阻尼系数、静稳定系数、导弹的运动参数等决定的，对于静稳定度较大和飞行高度较高的高性能导弹，弹体相对阻尼系数一般在0.1左右或更小，因此弹体是欠阻尼的，这将产生一些不良的影响：一是导弹在执行导引指令

或受到内部、外部干扰时，即使能勉强保持稳定，也会有不能接受的动态性能产生，因此过渡过程存在严重的振荡，超调量和调节时间很大，使弹体不得不承受大约两倍设计要求的横向加速度，从而导致导弹迎角过大，诱导阻力增大，而射程减小；二是降低了导弹的跟踪精度，在飞行弹道末端的剧烈振荡会直接增大脱靶量，降低制导精度，波束制导中则可能造成导弹脱离波束的控制空域，造成失控等。所以需要通过控制系统的设计来改善弹体的阻尼性能，把欠阻尼的自然弹体改造成具有适当阻尼系数的弹体。

(5) 改善导弹的动态和稳态特性

任何控制系统输入信号的时间响应都由动态特性和稳态特性两部分组成，动态特性是指系统过渡过程中的状态和输出。所谓过渡过程，是指系统在外力作用下从一个状态转移到另一个状态的过程。对于稳定系统，稳态特性是指时间趋于无穷时系统的输出响应，它表征了系统输出最终复现输入量的程度。弹体在动态和稳态特性方面的缺陷需要通过控制系统的设计来改善。

另外，由于导弹飞行的高度、速度的变化，其气动参数也在变化，故导弹的动态和稳态特性会随之发生变化，这将使控制系统的设计趋于复杂化。为了制导系统能够正常工作，要求在所有飞行条件下，姿态控制回路都能确保导弹的动态和稳态特性保持在一定范围内。

(6) 提高短周期振荡频率，保证导弹质心运动的稳定性

在包含俯仰或偏航控制回路的导弹制导回路中，导弹和目标的相对运动学环节是一个双积分环节，因此，即使制导回路中没有其他动态滞后，在整个频率范围内开环相频特性也会有180°的相位滞后。为了使制导系统稳定，必须在俯仰或偏航控制回路中，对运动学环节和其他原因所造成的相位滞后进行校正，保证制导回路的稳定性。

需要说明的是，以上只是姿态控制回路设计中比较普遍的问题，而在实际工程中，有的回路功能和结构可能相当简单，有的则可能相当复杂，这完全取决于回路的功能和性能要求。

7.2.2　俯仰/偏航姿态稳定回路设计

导弹倾斜运动引入自动驾驶仪后，能够在很大程度上改善倾斜运动的稳定性。在导弹的俯仰或偏航通道控制中增加自动驾驶仪，不仅可以保证导弹纵向运动和侧向运动中偏航运动的稳定性，还能起到控制导弹飞行的作用，即要求自动驾驶仪能够迅速准确地响应控制信号，具有良好的操纵性，使导弹尽可能沿要求的弹道飞行。所以本节的自动驾驶仪起着稳定和控制两种作用，而且控制作用还是主要的。

导弹的有控飞行可以分为两种基本状态：稳定系统作用下的自动稳定飞行和制导系统作用下的导引飞行。其中，稳定系统由导弹的姿态运动和自动驾驶仪组成，常称其为小回路，其组成原理如图 7 - 13 所示。

自动驾驶仪由敏感元件、放大器、舵机三个基本部分组成的。其中，敏感元件包括测量俯仰角的陀螺、测量俯仰角速度的陀螺以及加速度、动压头和迎角的测量装置等。应该采用哪种测量装置，由导弹的稳定性和操纵性要求来决定。敏感元件主要用于测量导弹的运动参数，如姿态角或姿态角速度、飞行高度以及过载等。舵机是电气机械装置，它能根据传送来的电信号大小相应地转动导弹的操纵面。舵机执行传送来的电信号所出现的惯性决定了自动驾驶仪的反应速度。

导弹的运动可分为俯仰、偏航以及滚动三个通道，可由扰动运动方程组成的相应传递函数

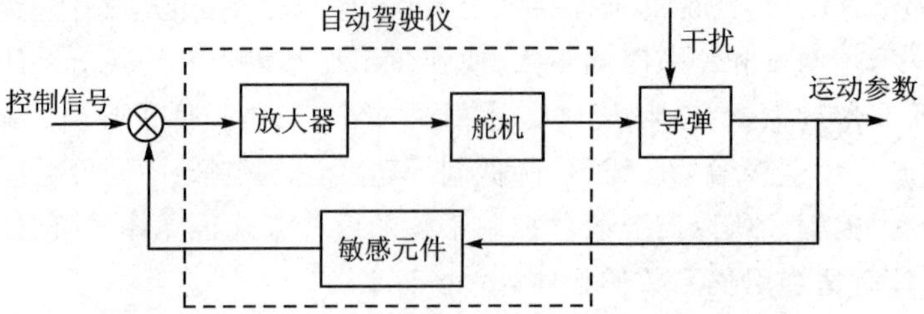

图 7-13　导弹的姿态运动和自动驾驶仪组成原理图

来表示。

制导系统由导弹的导引装置和姿态稳定系统组成，常称其为大回路。图 7-14 所示为导引装置和姿态稳定系统的组成原理图，图中导引装置有主动和被动等多种形式，视导弹具体的制导体制而定。制导系统也可分为俯仰与偏航两个通道。考虑导弹气动外形的对称性，这里仅讨论纵向运动问题，理解了纵向扰动运动与侧向扰动运动的对称性，也就能够理解偏航通道的控制原理。

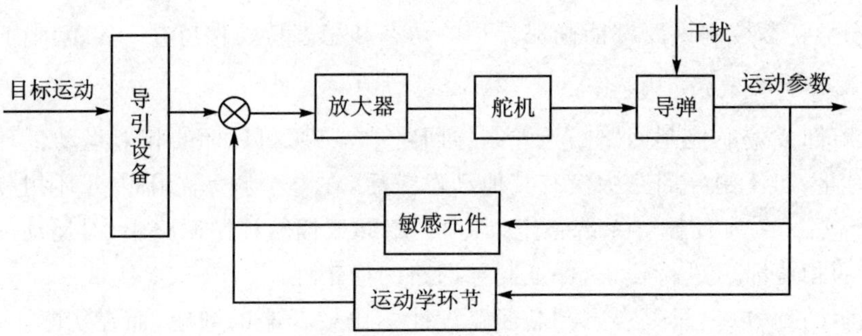

图 7-14　导弹的导引装置和姿态稳定系统组成原理图

(1) 常值干扰力矩的影响

作定高定向飞行的导弹，要求其俯仰角或迎角保持稳定。在程序指令控制下进行爬高或下滑飞行的导弹，或者是在水平面内按程序指令改变航向的导弹，为了提高飞行精确度，也都是希望俯仰角或迎角不受干扰作用的影响。

纵向运动中的主要干扰作用是干扰力矩 M_{ZB}，考虑干扰力矩后，式(5.144)所示的导弹扰动运动方程组变为

$$\left.\begin{aligned}&\Delta\dot{\theta}-a_{22}\Delta\theta-a_{23}\Delta\alpha=a_{25}\Delta\delta_{\varphi}\\&\Delta\ddot{\varphi}-a_{44}^{*}\Delta\dot{\varphi}-a_{43}^{*}\Delta\alpha=a_{45}^{*}\Delta\delta_{\varphi}+a_{46}M_{ZB}\\&\Delta\varphi=\Delta\theta+\Delta\alpha\end{aligned}\right\}\tag{7.7}$$

其中，$a_{46}=\dfrac{1}{I_{z1}}$。

分析干扰力矩 M_{ZB} 对弹体运动的影响时，先假设自动驾驶仪不起作用，即 $\Delta\delta_{\varphi}=0$，然后再引入自动驾驶仪的作用进行对比。

由式(5.81)所示的系统传递函数可知，其分母即为系统的特征多项式，根据二阶系统运动性判断方法易知，当动力系数 $a_{44}^{*}a_{23}+a_{43}^{*}<0$ 时，导弹具有纵向稳定性，而且根据舵作阶跃编转时的纵向动态特性分析一节中分析的运动参数的过渡过程可知，此时弹体的纵向稳定性是

指运动参数 $\Delta\dot{\theta}$，$\Delta\dot{\varphi}$，$\Delta\alpha$ 的稳定性，即当舵阶跃偏转时，$\Delta\dot{\theta}$，$\Delta\dot{\varphi}$，$\Delta\alpha$ 可以达到稳态值，而 $\Delta\theta$，$\Delta\varphi$ 的值却越来越大。在常值干扰力矩 M_{ZB} 作用下，当 $\Delta\delta_\varphi=0$ 时，可求得稳态值为(过程略)

$$\begin{cases}\Delta\alpha_s=\dfrac{-a_{46}M_{ZB}}{a_{44}^{*}a_{23}+a_{43}^{*}}\\ \Delta\dot{\varphi}_s=\dfrac{-a_{23}a_{46}M_{XB}}{a_{44}^{*}a_{23}+a_{43}^{*}}\\ \Delta\dot{\theta}_s=\Delta\dot{\varphi}_s\end{cases}$$

可见，导弹做水平飞行时，由于受到干扰力矩的作用，弹体纵轴最后要做定态转动，由上述分析可知，由于干扰作用是不可避免的，如不转动俯仰舵来克服它所产生的影响，又无别的抑制干扰影响的措施，其后果是相当严重的。

(2) 俯仰角的自动稳定

对于无人驾驶的导弹，要转动俯仰舵必须安装纵向自动驾驶仪。为了达到使俯仰角和弹道倾角保持稳定的目的，自动驾驶仪动态方程的最简单形式可取为

$$\Delta\delta_\varphi=a_0^\varphi\Delta\varphi \tag{7.8}$$

式中，a_0^φ 为静态放大系数，也称为自动驾驶仪对俯仰角的传递系数或角传动比。

引入自动驾驶仪的静态放大系数 a_0^φ 后，静稳定性系数相应地变为 $a_{43}^{*}+a_0^\varphi a_{45}^{*}$。当 $a_0^\varphi>0$ 时，由于 $a_{45}^{*}<0$，故 $a_0^\varphi a_{45}^{*}<0$，引入 a_0^φ 的影响相当于提高了导弹的静稳定性。即使弹体是静不稳定的，不能满足稳定性条件，但只要适当选择 a_0^φ，导弹运动也可以达到稳定。

(3) 俯仰角的自动控制

在纵向运动中，自动驾驶仪除了保证导弹的飞行稳定性之外，其更主要的作用是执行制导指令，操纵导弹飞行。如果制导指令对应的控制要求是改变导弹的俯仰角，那么控制信号 u_φ 就代表所需的俯仰角值。因为任何控制信号对导弹飞行发生作用，都要通过操纵机构的偏转来实现。所以，对于那些既起稳定作用又起控制作用的自动驾驶仪，它的动态方程就包含了这两个方面，则俯仰舵偏角的调节规律应为

$$\Delta\delta_\varphi=a_0^\varphi\Delta\varphi-\frac{a_0^\varphi}{K_g}u_\varphi \tag{7.9}$$

式中，K_g 为陀螺仪的传递系数。因为控制信号 u_φ 不通过陀螺，所以放大系数 a_0^φ 中要去掉 K_g。

当控制信号 $u_\varphi>0$ 时，正常式导弹的俯仰舵上偏(δ_φ 为负)，俯仰角 φ 为正，信号 $a_0^\varphi\Delta\varphi$ 与 $a_0^\varphi u_\varphi$ 的极性相反。

弹体往往是欠阻尼的，动态品质不理想。按照式(7.9)的调节规律构建控制回路，通常也存在同样的问题，即导弹的阻尼系数仍然很小，时间常数很大，运动过程将衰减得很慢，动态品质不理想。例如，某导弹的 ξ_c 为 0.26～0.32，而 T_c 为 0.15～0.24 s，如果俯仰舵只随俯仰角偏差变化，过渡过程将十分缓慢，动态品质很不好。

在这种情况下，为了增大导弹的阻尼作用，在调节规律中引入俯仰角速度偏差 $\Delta\dot{\varphi}$ 的信号是必要的。为了按导弹俯仰角速度偏差 $\Delta\dot{\varphi}$ 的大小成比例地转动俯仰舵，自动驾驶仪采用能测量角速度的陀螺仪。于是控制回路的调节规律改为

$$\Delta\delta_\varphi=a_0^\varphi\Delta\varphi+a_1^\varphi\Delta\dot{\varphi}-\frac{a_0^\varphi}{K_g}u_\varphi \tag{7.10}$$

式中，a_1^{φ} 为动态放大系数，主要用于调节系统动态品质。

按照动力学观点，导弹纵轴偏转时，应是先具有俯仰角速度 $\dot{\varphi}$，然后才有俯仰角 φ 的变化。在调节规律中引进了俯仰角速度 $\dot{\varphi}$ 信号，就可以在俯仰角偏离之前转动舵面，使舵面偏转超前俯仰角的变化。该信号的作用类似于 PID 控制中的微分环节。

自动驾驶仪按俯仰角速度偏差 $\Delta\dot{\varphi}$ 的大小偏转俯仰舵后，在导弹上就产生了与角速度 $\dot{\varphi}$ 方向相反的操纵力矩，这个力矩与气动阻尼力矩方向相同，因此它起到了类似阻尼力矩的作用，好似导弹的气动阻尼得到了补偿。所以动态放大系数 a_1^{φ} 的存在相当于增大了导弹的“气动阻尼”。

(4) 侧向控制回路实例

下面展示一个由测速陀螺仪和线加速度计组成的典型俯仰通道控制回路的实例，其结构如图 7-15 所示，这种控制回路在指令制导和寻的制导系统中被广泛采用。图 7-16 所示为这种稳定回路的计算结构图。如果导弹是轴对称的，则使用两个相同的自动驾驶仪控制弹体的俯仰和偏航运动。

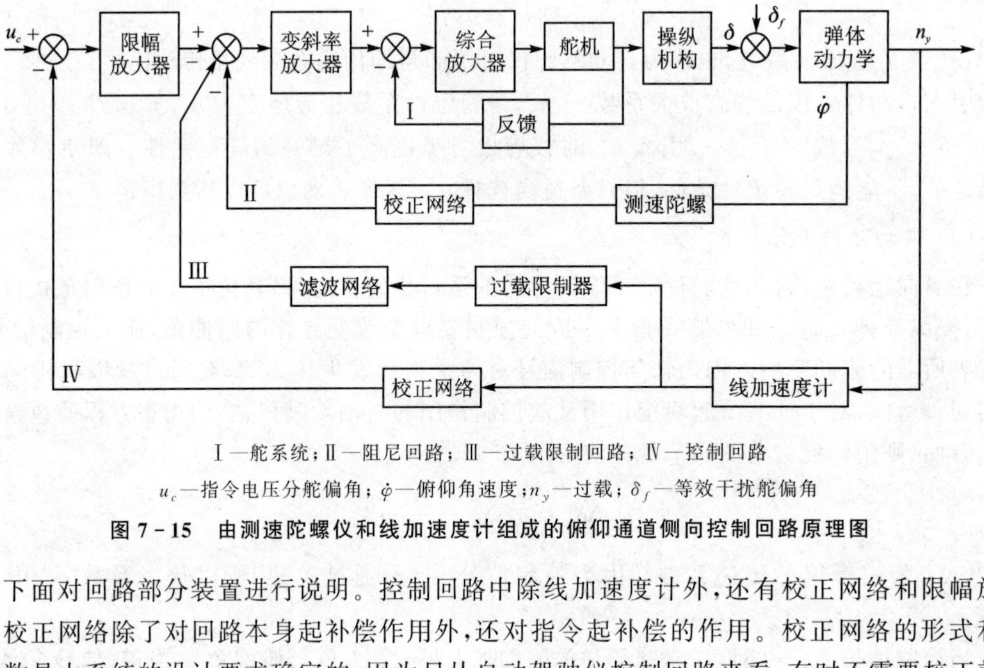

Ⅰ—舵系统；Ⅱ—阻尼回路；Ⅲ—过载限制回路；Ⅳ—控制回路

u_c—指令电压分舵偏角；$\dot{\varphi}$—俯仰角速度；n_y—过载；δ_f—等效干扰舵偏角

图 7-15　由测速陀螺仪和线加速度计组成的俯仰通道侧向控制回路原理图

下面对回路部分装置进行说明。控制回路中除线加速度计外，还有校正网络和限幅放大器。校正网络除了对回路本身起补偿作用外，还对指令起补偿的作用。校正网络的形式和主要参数是由系统的设计要求确定的，因为只从自动驾驶仪控制回路来看，有时不需要校正就能满足性能要求，在这种情况下，校正网络完全满足前述制导系统稳定性的要求。

限幅放大器接在控制回路的正向通道中，它的功能是对指令进行限制。指令制导的空地导弹在飞行中，当指令和干扰同时存在时，导弹的机动过载可能超过结构强度允许的范围，因此将过载限制在一定范围内很有必要，这就是低空过载限制问题。但对过载进行限制的同时还必须考虑高空对过载的充分利用，如果只考虑低空时对过载进行限制，而忽视了高空时对过载的充分利用，必然造成导弹高空飞行过载不足。显然这是一对矛盾。

在控制回路正向通道中引入限幅放大器，可对指令起限幅作用，即对指令过载有限制作用，但它对干扰引起的过载无限制作用。为对指令过载和干扰过载都能限制，可在控制回路中增加一条限制过载支路，如图 7-15 中的过载限制回路。

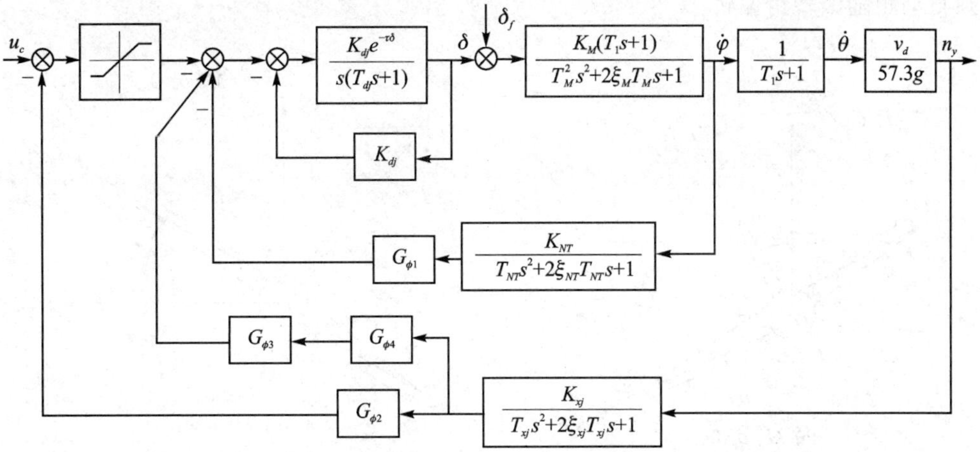

图 7－16　具有测速陀螺仪和线加速度计的稳定回路计算结构图

由测速陀螺仪和线加速度计组成的侧向控制回路在工程中应用最多，它的特点如下：

① 采用以线加速度计测得的过载 n_y 作为主反馈，因此实现了稳定控制指令 u_c 与法向过载 n_y 之间的传递特性。

② 采用测速陀螺仪反馈构成阻尼回路，增大了导弹的等效阻尼，并有利于提高系统带宽。

③ 设置了校正、限幅元件，对滤除控制指令中的高频噪声、改善回路动态品质，防止测速陀螺仪反馈回路堵塞，以及保证在较大控制指令作用下系统仍具有良好的阻尼等都起到很重要的作用。

④ 在稳定回路中，由于测速陀螺仪和线加速度计的作用，引入了与飞行线偏差的一阶和二阶导数成比例的信号，这两种信号能使稳定回路的相位提前，因而能有效补偿制导系统的滞后，增加稳定回路的稳定裕度，改善制导系统的稳定性。

7.2.3　滚转姿态稳定回路设计

对于轴对称的非滚转导弹，如果是双通道控制方式，为了实现对导弹的正确制导，其滚转(倾斜)通道必须保证滚转角稳定在零值或零值附近，以避免俯仰和偏航指令发生混乱，这时的滚转回路是一个滚转角稳定回路，功能是克服干扰保持滚转角的稳定；如果是三通道控制方式，其滚转回路则既有稳定滚转角的功能，还必须有控制滚转角的功能，即能够响应滚转角指令。对于面对称的非滚转导弹，其滚转回路是一个滚转角稳定和控制回路。对于滚转导弹，不需要稳定滚转角位置，但可能需要对滚转角速度进行稳定控制，即设置滚转角速度稳定控制回路。本节只对滚转角稳定回路进行介绍。

(1) 滚转稳定回路

当导弹受到倾斜干扰力矩而发生滚转时，导弹弹体并不能产生使滚转角 γ 消除的力矩。对于轴对称型的导弹，除滚转导弹外，一般都要求滚转稳定，即 $\gamma=0$。因此，要使导弹在飞行过程中具有足够的倾斜稳定性，一定要有倾斜自动驾驶仪使副翼发生作用。当导弹正向倾斜时，副翼偏角为正(右副翼后缘下偏，左副翼后缘上偏)，由于倾斜操纵力矩导数 $M_x^{\delta_\gamma}<0$，故这样就产生了负向操纵力矩，从而使导弹纠正倾斜，如图 7－17(a)所示。反之，如果导弹反向倾斜，如图 7－17(b)所示，副翼偏角为负，同样可以消除倾斜。因此，要使导弹能够消除倾斜，副

翼必须自动跟随滚转角偏转。

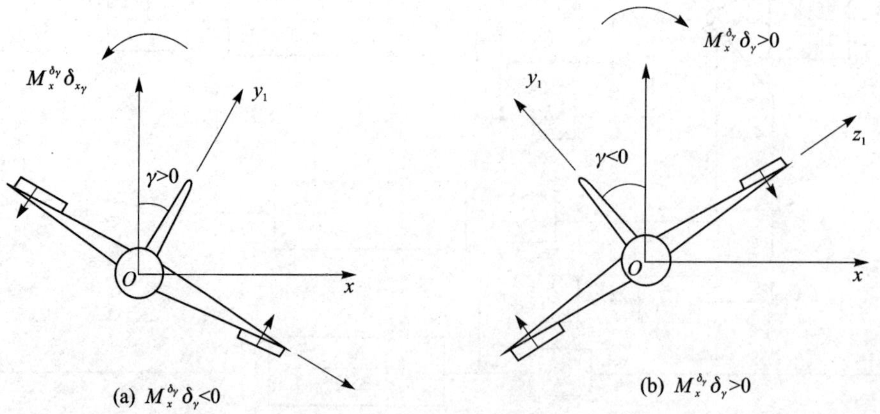

图 7-17　导弹的滚转操纵力矩

导弹倾斜时，陀螺能够测量出滚转角大小，并将信号传递给放大器予以放大，信号被放大后推动舵机工作，使副翼朝着消除倾斜的方向偏转，从而使导弹恢复到原来的姿态。图 7-18 所示为由倾斜自动驾驶仪和弹体倾斜运动组成的倾斜稳定系统示意图。对于轴对称导弹，一般只要求倾斜稳定，而没有倾斜控制的要求，所以习惯称之为倾斜稳定系统。图内各环节如果用传递函数来表示，就组成了倾斜稳定回路的结构图，这时研究导弹倾斜运动，实际上就是分析以 γ 或 $\dot{\gamma}$ 为输出量的闭环系统的动态特性。

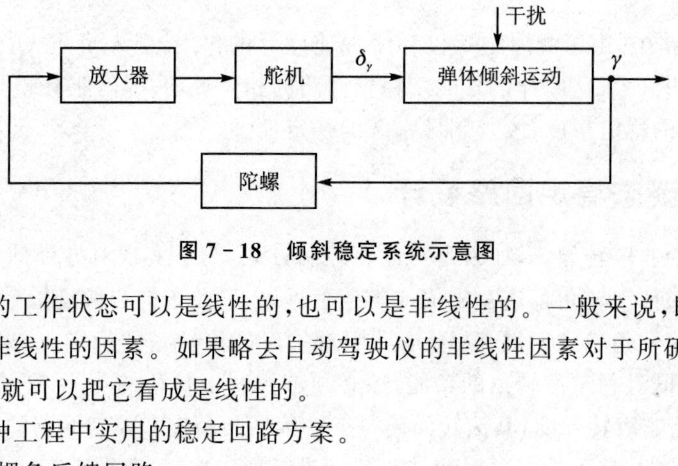

图 7-18　倾斜稳定系统示意图

自动驾驶仪的工作状态可以是线性的，也可以是非线性的。一般来说，即便是线性的，也或多或少存在着非线性的因素。如果略去自动驾驶仪的非线性因素对于所研究问题的影响程度可以忽略不计，就可以把它看成是线性的。

下面介绍几种工程中实用的稳定回路方案。

① 角位置陀螺负反馈回路

使用角位置陀螺是一种常用和简单的滚转角稳定方案，如图 7-19 所示，使用的角位置陀螺仪一般是一个二自由度陀螺仪，它的壳体与弹体固连，其外环轴与导弹纵轴一致，陀螺仪的三个轴形成一个互相垂直的正交坐标系。

利用二自由度陀螺仪转子轴对惯性空间保持指向不变的定轴性，可在导弹上建立一个惯性参考坐标系，以便确定与弹体坐标系之间的相互位置。用角位置陀螺仪建立起来的惯性参考姿态基准实质上就是发射瞬时的弹体坐标系。弹体相对于惯性参考坐标系的姿态可通过三个欧拉角 φ,ψ,γ 来表示，这三个欧拉角就是弹体的姿态角。滚转回路所需的滚转角就是弹体相对于角位置陀螺仪外环轴的偏转角。

若以舵偏角 δ_f 代表常值扰动作用的话，工程中实用的角位置陀螺仪倾斜稳定控制回路如图 7－19 所示，其中的校正网络是为了改善回路的动态和稳态性能的。

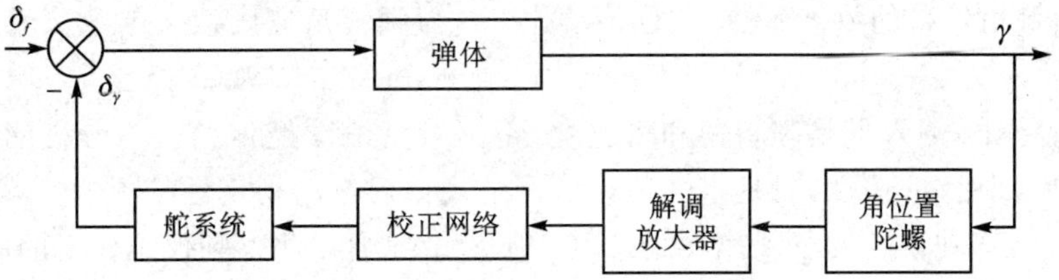

图 7－19　具有角位置反馈的倾斜稳定回路

② 角速率陀螺负反馈回路

采用角速率陀螺负反馈的方法同样可以达到稳定滚转角的目的，回路的原理与角位置陀螺负反馈回路一致。此类系统组成原理框图如图 7－20 所示。

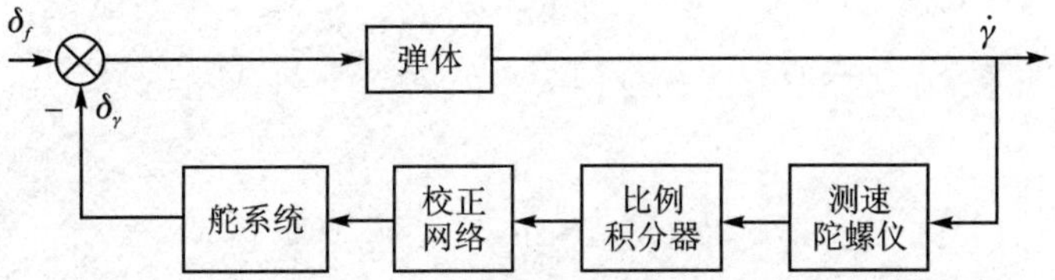

图 7－20　角速率陀螺-积分器组成的滚动回路

自由陀螺仪一般质量大、结构复杂、造价高、耗电多，而且其启动时间长，导弹的加电准备时间约需 1 min，这就使得武器系统的反应时间加长，不利于适应现代战争的需要。而角速度陀螺一般启动时间在 10 s 左右，若采用高压启动，则只需 3～5 s，因此，在导弹实际应用中可优先采用角速度陀螺加电子积分器的滚动回路方案。

③ 角位置和角速率陀螺负反馈回路

在实际工程中，不但要求滚转稳定回路是稳定的，还要求其稳定精度和过渡过程品质也应满足设计要求。比较前两种回路方案，如图 7－21 所示的角位置和角速率陀螺负反馈方案往往具有更好的过渡过程品质。

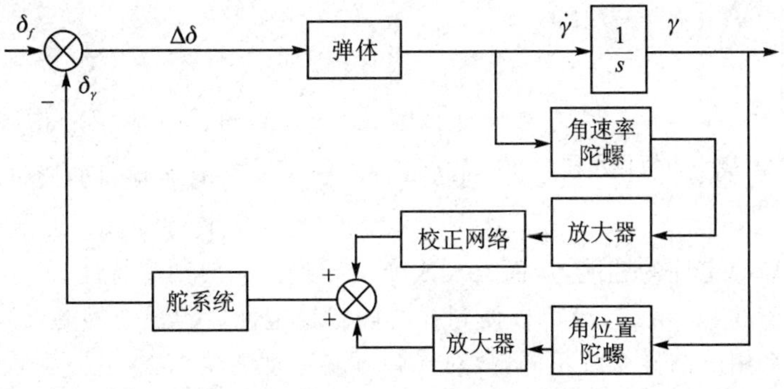

图 7－21　具有位置和速度反馈的滚转角稳定回路

(2) 倾斜运动稳定性分析

下面以角位置和角速率陀螺负反馈回路为例，分析倾斜运动的稳定性。

在自动驾驶仪中，描述舵偏角随运动参量变化的动态方程被称为调节规律或控制律。如

果不考虑自动驾驶仪的惯性，图 7-21 中导弹倾斜运动的调节规律为

$$\delta_\gamma = a_0^\gamma \gamma + a_1^\gamma \dot{\gamma} \tag{7.11}$$

式中，a_0^γ 为倾斜角信号的放大系数，或称传动比；a_1^γ 为倾斜角速度信号的放大系数，或称角速度传动比。

在调节规律中，输入量是倾斜角和角速度，输出量是滚动舵偏角。为分析问题简明起见，这里忽略自动驾驶仪的惯性，只是定性地讨论调节规律对倾斜稳定性的影响。

无惯性自动驾驶仪的调节规律如式(7.11)所示。导弹在此驾驶仪工作下的倾斜扰动运动方程组应为

$$\left.\begin{aligned} \ddot{\gamma} &= b_{11}\dot{\gamma} + b_{12}\delta_\gamma + b_{13}M_{XB} \\ \delta_\gamma &= a_0^\gamma \gamma + a_1^\gamma \dot{\gamma} \end{aligned}\right\} \tag{7.12}$$

其中，$b_{11}=\dfrac{M_x^{\omega_x}}{I_{x1}}$，$b_{12}=\dfrac{M_x^{\delta_\gamma}}{I_{x1}}$，$b_{13}=\dfrac{1}{I_{x1}}$。将式(7.12)中的第二式代入第一式得到

$$\ddot{\gamma} = (b_{11} + b_{12}a_1^\gamma)\dot{\gamma} + b_{12}a_0^\gamma \gamma + b_{13}M_{XB} \tag{7.13}$$

或

$$\ddot{\gamma} = b_{11}^* \dot{\gamma} + b_{12}a_0^\gamma \gamma + b_{13}M_{XB} \tag{7.14}$$

式中，$b_{11}^* = b_{11} + b_{12}a_1^\gamma$。

下面分别讨论 a_0^γ 和 a_1^γ 对导弹倾斜运动的影响。

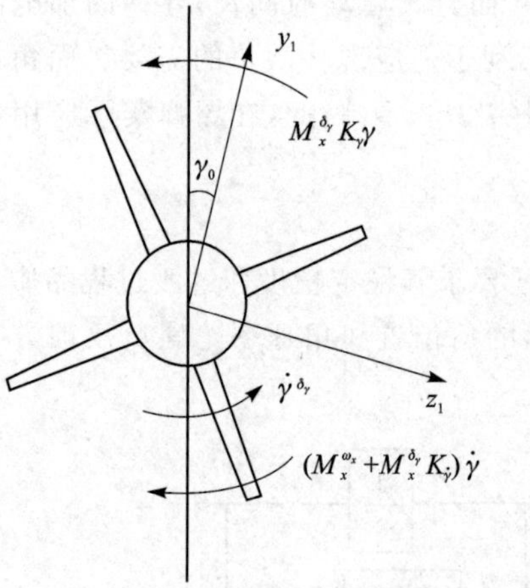

图 7-22　倾斜操纵力矩作用图

当 $a_1^\gamma>0$ 时，由于 $m_x^{\bar{\omega}_x}<0$，$m_x^{\delta_\gamma}<0$，故 $|b_{11}^*|>|b_{11}|$，即 $|b_{11}^*\dot{\gamma}|>|b_{11}\dot{\gamma}|$。引入动态放大系数 a_1^γ 调节规律的物理意义相当于增大导弹倾斜运动的阻尼。因为除了产生气动阻尼力矩 $M_x^{\omega_x}\dot{\gamma}$，副翼还要产生倾斜控制力矩 $M_x^{\delta_\gamma}a_1^\gamma\dot{\gamma}$，这个力矩既与 $\dot{\gamma}$ 和 a_1^γ 成正比，又与 $\dot{\gamma}$ 的方向相反，与阻尼力矩的方向相同，所以这一部分操纵力矩起到了阻尼作用，如图 7-22 所示。

当 $a_0^\gamma>0$ 时，$a_0^\gamma b_{12}=a_0^\gamma \dfrac{M_x^{\delta_\gamma}}{I_{x1}}<0$。当倾斜角 γ 为正值时，由于倾斜自动驾驶仪的作用，副翼做相应的偏转，故产生了一个消除倾斜的操纵力矩 $M_x^{\delta_\gamma}a_0^\gamma\gamma$，如图 7-22 所示。因此，加入 a_0^γ 的物理意义是使导弹具有相当于倾斜静稳定性的性能，从而大大改变了导弹的倾斜动态特性。

如果选择适当的 a_0^γ 和 a_1^γ，就可以使导弹的倾斜稳定性达到预期的要求。

由于导弹所采用的制导系统不同，故对导弹倾斜运动的要求也不同，引入的调节规律也不同。如某些指令制导的导弹，要求在制导过程中倾斜角接近于零，这时倾斜自动驾驶仪需要引入 γ 和 $\dot{\gamma}$ 反馈信号；如红外寻的导引响尾蛇导弹，并不要求对倾斜角进行稳定，而只要求对导弹倾斜角速度 $\dot{\gamma}$ 进行稳定，这时只需要引入 $\dot{\gamma}$ 反馈信号；也有某些导弹为了改善系统品质，除引入 γ 和 $\dot{\gamma}$ 外，还需要引入二次导数 $\ddot{\gamma}$ 的反馈信号。对于采用单一执行机构(舵机)的滚转导弹，一般通过弹上装置(如弹翼安装角、发动机扭转角以及旋转小发动机等)使弹产生滚转，因

此不再需要倾斜稳定系统。

7.3　法向过载控制

为了改变飞行器的飞行方向，必须控制作用在飞行器上的法向力(法向过载)，这个任务由法向过载控制系统完成。在大多数情况下，为了产生法向控制力，需要调节弹体相对于它的速度矢量的角位移(即合适的迎角、侧滑角以及滚转角)。此时，为了实现对法向过载的自动控制，要利用姿态控制系统的相应通道，因为姿态控制系统的任务之一就是保持导弹角位置的给定值。通过改变导弹角位置的方法控制法向过载时，姿态控制系统的相应通道就成为制导系统的组成部分，因此姿态控制系统中通道特性及参数的选择取决于制导系统所提出的要求。

为了概略描述对同时完成法向过载控制功能的姿态控制系统所提出的主要要求，必须首先指出导弹的某些动力学特性。大多数现代导弹的快速扰动运动的衰减都很小，这是因为它们的舵面面积相对都不大，而飞行高度相对都很高。在表征俯仰及偏航运动的导弹传递函数中，振荡环节的相对阻尼系数很少超过 0.15。在这种情况下，很难保证制导系统稳定和制导精度。另外，由于飞行速度及高度的变化，故导弹动力学特性不是恒定不变的，这对制导过程极为不利。随着导弹迎角增大，弹体空气动力学特性的非线性也常常显著地影响制导系统的工作。以上这些原因使得在大多数情况下，使用开环系统控制法向过载是不可能的。因此姿态控制系统的基本任务之一就是校正导弹动力学特性。下面根据这个任务来研究姿态控制系统应该满足怎样的要求。

姿态控制系统的自由运动应该具有良好的阻尼，这是实现制导回路(稳定回路是其组成元件)稳定条件所必需的。稳定系统自由振荡的阻尼程度应该这样选择：在急剧变化的制导指令(接近于阶跃指令)作用下迎角超调量不太大，一般小于 30%，这个需求是为了限制法向过载的超调，在某些情况下，也是为了避免大迎角时出现的气动特性非线性的影响。

为了提高制导精度，必须降低导弹飞行高度及速度对稳定系统动力学特性的影响，要求法向过载控制回路闭环传递系数的变化尽可能小。这是因为在不改变传递系数的情况下，为了保证必需的稳定裕度，只能要求减小制导回路开环传递系数，但是这样会影响制导精度。除了校正导弹动力学特性这个任务外，姿态控制系统还必须完成一系列其他任务，主要有以下几点：

① 系统具有的通频带宽应不小于给定值：通频带宽主要由制导系统的工作条件决定(有效制导信号及干扰信号的性质)，同时也受到工程实现的限制。

② 系统应该能够有效抑制作用在导弹上的外部干扰和稳定系统设备本身的内部干扰。在某些制导系统中，这些干扰是影响制导精度的主要因素。因此，补偿干扰影响是系统的主要任务之一。

③ 姿态控制系统的附加任务是将最大过载限制在某一给定值，这种限制值取决于导弹及弹上设备结构元件的强度。对于大迎角导弹，还要限制其最大使用迎角，以确保其稳定性和其他性能。

因为姿态控制系统是包含在制导回路中的一个元件，制导系统对该系统的要求与对该系统本身提出的要求常常是矛盾的，因此在设计时不得不寻找综合解决的办法，并使系统首先去满足影响制导精度的最主要的基本要求。

下面重点讨论常用的 4 种导弹姿态控制及法向过载控制系统，它们分别是开环飞行控制系统、速率陀螺飞行控制系统、积分速率陀螺飞行控制系统以及加速度表飞行控制系统。

7.3.1 开环飞行控制系统

开环飞行控制系统如图 7-23 所示，这种系统不需要采用测量仪表，仅用一增益 K_{OL} 就能实现飞行控制系统的单位加速度增益。

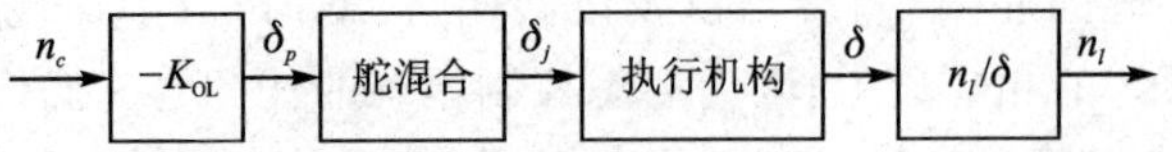

图 7-23　开环飞行控制系统

除电子增益 K_{OL} 外，飞行控制系统传递函数是纯弹体传递函数。因为导弹具有小的气动阻尼，所以系统传递函数将是弱阻尼。如果开环飞行控制系统用于雷达末制导系统，那么低阻尼将会通过由整流罩折射频率所产生的寄生反馈产生不稳定。然而，开环系统可用于像红外系统那样的没有明显整流罩折射频率的系统。

因为系统传递函数是弹体传递函数，为了获得适当的末制导系统特性，弹体必须稳定。所以，该种类型的飞行控制系统的弹体质心绝不能移到全弹压心的后面。

为了获得单位加速度增益，选取 K_{OL} 为弹体增益 K_n 的倒数。由于弹体增益 K_n 随飞行条件而改变，故增益 K_{OL} 也需要根据飞行条件而调整。弹体增益的变化可以补偿已知气动数据的精度，而不精确的补偿将降低末制导性能。因此，对于使用这种简单控制系统的导弹，要精确地确定气动特性，即获得满意的足以精确控制的气动增益特性，就需要进行广泛的全尺寸风洞试验。

7.3.2 速率陀螺飞行控制系统

在速率陀螺飞行控制系统中，速率陀螺被接在角速度指令系统中，如图 7-24 所示，飞行控制系统增益 K 提供了单位加速度传输增益。在通常情况下，回路增益都小于 1。这种飞行控制增益 K 具有和开环增益相同的变化，但是它被放大了 $1/K_R$ 倍（K_R 为反馈增益）。由于 K_R 通常是小于 1 的，因此这种系统对高度和马赫数的变化特别敏感。另外，指令的任何噪声都会被高增益放大，这就对导引头测量元件的噪声要求更严格，而且为了避免噪声饱和，要求执行机构电子设备有大的动态范围。

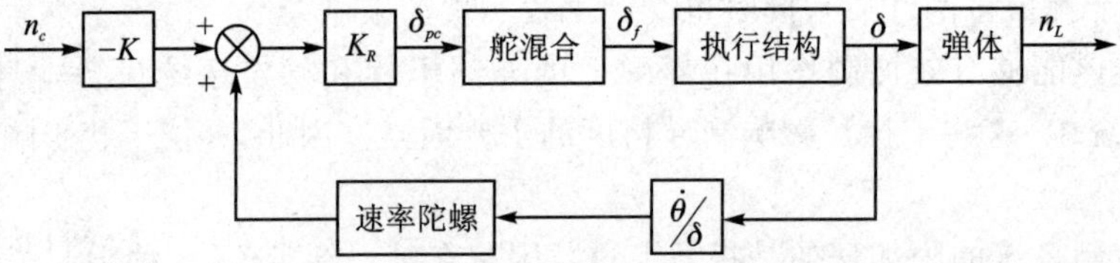

图 7-24　速率陀螺飞行控制系统

速率陀螺飞行控制系统通过调整速率回路增益 K_R 来增加弹体的低阻尼，因此这个方案更适合于雷达末制导。这个系统的动态响应基本上是具有理想阻尼的、比弹体自然频率稍高的二阶传递函数的响应。典型情况下，如在低高度和高马赫数时这个频率是高的，并且随着高度增加或马赫数的降低而降低，因此其响应时间短，但随飞行条件变化。

总之,速率陀螺飞行控制系统具有良好的阻尼,但是相比于开环系统,它的加速度增益更依赖于速度和高度;它的时间常数是短的,但是它取决于高度和马赫数的气动参数。

7.3.3　积分速率陀螺飞行控制系统

积分速率陀螺飞行控制系统除了把速率信号本身反馈回去外,还把速率陀螺信号的积分反馈回去,如图 7－25 所示。

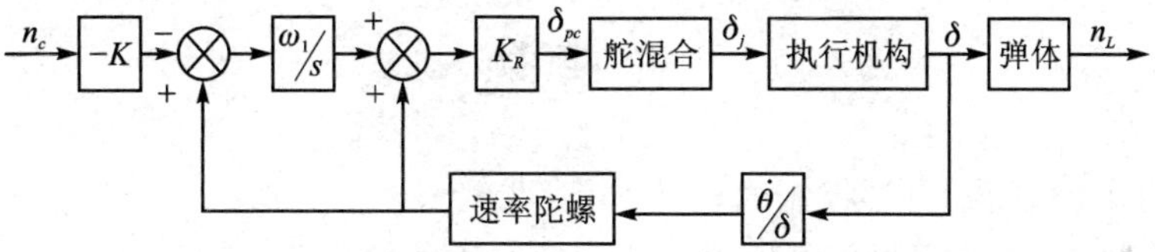

图 7－25　积分速率陀螺飞行控制系统

在短的时间间隔范围内,速率陀螺信号的积分比例于迎角。这种利用电信号产生比例于迎角的控制力矩将有助于稳定迎角的扰动。由于这种信号在电气上能完成和气动稳定一样的功能,故被称为“综合稳定”信号。这种系统不用超前网络就能够稳定不稳定的弹体,不过这种系统在低马赫数和高高度工作条件下的动态响应比较迟缓,因此常在回路中串入一个校正网络,加速系统的动态响应。

积分速率陀螺飞行控制系统的自动驾驶仪增益基本与高度无关,并且与速度成反比。因此,即使在对气动数据不清楚的情况下,也可以在一个较大的高度范围内保持高精度控制。

为加速系统的动态响应,在速率陀螺输出处装有校正网络,能够抵消弹体旋转速率时间常数,并用较短的时间常数代替它,从而降低系统较长的响应时间,这种消去法或极点配置方案的鲁棒性由对气动时间常数已知的程度而定。

7.3.4　加速度表飞行控制系统

把一个加速度表装于导弹上,并且接在系统中,用加速度指令和实际加速度间的误差去控制系统,就得到了如图 7－26 所示的加速度表飞行控制系统。这种系统实现了与高度和马赫数基本无关的增益控制和对稳定或不稳定导弹的快速响应。

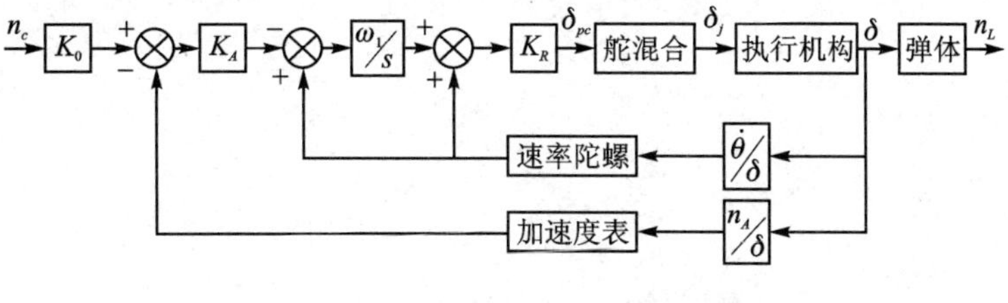

图 7－26　加速度表飞行控制系统

控制系统增益 K_0 提供了单位传输,导弹自动驾驶仪增益 K_0 与高度和马赫数基本无关,换句话说,这个系统的增益是非常鲁棒的。与前几种飞行控制系统不同的是,加速度表飞行控制系统具有 3 个控制增益。无论是稳定还是不稳定的弹体,由这 3 个增益的适当组合就可以得到时间常数、阻尼以及截止频率的特定值。这种系统的时间常数并不限制大于导弹旋转速率时间常数的值,因此可以用增益 K_R 确定阻尼回路截止频率,ω_1 确定法向过载回路阻尼,K_A 确定法向过载回路时间常数。这样,导弹的时间响应可以降低到适合于拦截高性能飞机的要求值，当高性能飞机企图逃避拦截时可以做剧烈的机动。

加速度表飞行控制系统利用加速度表和速率陀螺反馈来构成导弹自动驾驶仪，与加速度表相比，速率陀螺通常体积较大、重量较重，在小型战术导弹中使用时可能存在一些困难。若用体积小、质量轻的角加速度表代替速率陀螺，就可以构成角加速度表飞行控制系统。通过调整加速度表和角加速度表的反馈控制增益，可以使飞行控制系统获得满意的频带宽度和一定的阻尼系数。

思考题

1. 解释 STT 控制和 BTT 控制的含义？
2. STT 控制和 BTT 控制各自适用于什么类型的导弹？
3. 常用的空气动力控制方式有哪些？各自特点是什么？
4. 哪些应用场合适用于采用推力矢量控制方式？
5. 推力矢量控制的常用实现方式有哪些？
6. 什么是直接力控制？依据操纵原理的不同，直接力控制可以分为哪两种方式？各自特点是什么？
7. 简述导弹姿态稳定回路的组成与功能。
8. 简述俯仰姿态稳定回路设计思路。
9. 简述实现滚转姿态稳定的主要方式，对比分析各自特点。
10. 简述常用的法向过载控制系统，并对比分析其各自特点。

参考文献

[1] 陈克俊，刘鲁华，孟云鹤．远程火箭飞行动力学与制导[M]．北京：国防工业出版社，2014.

[2] 赵汉元．大气飞行器姿态动力学[M]．长沙：国防科技大学出版社，1987.

[3] 张最良，谢可兴，张谦，等．弹道导弹的制导与控制[M]．长沙：国防科技大学，1981.

[4] 程国采．战术导弹导引方法[M]．北京：国防工业出版社，1996.

[5] 李洪儒，李辉，李永军，等．导弹制导与控制原理[M]．北京：科学出版社，2016.

[6] 杨军，杨晨，段朝阳，等．现代导弹制导控制系统设计[M]．北京：航空工业出版社，2005.

[7] 孟秀云．导弹制导与控制系统原理[M]．北京：北京理工大学出版社，2003.